无穷区间上常微分方程边值问题

廉海荣　王培光　葛渭高　著

科 学 出 版 社

北　京

内 容 简 介

本书研究无穷区间上常微分方程边值问题的非线性泛函分析理论，内容共七章，其中前两章系统介绍无穷边值问题、函数空间和非线性泛函理论的基础；第 3—7 章分别给出了五种方法研究二阶和高阶常微分方程、具有 p-Laplace 算子的微分方程、差分方程以及方程组的特征值问题、两点边值问题、多点边值问题、共振问题、周期解、次调和解和反周期解问题的研究结果. 全书比较系统、详细地讨论了不同方法在不同边值问题中的运用.

本书可作为高等院校数学专业研究生教材和教师的参考书，也可供科研工作者用作数学方法解决相关问题的参考书.

图书在版编目(CIP)数据

无穷区间上常微分方程边值问题/廉海荣，王培光，葛渭高著. —北京：科学出版社，2022.1

ISBN 978-7-03-070901-1

Ⅰ. ①无… Ⅱ. ①廉… ②王… ③葛… Ⅲ. ①常微分方程-边值问题-研究 Ⅳ. ①O175.1

中国版本图书馆 CIP 数据核字（2021）第 258437 号

责任编辑：姚莉丽 贾晓瑞／责任校对：杨聪敏
责任印制：张 伟／封面设计：陈 敬

科 学 出 版 社 出版
北京东黄城根北街 16 号
邮政编码：100717
http://www.sciencep.com
北京建宏印刷有限公司 印刷
科学出版社发行 各地新华书店经销
*
2022 年 1 月第 一 版 开本: 720 × 1000 1/16
2023 年 1 月第三次印刷 印张: 13 1/4
字数：267 000

定价: 79.00 元

(如有印装质量问题，我社负责调换)

前　言

常微分方程边值问题是分析数学方向的重要分支之一, 理论性强, 应用广泛. 其中无穷区间上的常微分方程边值问题尤为复杂. 它起源于对偏微分方程 (组) 的求解, 并被广泛应用于力学、物理学、地下水工程、石油工程、控制科学技术等领域. 由于微分方程各类边值问题中可以解析求解的类型少之又少, 因此对于实际问题, 大都采用求渐近解或数值解. 这些实用性的处理方法对边值问题解的适定性提出了理论的要求. 随着非线性泛函分析理论的不断丰富和发展, 微分方程边值问题的理论研究及应用也得到了迅速发展. 为此, 本书旨在用非线性泛函分析方法研究无穷区间上常微分方程边值问题.

全书共分七章, 内容主要包括用不动点定理、度理论、上下解方法、对角延拓方法和极值原理等研究无穷区间上常微分方程边值问题所得的相关结果.

第 1 章概述了常微分方程边值问题的产生, 侧重介绍了无穷区间上常微分方程边值问题的来源以及工程应用中的实例. 对于线性边值问题, 我们建立了解存在的充分必要条件. 对于非共振情况, 通过引入 Green 函数及其计算方法, 我们得到了唯一解的解析表达式; 对于共振情况, 通过将线性算子核的维数同边界条件相联系, 我们给出了无穷多个解的解析表达式; 对于具有 p-Laplace 算子的边值问题, 利用 p-Laplace 算子的可逆性, 我们推出了解的积分表达式. 在本章最后部分, 我们简要总结了无穷区间上常微分方程边值问题的研究方法和研究现状.

第 2 章介绍了相关的基本理论, 主要包括推广的 Arzelá-Ascoli 定理、度、不动点定理、连续性定理、变分法与极值原理. 这些内容和定理构成了后面五章研究具体边值问题时所需的理论基础.

第 3—7 章的核心内容主要来自于作者及所在课题组的原创性学术成果, 但并不是相关学术论文的汇总, 而是对其所包含的理论、方法、结论和证明作了深度梳理、系统整合和综合改进. 具体来说, 我们在此考虑了二阶和高阶常微分方程、具有 p-Laplace 算子的微分方程、差分方程以及方程组的特征值问题、两点边值问题、多点边值问题、共振问题、周期解、次调和解和反周期解问题等. 本书基本涵盖了无穷区间上常微分方程边值问题中常见的几种分析方法, 综述了最新的研究成果. 本书力求证明严谨, 过程完整, 符号规范.

作者感谢国家自然科学基金委员会 (国家自然科学基金青年项目 11101385、面上项目 11771115)、中国地质大学 (北京) 研究生院和发展规划与学科建设处对本书出版提供的帮助和支持. 本书承蒙北京大学杨家忠教授审阅原稿并提出宝贵意见, 对杨老师的帮助表示由衷的感谢. 感谢江苏师范大学杜增吉教授、北京科技大学郑连存教授、Texas A&M University-Kingsville 大学 R.P.Agarwal 教授的指导和帮助. 感谢中国地质大学 (北京) 耿凤杰、赵俊芳、罗万静、蒋小伟和王志乔等同志在专业知识和应用学科上的帮助. 感谢研究生王东丽、王石杰、方鑫宇、张亚彬等同学进行了部分文档录入.

由于作者学识有限, 书中疏漏和不妥之处在所难免, 敬请专家和广大读者不吝指正.

作　者

2021 年 3 月

目　录

前言
第 1 章　绪论 ······ 1
1.1　边值问题的起源 ······ 1
1.2　无穷边值问题举例 ······ 2
1.3　线性边值问题 ······ 9
1.3.1　线性边值问题有解的条件 ······ 9
1.3.2　Green 函数 ······ 11
1.3.3　共振边值问题 ······ 17
1.3.4　具有 p-Laplace 算子的边值问题 ······ 19
1.4　无穷边值问题的研究方法 ······ 21
1.4.1　对角延拓法 ······ 22
1.4.2　打靶法 ······ 22
1.4.3　度理论和不动点定理 ······ 23
1.4.4　Fréchet 空间的不动点定理 ······ 23
1.4.5　上下解方法 ······ 23
1.4.6　临界点理论 ······ 24
1.5　前人研究工作总结 ······ 25
第 2 章　基础理论 ······ 28
2.1　Arzelá-Ascoli 定理及推广 ······ 28
2.1.1　Arzelá-Ascoli 定理 ······ 28
2.1.2　Corduneanu 定理 ······ 28
2.1.3　连续可微函数族的列紧性 ······ 29
2.1.4　可积函数族的列紧性 ······ 30
2.1.5　序列族的列紧性 ······ 31
2.2　拓扑度理论 ······ 33
2.2.1　度具有的性质 ······ 33
2.2.2　Brouwer 度 ······ 33
2.2.3　Leray-Schauder 度 ······ 34
2.2.4　锥映射的拓扑度 ······ 35

2.3 不动点定理 ······ 36
2.3.1 Schauder 不动点定理 ······ 36
2.3.2 锥上的不动点定理 ······ 37
2.3.3 多不动点定理 ······ 38
2.4 连续性定理 ······ 41
2.4.1 Leray-Schauder 连续性定理 ······ 41
2.4.2 Mawhin 连续性定理 ······ 41
2.4.3 Ge-Mawhin 连续性定理 ······ 42
2.5 变分法与极值原理 ······ 43
2.5.1 非线性算子的微分 ······ 43
2.5.2 Euler-Lagrange 方程 ······ 44
2.5.3 Fenchel 变换 ······ 45
2.5.4 极值原理 ······ 46
第 3 章 不动点定理与非共振无穷边值问题 ······ 48
3.1 二阶微分方程 Sturm-Liouville 边值问题 ······ 48
3.1.1 Green 函数 ······ 49
3.1.2 空间与算子 ······ 50
3.1.3 正解的存在性 ······ 50
3.1.4 解的唯一性 ······ 56
3.1.5 两个正解的存在性 ······ 57
3.2 具有 p-Laplace 算子的微分方程两点边值问题 ······ 60
3.2.1 Banach 空间和锥 ······ 60
3.2.2 全连续算子 ······ 62
3.2.3 三个正解的存在性 ······ 64
3.2.4 例子 ······ 68
3.3 二阶微分方程三点边值问题 ······ 69
3.3.1 线性边值问题和 Green 函数 ······ 70
3.3.2 空间与算子 ······ 72
3.3.3 有界解的存在性 ······ 74
3.3.4 无界解的存在性 ······ 77
3.3.5 例子 ······ 78
第 4 章 迭合度理论与共振边值问题 ······ 79
4.1 二阶微分方程三点无穷边值问题 ······ 79
4.1.1 空间与算子 ······ 79
4.1.2 解的存在性 ······ 84

4.1.3 解的唯一性 ······ 87
4.1.4 扰动问题 ······ 89
4.1.5 例子 ······ 91
4.2 具有 p-Laplace 算子的微分方程三点边值问题 ······ 92
4.2.1 空间和算子 ······ 92
4.2.2 解的存在性 ······ 94
4.2.3 例子 ······ 98
4.3 具有 p-Laplace 算子的微分方程三点无穷边值问题 ······ 99
4.3.1 空间与算子 ······ 100
4.3.2 解的存在性 ······ 104
第 5 章 上下解方法与无穷边值问题 ······ 107
5.1 二阶微分方程两点边值问题 ······ 107
5.1.1 准备工作 ······ 107
5.1.2 解的存在性 ······ 108
5.1.3 正解的存在性 ······ 113
5.1.4 例子 ······ 114
5.2 二阶微分方程三点边值问题 ······ 115
5.2.1 线性边值问题和 Green 函数 ······ 115
5.2.2 解的存在性 ······ 117
5.2.3 例子 ······ 118
5.3 高阶微分方程两点边值问题 ······ 119
5.3.1 Green 函数和上下解 ······ 120
5.3.2 解的存在性 ······ 122
5.3.3 三个解的存在性 ······ 128
5.3.4 例子 ······ 131
5.4 二阶差分方程两点边值问题 ······ 133
5.4.1 线性边值问题 ······ 133
5.4.2 上下解和 Nagumo 条件 ······ 135
5.4.3 解的存在性 ······ 136
5.4.4 三个解的存在性 ······ 142
5.4.5 例子 ······ 143
第 6 章 对角延拓原理与无穷边值问题 ······ 144
6.1 二阶微分方程两点边值问题 ······ 144
6.1.1 正解的存在性 ······ 144
6.1.2 例子 ······ 148

6.2 二阶微分方程三点边值问题 ······ 150
6.2.1 正解的不存在性 ······ 150
6.2.2 有限边值问题正解的存在性 ······ 151
6.2.3 无穷边值问题正解的存在性 ······ 153
6.2.4 唯一性 ······ 157
6.2.5 例子 ······ 158
6.3 Fréchet 空间中的不动点定理及应用 ······ 159
6.3.1 线性边值问题 ······ 160
6.3.2 空间与算子 ······ 161
6.3.3 解的存在性 ······ 163
6.3.4 例子 ······ 164
第 7 章 极值原理与微分系统边值问题 ······ 166
7.1 二阶微分系统两点无穷边值问题 ······ 166
7.1.1 推广的 Sobolev 空间 ······ 166
7.1.2 解的存在性 ······ 171
7.1.3 例子 ······ 174
7.2 具有 p-Laplace 算子的微分系统的次调和解 ······ 175
7.2.1 哈密顿系统和能量泛函 ······ 176
7.2.2 Fenchel 变换和对偶原理 ······ 178
7.2.3 kT-周期解的存在性 ······ 180
7.2.4 次调和解的存在性 ······ 186
7.3 二阶差分系统的反周期解 ······ 189
7.3.1 序列空间和对偶泛函 ······ 190
7.3.2 反周期解的存在性 ······ 193
参考文献 ······ 199
索引 ······ 202

第 1 章　绪　　论

在科学技术和实际生产问题中提出的常微分方程都有定解条件, 一类是由初始条件作约束的, 称为初值问题, 也叫做柯西问题; 另一类是由边界条件作约束的, 称为边值问题. 本书主要介绍半无穷区间上常微分方程边值问题, 简称无穷边值问题, 或进一步简称为边值问题.

1.1　边值问题的起源

常微分方程边值问题是微分方程研究中的一类基本问题, 其相关理论可追溯到微积分学建立的最初阶段. 1690 年, 瑞士数学家雅各布 · 伯努利 (Jacob Bernoulli) 提出了著名的悬链线问题 [1]: 一根柔软但不能伸长的绳子自由悬挂于两定点$(a, A), (b, B)$, 求绳子在重力作用下形成的曲线. 次年, 莱布尼茨 (Gottfried Wilhelm Leibniz) 等数学家给出了解答, 建立了常微分方程边值问题模型

$$\begin{cases} y'' = \dfrac{\rho g}{h}\sqrt{1+y'^2}, \\ y(a) = A, \quad y(b) = B, \end{cases} \tag{1.1}$$

其中, ρ 是绳子的线密度, g 是重力加速度, h 是绳子最低点受水平向左的拉力. (1.1) 就是一个二阶非线性常微分方程两点边值问题.

另一个著名的例子是约翰 · 伯努利 (John Bernoulli) 在 1696 年提出的最速降线问题 [2]: 求一给定点到不是在它垂直下方的另一个点的一条曲线, 使得一质点在仅受重力作用的条件下, 沿这条曲线下滑所用的时间最短. 随后, 牛顿 (Isaac Newton)、莱布尼茨和伯努利兄弟等数学家都发现了摆线是最速降线. 不妨建立直角坐标系, 使得两定点坐标分别为 $(0, 0)$ 和 (x_1, y_1), 其中 $x_1 > 0$, $y_1 < 0$, 曲线方程为 $y = y(x)$, 质点初始速度为 0, 那么这个问题归结为求泛函

$$J(y) = \int_0^{x_1} \sqrt{\frac{1+y'^2}{2gy}}\,dx$$

的最小值, 其中曲线 $y = y(x)$ 过两定点. 利用变分原理, 可得到

$$\begin{cases} y'' = -\dfrac{1+y'^2}{2gy}, \\ y(0) = 0, \quad y(x_1) = y_1. \end{cases} \tag{1.2}$$

(1.2) 也是一个二阶非线性常微分方程两点边值问题.

19 世纪初, 傅里叶 (Baron-Jean-Baptiste-Joseph Fourier) 在用分离变量法求解热传导方程时, 导出了多类常微分方程两点边值问题, 被称为特征值问题. 1833 年到 1841 年间, 斯图姆 (Charles Sturm) 和刘维尔 (Joseph Liouville) 讨论了二阶线性常微分方程两点边值问题 [3,4], 后人称之为 Sturm-Liouville 特征值问题, 其齐次边界条件为

$$-\alpha_1 x'(a) + \beta_1 x(a) = 0, \quad \alpha_2 x'(b) + \beta_2 x(b) = 0, \tag{1.3}$$

其中 $\alpha_i \geqslant 0,\ \beta_i \geqslant 0,\ \alpha_i + \beta_i \neq 0, i = 1, 2$. Sturm-Liouville 边界条件 (1.3) 包含 Dirichlet 边界条件 $(\alpha_1 = \alpha_2 = 0)$, Neumann 边界条件 $(\beta_1 = \beta_2 = 0)$ 以及混合边界条件 ($\alpha_1 = \beta_2 = 0$ 或 $\alpha_2 = \beta_1 = 0$) 等.

20 世纪以来, 希尔伯特 (David Hilbert) 等数学家的一系列工作奠定了常微分方程边值问题的理论基础. 随着泛函分析理论方法的发展, 常微分方程边值问题的研究十分迅速. 同时, 应用学科领域不断提出新的微分方程边值问题, 形成了许多新的研究方向 [5-9], 无穷边值问题就是其中的一个方向.

1.2 无穷边值问题举例

相比于有限区间上的边值问题, 无穷区间上常微分方程边值问题是一个比较新的课题, 也是一类比较复杂的问题, 它最早出现在求解偏微分方程中. 下面列举一些例子.

为方便起见, 将沿用记号 $x^{(n)}(+\infty) = \lim\limits_{t\to+\infty} x^{(n)}(t),\ n \in \mathbb{N}$.

例 1.1 不可压缩黏性流体在两个水平平板间作定常流动, 假设平板间距很小, 那么定常层流可用二维连续性方程和 Navier-Stokes 方程 (简称 N-S 方程) 描述. 1904 年, 普朗特 (Ludwig Prandtl)[10] 对 N-S 方程进行了合理且大幅度的简化, 得到偏微分方程

$$u\frac{\partial u}{\partial x} + v\frac{\partial u}{\partial y} = \frac{\partial \mu}{\partial \rho}\frac{\partial^2 u}{\partial y^2}, \tag{1.4}$$

其中, u, v 为速度场, μ 表示黏度, ρ 为密度. 平板边界层流动的边界条件为

$$u(x,0) = v(x,0) = 0, \quad u(x,+\infty) = U, \quad \frac{\partial u}{\partial y}(x,+\infty) = 0.$$

1908 年, 普朗特的学生布拉修斯 (H. Blasius)[11] 做相似变换, 令 $\eta = y\sqrt{\dfrac{U}{vx}}$, $f(\eta) = u$, 此时 $v = f' = \dfrac{u}{U}$, 从而 (1.4) 就转换为半无穷区间上三阶常微分方程边

值问题

$$\begin{cases} 2f'''(\eta) + f(\eta)f''(\eta) = 0, \\ f(0) = f'(0) = 0, \quad f'(+\infty) = 1. \end{cases} \tag{1.5}$$

例 1.2 1927 年, 托马斯 (L. H. Thomas)[12] 和费米 (E. Fermi)[13] 为确定原子中的电动势, 分别独立推导出了二阶常微分方程边值问题

$$\begin{cases} x'' - t^{-\frac{1}{2}}x^{\frac{3}{2}} = 0, \quad t > 0, \\ x(0) = 1, \quad x(b) = 0. \end{cases} \tag{1.6}$$

如果 $b = +\infty$, 那么这就是半无穷区间上二阶常微分方程边值问题. 又因为

$$\lim_{t \to 0^+} t^{-\frac{1}{2}} = +\infty,$$

所以这类问题被称为奇异边值问题.

例 1.3 1935 年, 水文地质学家泰斯（Charles V. Theis）在数学家卢宾 (C. I. Lubin) 的帮助下建立了水利学中著名的 Theis 公式 [14]. 假设承压含水层均质且各向同性、等厚, 侧向无限延伸, 产状水平, 水力坡度为 0, 水流服从达西 (H. P. G. Darcy) 定律, 那么水井抽水后将形成以井轴为对称轴的下降漏斗. 进一步假设弹性释水瞬间完成, 井径无限小, 那么可建立如下偏微分方程定解问题 [15]:

$$\begin{cases} \dfrac{\partial^2 s}{\partial r^2} + \dfrac{1}{r}\dfrac{\partial s}{\partial r} = \dfrac{S}{T}\dfrac{\partial s}{\partial t}, \quad 0 < r < +\infty, \\ s(r, 0) = 0, \quad 0 < r < +\infty, \\ \lim\limits_{r \to 0} r\dfrac{\partial s}{\partial r} = -\dfrac{Q}{2\pi T}, \quad \lim\limits_{r \to +\infty} \dfrac{\partial s}{\partial r} = 0, \quad t > 0, \end{cases} \tag{1.7}$$

其中, $s = s(r,t)$ 为 t 时刻井轴 r 处降深函数, S 为含水层的贮水系数, T 为导水系数, Q 表示抽水井的流量. 记 $a = \dfrac{T}{S}$ 表示导压系数, 令 $u = \dfrac{r^2}{4at}$, $s = f(u)$, 则求定解问题 (1.7) 转换为无穷边值问题

$$\begin{cases} f''\dfrac{u}{a} + f'\dfrac{1}{a} = -auf', \\ \lim\limits_{u \to 0^+} uf' = \dfrac{Q}{4\pi T}, \quad \lim\limits_{u \to +\infty} f = 0. \end{cases} \tag{1.8}$$

进一步由降阶法求解 (1.8), 可得到 Theis 公式为

$$s = \frac{Q}{4\pi T}\int_u^{+\infty} \frac{e^{-y}}{y}dy = \frac{Q}{4\pi T}\int_{\frac{r^2 S}{4Tt}}^{+\infty} \frac{e^{-y}}{y}dy.$$

例 1.4　1957 年, 基德尔 (R. E. Kidder)[16] 研究气体在多孔介质中流动时, 也建立了半无穷区间上常微分方程边值问题. 设初始时刻 $t=0$ 时, 气体压力为 P_0, 在流出面处, 压力突然减小到 $P_1(P_1<P_0)$ 且保持此低压, 这样气体就会产生非稳态流动, 用偏微分方程刻画为

$$\nabla^2(P^2)=2A\frac{\partial P}{\partial t},$$

其中, A 是一个常数, 由介质的性质决定. 考虑一维介质模型, 那么定解问题为

$$\begin{cases}\dfrac{\partial}{\partial x}\left(P\dfrac{\partial P}{\partial x}\right)=A\dfrac{\partial P}{\partial t},\\ P(x,0)=P_0,\quad 0<x<+\infty,\\ P(0,t)=P_1,\quad 0\leqslant t<+\infty.\end{cases}\tag{1.9}$$

引入新变量, 令

$$z=\frac{x}{\sqrt{t}}\left(\frac{A}{4P_0}\right)^{1/2},\quad w(z)=\alpha^{-1}\left(1-\frac{P^2(x,t)}{P_0^2}\right),$$

其中, $\alpha=1-P_1^2/P_0^2$. 那么问题 (1.9) 就转换为无穷边值问题

$$\begin{cases}w''(z)+\dfrac{2z}{(1-\alpha w(z))^{\frac{1}{2}}}w'(z)=0,\\ w(0)=1,\quad w(+\infty)=0.\end{cases}\tag{1.10}$$

这里说明一点, 边值问题 (1.10) 也是奇异边值问题, 不同于 (1.6) 的奇性由自变量引起, 这里的奇性是由因变量引起的.

例 1.5　1961 年, 菲利普 (J. R. Philip)[17] 利用模型

$$\frac{\partial\Theta}{\partial t}=\nabla\cdot(AB)$$

描述某种确定的扩散过程, 其中, Θ 表示浓度, t 表示时间, A 是依赖时间、位置和浓度的函数, B 表示浓度梯度的向量函数. 1971 年, 阿特金森 (F. V. Atkinson) 和佩莱蒂耶 (L. A. Peletier)[18] 寻求问题

$$\frac{\partial\Theta}{\partial t}=\nabla\cdot(k(\Theta)\Theta_x)_x$$

形如 $\Theta(x,t)=f(\eta)$, $\eta=\dfrac{x}{\sqrt{t+1}}$ 的解, 新无量纲函数 f 满足无穷边界条件

$$f(0)=A>0,\quad f(+\infty)=0.\tag{1.11}$$

1979 年, 阿特金森 (C. Atkinson) 和布耶 (J. E. Bouillet)[19] 研究了广义 N 扩散方程定解问题

$$\begin{cases} u_t = (k(\Theta)|u_x|^{N-1}\Theta_x)_x, \quad x \in \mathbb{R},\ t \in (0,T), \\ \Theta(0,t) = A > 0, \quad t \in (0,T), \\ \Theta(x,0) = 0, \quad x \in \mathbb{R}. \end{cases} \tag{1.12}$$

通过适当的相似变换, 作者将 (1.12) 转换为无穷区间上常微分方程两点边值问题

$$\begin{cases} (k(\Theta)|\Theta'|^{N-1}\Theta')' = -\dfrac{\eta}{N+1}\Theta'(\eta), \quad \eta \in (0,+\infty), \\ \Theta(0) = A > 0, \quad \Theta(+\infty) = 0. \end{cases} \tag{1.13}$$

例 1.6 那宗延 (Tsung-Yen Na) 在专著 [20] 中列举了多个无穷区间上常微分方程边值问题的例子. 例如在研究非牛顿流体在旋转圆盘上的质量传递时, 扩散物浓度满足的控制方程为

$$\begin{cases} \dfrac{d^2C}{ds^2} + \dfrac{1}{9}\left(\dfrac{7+5n}{2+2n} + \dfrac{6}{s}\right)\dfrac{dC}{ds} = 0, \quad s \in (0,+\infty), \\ C(0) = 0, \quad C(+\infty) = C_\infty, \end{cases} \tag{1.14}$$

其中 n 和 C_∞ 是常数. 这是一个半无穷区间上二阶变系数常微分方程两点边值问题. 又如, 在研究平行圆盘间的热传导问题时, 其径向解满足

$$\begin{cases} \dfrac{d^2f}{d\eta^2} + \eta^2\dfrac{df}{d\eta} - 3\alpha\eta f = 0, \quad \eta \in (0,+\infty), \\ f(0) = 1, \quad f(+\infty) = 0, \end{cases} \tag{1.15}$$

其中 α 是常数. 这也是一个半无穷区间上二阶变系数微分方程两点边值问题. 再如研究固体相变时, 如果温度依赖于传导率, 那么温度分布 θ 满足

$$\begin{cases} \dfrac{d}{d\eta}\left((1+\beta\theta)\dfrac{d\theta}{d\eta}\right) + 2\eta\dfrac{d\theta}{d\eta} = 0, \quad \eta \in (0,+\infty), \\ \theta(0) = 0, \quad \theta(+\infty) = 1, \end{cases} \tag{1.16}$$

其中 β 是常数. 这还是一个半无穷区间上二阶变系数微分方程两点边值问题.

例 1.7 迪基 (R. W. Dickey)[21,22] 研究膜盖形变时也建立了无穷边值问题. 考虑一个膜盖受垂直方向上均匀压力 P 的作用, 边界给定径向位移或径向应力, 假设变形后的膜盖浅小, 所受压力和应变都很小, 变形前膜径向对称, 在柱面坐标系下满足 $z = C(1-r^2)$, 其中未变形半径 $r = 1$, $C > 0$ 是膜中心的高度. 迪基给

出了径向对称变形状态模型, 其无量纲化的径向应力 S_r 满足常微分方程边值问题

$$\begin{cases} r^2 S_r'' + 3rS_r' = \dfrac{\lambda^2 r^2}{2} + \dfrac{\beta\nu r^2}{S_r} - \dfrac{r^2}{8S_r^2}, & 0 < r \leqslant 1, \\ b_0 S_r(1) + b_1 S_r'(1) = A, & \lim\limits_{r\to 0^+} S_r(r) \text{有界}, \end{cases} \tag{1.17}$$

这里, λ 和 β 是依赖于压力、膜的厚度和杨氏模量的正常数, $b_0 > 0,\ b_1 \geqslant 0$. 对于径向位移问题, $b_0 = 1,\ b_1 = 0,\ A > 0$; 对于径向应力问题, $b_0 = 1 - \nu,\ b_1 = 1,\ A$ 是任意实数, $\nu \in (0, 0.5)$ 是泊松比. 做变换 $t = r^{-2}, u(t) = S_r(r)$, 那么 (1.17) 就转换为

$$\begin{cases} u'' = \dfrac{1}{t^3}\left(\dfrac{\lambda^2}{8} - \dfrac{1}{32u^2} + \dfrac{\beta\nu}{4u}\right), & 0 < t < +\infty, \\ a_0 u(1) - a_1 u'(1) = A, & u(+\infty)\text{有界}, \end{cases} \tag{1.18}$$

其中 $a_0 = b_0, a_1 = 2b_1$. 这是半无穷区间上二阶非线性常微分方程 Sturm-Liouville 型边值问题.

例 1.8　贝雷斯基 (H. Berestycki) 等 [23] 在研究椭圆型微分方程组

$$\Delta u = g(u), \quad x \in \mathbb{R}^N$$

径向对称解时, 建立了无穷边值问题

$$\begin{cases} -u'' - \dfrac{N-1}{r}u' = g(u), & 0 < r < +\infty, \\ u'(0) = 0, & \lim\limits_{r\to+\infty} u(r) = 0. \end{cases} \tag{1.19}$$

这里 $r = |x|$ 是径向坐标. 微分方程在 $r = 0$ 有奇性, 因为

$$\lim_{r\to 0^+} \frac{N-1}{r} = +\infty.$$

例 1.9　在研究渗流力学问题中, 也有无穷边值问题的例子. 例如考虑厚度为 h、宽为 w 的均质无限延伸地层, 有一流量为 q 的点汇, 生产出黏度为 μ、体积系数为 B 的流体 (如石油, 天然气等), 初始地层压力为 p_0. 考虑一维线性达西渗流, 那么, 井壁压力 $p = p(x, t)$ 满足偏微分方程初边值问题

$$\begin{cases} k\dfrac{\partial^2 p}{\partial x^2} = \phi\mu c_t \dfrac{\partial p}{\partial t}, & 0 < x < +\infty, \\ p(x, 0) = p_0, & 0 < x < +\infty, \\ \lim\limits_{x\to 0}\dfrac{\partial p}{\partial x} = \dfrac{qB\mu}{khw}, & \lim\limits_{x\to+\infty} p(x,t) = p_0, \end{cases} \tag{1.20}$$

其中, k 表示地层渗透率, ϕ 表示孔隙度, c_t 表示空隙总压缩系数. 定义无量纲

$$p_D = \frac{kh(p_0 - p)}{2\pi \cdot 1.842 \times 10^{-3} q\mu B}, \quad t_D = \frac{3.6kt}{\phi\mu c_t w^2}, \quad r_D = \frac{x}{w},$$

做变量替换 $m_D = p_D/x_D$ 和 Bolzmann 变换 $u = \dfrac{r_D^2}{4t_D}$, 那么问题 (1.20) 转换为无穷边值问题

$$\begin{cases} \dfrac{d^2 m_D}{du^2} + \left(\dfrac{2}{u} + 2u\right)\dfrac{dm_D}{du} = 0, \\ \lim\limits_{u\to 0}\left(u\dfrac{dm_D}{du} + m_D\right) = -1, \quad \lim\limits_{u\to+\infty} m_D = 0. \end{cases} \tag{1.21}$$

若考虑二维平面径向达西流动, 那么压力 $p = p(r,t)$ 满足的控制方程

$$\begin{cases} k\left(\dfrac{\partial^2 p}{\partial r^2} + \dfrac{1}{r}\dfrac{\partial p}{\partial r}\right) = \phi\mu c_t \dfrac{\partial p}{\partial t}, \quad 0 < r < +\infty, \\ p(r,0) = p_0, \quad 0 < r < +\infty, \\ \lim\limits_{r\to 0} r\dfrac{\partial p}{\partial r} = \dfrac{qB\mu}{2\pi kh}, \quad \lim\limits_{r\to+\infty} p(r,t) = p_0 \end{cases}$$

可转化为无穷边值问题

$$\begin{cases} u\dfrac{d^2 m_D}{du^2} + (1+u)\dfrac{dm_D}{du} = 0, \\ \lim\limits_{u\to 0} 2u\dfrac{dm_D}{du} = -1, \quad \lim\limits_{u\to+\infty} m_D = 0. \end{cases} \tag{1.22}$$

三维空间球形达西渗流方程

$$\begin{cases} k\left(\dfrac{\partial^2 p}{\partial r^2} + \dfrac{2}{r}\dfrac{\partial p}{\partial r}\right) = \phi\mu c_t \dfrac{\partial p}{\partial t}, \quad 0 < r < +\infty, \\ p(r,0) = p_0, \quad 0 < r < +\infty, \\ \lim\limits_{r\to 0} r^2\dfrac{\partial p}{\partial r} = \dfrac{qB\mu}{4\pi k}, \quad \lim\limits_{r\to+\infty} p(r,t) = p_0 \end{cases}$$

可转化为无穷边值问题

$$\begin{cases} \dfrac{d^2 m_D}{du^2} + 2u\dfrac{dm_D}{du} = 0, \\ \lim\limits_{u\to 0}\left(u\dfrac{dm_D}{du} - m_D\right) = -1, \quad \lim\limits_{u\to+\infty} m_D = 0. \end{cases} \tag{1.23}$$

问题 (1.21)—(1.23) 均为半无穷区间上二阶线性常微分方程边值问题, 通过降阶法可求出它们的解, 具体过程可参考王晓东编写的《渗流力学基础》[24].

例 1.10 叶其孝等在专著 [25] 中针对反应扩散方程, 建立了无穷边值问题. 考虑一维反应扩散方程

$$u_t = u_{xx} + f(u), \tag{1.24}$$

其形如 $u(x,t) = q(x-ct)$ 的解称为行波解, 其中 c 为实常数, 称为传播速度. 记 $\xi = x - ct$, $q' = \dfrac{dq}{d\xi}$, 那么 $q(\xi)$ 是方程 (1.24) 行波解的充要条件为 q 满足常微分方程

$$q'' + cq' + f(q) = 0. \tag{1.25}$$

如果 $q(\xi)$ 单调有界且不恒为常数, 那么称之为波前解, 这时必存在极限

$$\lim_{\xi \to \pm\infty} q(\xi) = q_{\pm}, \tag{1.26}$$

其中 $q_+ \neq q_-$. (1.25)—(1.26) 为无穷区间上二阶常微分方程两点边值问题. 进一步, 边界条件 (1.26) 可通过变换

$$\bar{q} = \frac{q - q_-}{q_+ - q_-}$$

规范为

$$\lim_{\xi \to -\infty} q(\xi) = 0, \quad \lim_{\xi \to +\infty} q(\xi) = 1.$$

对于二维非线性耦合反应扩散系统

$$\begin{cases} u_t = d_1 u_{xx} + f(u,v), \\ v_t = d_2 v_{xx} + g(u,v), \end{cases} \tag{1.27}$$

寻找形如 $u = u(x-ct)$, $v = v(x-ct)$ 形式的解. 令 $\xi = x - ct$, 并记 $u' = \dfrac{du}{d\xi}$, $v' = \dfrac{dv}{d\xi}$, 那么 (1.27) 转换为

$$\begin{cases} d_1 u'' + cu' + f(u,v) = 0, & -\infty < \xi < +\infty, \\ d_2 v'' + cv' + g(u,v) = 0, & -\infty < \xi < +\infty, \\ (u,v)|_{\xi \to -\infty} = (u_-, v_-), & (u,v)|_{\xi \to +\infty} = (u_+, v_+). \end{cases} \tag{1.28}$$

这是一个无穷区间上常微分方程组 (系统) 边值问题.

各种传导和扩散现象中建立的数学模型, 出现形式众多的无穷边值问题, 除了上面介绍的例子外, 还有包括具有 p-Laplace 算子的无穷边值问题、具有脉冲的无穷边值问题、具有时滞的无穷边值问题等, 不再一一列举.

1.3 线性边值问题

线性常微分方程边值问题的可解性结论很完善, 下面结合代数知识, 给出线性边值问题解存在的条件. 首先介绍线性齐次和非齐次边值问题、两点和多点边值问题、共振和非共振边值问题等概念, 然后根据不同类型的边值问题介绍不同的研究方法, 并给出线性情况下无穷边值问题解存在的条件和解的表达式.

1.3.1 线性边值问题有解的条件

一般的 $n(n \geqslant 1)$ 阶线性边值问题为

$$\begin{cases} Lx = f(t), \quad t \in [a,b], \\ Bx = \beta, \end{cases} \tag{1.29}$$

其中

$$Lx = x^{(n)}(t) + \sum_{i=1}^{n} p_i(t) x^{(n-i)}(t),$$

$$Bx = (B_1(x), B_2(x), \cdots, B_n(x))^{\mathrm{T}},$$

$x \in C^n[a,b]$, $p_i \in C[a,b]$, $f \in C[a,b]$, $B_i(x) = \sum\limits_{j=1}^{m} \sum\limits_{k=0}^{n-1} a_{ijk} x^{(k)}(\xi_j)$, $\beta = (b_1, \cdots, b_n)^{\mathrm{T}} \in \mathbb{R}^n$, 且边界点满足 $a = \xi_1 < \xi_2 < \cdots < \xi_m = b$.

如果边界中有 $a = -\infty$ 或者 $b = +\infty$, 那么相应的边界算子有可能会被替换为 $x^{(k)}(a)$ 或 $x^{(k)}(b)(0 \leqslant k \leqslant n)$ 有界, 这通常是实际问题的自然约束条件.

根据 (1.29) 中方程和边界右端项是否为 0, 边值问题分为齐次、半齐次和非齐次情况. n 阶线性齐次边值问题为

$$\begin{cases} Lx = 0, \quad t \in [a,b], \\ Bx = 0. \end{cases} \tag{1.30}$$

第一类半齐次边值问题为

$$\begin{cases} Lx = f(t), \quad t \in [a,b], \\ Bx = 0. \end{cases} \tag{1.31}$$

第二类半齐次边值问题为

$$\begin{cases} Lx = 0, \quad t \in [a,b], \\ Bx = \beta. \end{cases} \tag{1.32}$$

第一类和第二类半齐次边值问题统称为半齐次边值问题. 其他情况时, (1.29) 称为非齐次边值问题.

线性边值问题的解满足叠加原理:

(1) (1.30) 的解的线性组合仍是它的解;

(2) 设 $x_0(t), x_1(t), x_2(t)$ 分别是 (1.30)—(1.32) 的解, 那么 $x(t) = cx_0(t) + x_1(t) + x_2(t)$ 为非齐次边值问题 (1.29) 的解, c 为任意常数;

(3) 若 $x_1(t), x_2(t)$ 是 (1.31)(或者 (1.32)) 的解, 那么 $x(t) = x_1(t) - x_2(t)$ 为齐次边值问题 (1.30) 的解.

由常微分方程理论可知, n 阶线性齐次常微分方程的解族构成一个 n 维线性空间. 设 $x_1(t), \cdots, x_n(t)$ 是 $Lx = 0$ 的 n 个线性无关解, 记

$$\varphi(t) = (x_1(t), x_2(t), \cdots, x_n(t)), \quad c = (c_1, c_2, \cdots, c_n)^{\mathrm{T}},$$

其中 $c_1, c_2, \cdots, c_n$ 为任意常数, 那么 $Lx = 0$ 的通解为

$$X(t) = \varphi(t)c.$$

进一步, 设 $x^*(t)$ 是 $Lx = f(t)$ 的一个特解, 那么 $Lx = f(t)$ 的通解为

$$x(t) = \varphi(t)c + x^*(t).$$

将齐次方程的通解代入 (1.32) 的边界条件, 将非齐次方程的通解分别代入 (1.29), (1.31) 的边界条件, 注意到 B_i 是线性算子, 可得

$$Ac = \beta, \quad Ac = \beta - \alpha \quad 和 \quad Ac = -\alpha,$$

其中

$$A = \begin{pmatrix} B_1(x_1) & \cdots & B_1(x_n) \\ \vdots & & \vdots \\ B_n(x_1) & \cdots & B_n(x_n) \end{pmatrix}, \quad \alpha = \begin{pmatrix} B_1(x^*) \\ \vdots \\ B_n(x^*) \end{pmatrix}. \tag{1.33}$$

根据线性代数方程组解的结构, 可得到线性边值问题有解和有唯一解的充要条件.

定理 1.1 n 阶线性微分方程边值问题有解的结论有:

(1) (1.30) 有非平凡解的充要条件是 $\mathrm{Rank}(A) < n$;

(2) (1.31) 有解的充要条件是 $\mathrm{Rank}(A, \alpha) = \mathrm{Rank}(A)$;

(3) (1.32) 有解的充要条件是 $\mathrm{Rank}(A, \beta) = \mathrm{Rank}(A)$;

(4) (1.29) 有解的充要条件是 $\mathrm{Rank}(A, \beta, \alpha) = \mathrm{Rank}(A)$;

(5) (1.29) 有唯一解的充要条件是 $\mathrm{Rank}(A) = n$.

如果边界条件中有约束条件为 $x^{(k)}(-\infty)$ 或 $x^{(k)}(+\infty)(k \in \{0,1,\cdots,n\})$ 有界, 就需要根据 $B_i(x)(i=1,\cdots,n)$ 在无穷远处的有界性, 给出线性无穷边值问题可解性的结论.

线性边值问题除了有齐次和非齐次区分外, 还可以根据边界条件中边界点的个数分为两点边值问题和多点边值问题, 例如在 (1.29) 边界条件中, 当参数 $m=2$ 时, 称为两点边值问题; 当 $m=3$ 时, 称为三点边值问题; 当 $m>2$ 时, 也统称为多点边值问题. 两点边值问题中常见的边界条件有 Dirichlet 边界, Neumann 边界, Sturm-Liouville 边界和周期边界 $x^{(k)}(a)=x^{(k)}(b)(0\leqslant k\leqslant n)$.

另外, 如果 $\det A=0$, (1.29) 称为共振边值问题, 否则称为非共振边值问题. 在非共振情况下, 无论线性还是非线性边值问题都可以借助 Green 函数来研究, 而共振情况下的研究比较复杂, 下面分别介绍.

1.3.2 Green 函数

Green 函数是研究微分方程边值问题的重要工具之一. 它可以将第一类半齐次边值问题转化为积分形式. 对于非线性微分方程边值问题, 可以根据积分形式定义非线性算子, 然后用泛函分析和非线性泛函分析的算子理论进行讨论.

下面讨论线性边值问题的 Green 函数以及解的表达式, 根据 1.3.1 小节的讨论可知, Green 函数存在的条件是 $\det A\neq 0$.

设 $\varphi(t)=(x_1(t),x_2(t),\cdots,x_n(t))$ 是 $Lx=0$ 的一个基本解组, 记 $W(t)$ 为基本解组的朗斯基 (Wronski) 行列式. 由常数变易法得 $Lx=f(t)$ 的一个特解为

$$x^*(t)=\int_a^t \frac{W(t,s)}{W(s)}f(s)ds, \tag{1.34}$$

其中

$$W(t,s)=\begin{vmatrix} x_1(s) & x_2(s) & \cdots & x_n(s) \\ \vdots & \vdots & & \vdots \\ x_1^{(n-2)}(s) & x_2^{(n-2)}(s) & \cdots & x_n^{(n-2)}(s) \\ x_1(t) & x_2(t) & \cdots & x_n(t) \end{vmatrix}.$$

这里说明一点, 因为

$$\left.\frac{\partial^k W(t,s)}{\partial t^k}\right|_{t=s}=\begin{vmatrix} x_1(s) & x_2(s) & \cdots & x_n(s) \\ \vdots & \vdots & & \vdots \\ x_1^{(n-2)}(s) & x_2^{(n-2)}(s) & \cdots & x_n^{(n-2)}(s) \\ x_1^{(k)}(s) & x_2^{(k)}(s) & \cdots & x_n^{(k)}(s) \end{vmatrix}$$
$$=\begin{cases} 0, & k=0,1,2,\cdots,n-2, \\ W(s), & k=n-1. \end{cases}$$

所以在 (1.34) 式两边求导, 可得

$$\frac{d^k x^*(t)}{dt^k} = \int_a^t \frac{\partial^k}{\partial t^k}\left(\frac{W(t,s)}{W(s)}\right) f(s)ds, \quad k=0,1,\cdots,n-1.$$

对于任意的 $s,t\in[a,b]$, 令

$$W^*(t,s)=\begin{cases} -\dfrac{W(t,s)}{W(s)}, & a\leqslant t\leqslant s\leqslant b,\\ \dfrac{W(t,s)}{W(s)}, & a\leqslant s\leqslant t\leqslant b,\end{cases}$$

那么

$$\begin{aligned} B_i(x^*) &= \sum_{j=1}^{m}\sum_{k=0}^{n-1} a_{ijk}\int_a^{\xi_j}\frac{\partial^k}{\partial t^k}\left(\frac{W(t,s)}{W(s)}\right)\Bigg|_{t=\xi_j} f(s)ds\\ &= \int_a^b \sum_{j=1}^{m}\sum_{k=0}^{n-1} a_{ijk}\,\frac{\partial^k W^*(t,s)}{\partial t^k}\Bigg|_{t=\xi_j} f(s)ds\\ &= \int_a^b B_i(W^*(t,s))f(s)ds. \end{aligned}$$

将 $Lx=f(t)$ 的通解 $x(t)=\varphi(t)c+x^*(t)$ 代入边界条件 $Bx=0$ 后, 得到代数方程 $Ac=-\alpha$, 这里 A, α 的定义如 (1.33). 根据克拉默 (Cramer) 法则, 该代数方程的解为

$$c=-\frac{1}{|A|}\left(|A_1|,|A_2|,\cdots,|A_n|\right)^{\mathrm{T}},$$

其中 $|\cdot|$ 表示矩阵的行列式运算, A_i 表示 A 的第 i 列被 α 代替后得到的矩阵. 进一步, 注意到

$$|A_i|=\begin{vmatrix} A & \alpha\\ I_i & 0\end{vmatrix},$$

这里 I_i 表示第 i 个元素为 1, 其他元素为 0 的行向量, 所以

$$\begin{aligned} x(t) &= -\frac{\varphi(t)}{|A|}\left(|A_1|,|A_2|,\cdots,|A_n|\right)^{\mathrm{T}}+x^*(t)\\ &= \frac{1}{|A|}\begin{vmatrix} A & \alpha\\ \varphi(t) & x^*\end{vmatrix} \end{aligned}$$

$$= \frac{1}{|A|} \begin{vmatrix} B_1(x_1) & \cdots & B_1(x_n) & \int_a^b B_1(W^*(t,s))f(s)ds \\ \vdots & & \vdots & \vdots \\ B_n(x_1) & \cdots & B_n(x_n) & \int_a^b B_n(W^*(t,s))f(s)ds \\ x_1(t) & \cdots & x_n(t) & \int_a^b W^*(t,s)f(s)ds \end{vmatrix}$$

$$= \int_a^b \frac{1}{|A|} \begin{vmatrix} B_1(x_1) & \cdots & B_1(x_n) & B_1(W^*(t,s)) \\ \vdots & & \vdots & \vdots \\ B_n(x_1) & \cdots & B_n(x_n) & B_n(W^*(t,s)) \\ x_1(t) & \cdots & x_n(t) & W^*(t,s) \end{vmatrix} f(s)ds.$$

记

$$G(t,s) = \frac{1}{|A|} \begin{vmatrix} B_1(x_1) & \cdots & B_1(x_n) & B_1(W^*(t,s)) \\ \vdots & & \vdots & \vdots \\ B_n(x_1) & \cdots & B_n(x_n) & B_n(W^*(t,s)) \\ x_1(t) & \cdots & x_n(t) & W^*(t,s) \end{vmatrix}, \quad a \leqslant s,t \leqslant b,$$

那么 $G(t,s)$ 就是边值问题 (1.30) 的 Green 函数. 可以证明 Green 函数与 x^* 的选取无关.

定理 1.2 边值问题 (1.31) 在非共振情况下存在唯一解, 并且此唯一解可以表示为

$$x(t) = \int_a^b G(t,s)f(s)ds.$$

容易验证 Green 函数满足一些性质:

(1) $G(t,s) \in C([a,b] \times (\xi_{k-1}, \xi_k))(k=2,\cdots,m)$ 关于 t 有直到 $n-2$ 阶连续偏导数, 且关于 t 的 $n-1$ 和 n 阶导数在 $s \neq t$ 时连续;

(2) $LG(t,s) = 0, s \neq t$;

(3) $B_i(G(\cdot,s)) = 0, s \in (\xi_{k-1}, \xi_k), k=2,\cdots,m.$

(4)

$$\left.\frac{\partial^k G(t,s)}{\partial t^k}\right|_{t=s^+} - \left.\frac{\partial^k G(t,s)}{\partial t^k}\right|_{t=s^-} = 0, \quad k=0,1,\cdots,n-2,$$

$$\left.\frac{\partial^{n-1} G(t,s)}{\partial t^{n-1}}\right|_{t=s^+} - \left.\frac{\partial^{n-1} G(t,s)}{\partial t^{n-1}}\right|_{t=s^-} = -1.$$

注 1.1　Green 函数也可以定义为满足上面性质 (1)—(4) 的函数. 对于两点边值问题, Green 函数还有对称性, 即 $G(t,s)=G(s,t)$.

例 1.11　设 $p\in L^1[0,+\infty)$ 且在 $(0,+\infty)$ 上不为 0. 考虑半无穷区间上二阶常微分方程 Sturm-Liouville 边值问题

$$\begin{cases}\dfrac{1}{p(t)}\big(p(t)x'(t)\big)'=0, & 0<t<+\infty,\\ \alpha_1x(0)-\beta_1(px')(0^+)=0, & \\ \alpha_2x(+\infty)+\beta_2(px')(+\infty)=0, & \end{cases}$$

当 $\rho=\alpha_2\beta_1+\alpha_1\beta_2+\alpha_1\alpha_2\displaystyle\int_0^{+\infty}\frac{1}{p(s)}ds\neq 0$ 时, 此边值问题有 Green 函数

$$G(t,s)=\frac{p(s)}{\rho}\begin{cases}a(s)b(t), & 0\leqslant s\leqslant t<+\infty,\\ a(t)b(s), & 0\leqslant t\leqslant s<+\infty,\end{cases}$$

其中

$$a(t)=\beta_1+\alpha_1\int_0^t\frac{1}{p(s)}ds,\quad b(t)=\beta_2+\alpha_2\int_t^{+\infty}\frac{1}{p(s)}ds.$$

解　记

$$\begin{aligned}L(x)&=\frac{1}{p(t)}\big(p(t)x'(t)\big)',\\ B_1(x)&=\alpha_1x(0)-\beta_1(px')(0^+),\\ B_2(x)&=\alpha_2x(+\infty)+\beta_2(px')(+\infty).\end{aligned}$$

容易验证 $\alpha_2a(t)+\alpha_1b(t)=\rho$, 且 $a(t)$, $b(t)$ 分别满足

$$L(a)=B_1(a)=0,\quad B_2(a)=\rho;\quad L(b)=B_2(b)=0,\quad B_1(b)=\rho.$$

进一步, $a(t)$ 和 $b(t)$ 的朗斯基行列式满足

$$W(t)=\begin{vmatrix}a(t) & b(t)\\ a'(t) & b'(t)\end{vmatrix}=-\frac{\rho}{p(t)}\neq 0,$$

所以 $a(t)$ 和 $b(t)$ 是方程的两个线性无关解. 再由常数变易法, 方程 $L(x)(t)+f(t)=0$ 的通解为

$$x(t)=c_1a(t)+c_2b(t)+x^*(t),$$

其中

$$x^*(t)=-\int_0^t\frac{a(s)b(t)-a(t)b(s)}{W(s)}f(s)ds.$$

将通解代入边界条件, 得

$$c_1 = \frac{1}{\rho}B_2\big(x^*(t)\big) = \frac{1}{\rho}\int_0^{+\infty} p(s)b(s)f(s)ds, \quad c_2 = 0.$$

所以, 非齐次方程边值问题的解为

$$\begin{aligned} x(t) &= c_1a(t) + c_2b(t) + x^*(t) \\ &= \frac{1}{\rho}\int_0^t p(s)a(s)b(t)f(s)ds + \frac{1}{\rho}\int_t^{+\infty} p(s)a(t)b(s)f(s)ds \\ &= \int_0^{+\infty} G(t,s)f(s)ds. \end{aligned}$$

由此可得 Sturm-Liouville 型无穷边值问题的 Green 函数.

例 1.12 半无穷区间上二阶微分方程三点边值问题

$$\begin{cases} x''(t) = 0, \quad 0 < t < +\infty, \\ x(0) = \alpha x(\eta), \quad x'(+\infty) = 0, \end{cases}$$

当 $\alpha \neq 1$ 时有 Green 函数, 表示为

$$G(t,s) = \begin{cases} \dfrac{\alpha s}{1-\alpha} + s, \quad 0 \leqslant s \leqslant \min\{\eta,\ t\} < +\infty, \\ \dfrac{\alpha s}{1-\alpha} + t, \quad 0 \leqslant t \leqslant s \leqslant \eta < +\infty, \\ \dfrac{\alpha \eta}{1-\alpha} + s, \quad 0 < \eta \leqslant s \leqslant t < +\infty, \\ \dfrac{\alpha \eta}{1-\alpha} + t, \quad 0 < \max\{\eta, t\} \leqslant s < +\infty. \end{cases}$$

解 假设 $f \in L^1[0,+\infty)$, 考虑边值问题

$$\begin{cases} x''(t) + f(t) = 0, \quad 0 < t < +\infty, \\ x(0) = \alpha x(\eta), \quad x'(+\infty) = 0, \end{cases}$$

从 t 到 $+\infty$ 积分方程 $x''(t) + f(t) = 0$, 且利用无穷边界条件, 有

$$x'(t) = \int_t^{+\infty} f(s)ds,$$

再从 0 到 t 积分, 可得

$$x(t) = x(0) + \int_0^t \int_\tau^{+\infty} f(s)dsd\tau. \tag{1.35}$$

因为 $x(0)=\alpha x(\eta)$, 由 (1.35) 可得

$$x(\eta)=\frac{1}{1-\alpha}\int_0^{\eta}\int_{\tau}^{+\infty}f(s)dsd\tau,$$

从而

$$\begin{aligned}x(t)&=\frac{\alpha}{1-\alpha}\int_0^{\eta}\int_{\tau}^{+\infty}f(s)dsd\tau+\int_0^{t}\int_{\tau}^{+\infty}f(s)dsd\tau\\&=\frac{\alpha}{1-\alpha}\left(\int_0^{\eta}sf(s)ds+\int_{\eta}^{+\infty}\eta f(s)ds\right)+\int_0^{t}sf(s)ds+\int_t^{+\infty}tf(s)ds,\end{aligned}$$

当 $t\leqslant\eta$ 时, 上式变为

$$x(t)=\int_0^{t}\frac{sf(s)}{1-\alpha}ds+\int_t^{\eta}\frac{t+\alpha(s-t)}{1-\alpha}f(s)ds+\int_{\eta}^{+\infty}\frac{t+\alpha(\eta-t)}{1-\alpha}f(s)ds,$$

而当 $t\geqslant\eta$ 时, 上式变为

$$x(t)=\int_0^{\eta}\frac{sf(s)}{1-\alpha}ds+\int_{\eta}^{t}\frac{s+\alpha(\eta-s)}{1-\alpha}f(s)ds+\int_{t}^{+\infty}\frac{t+\alpha(\eta-t)}{1-\alpha}f(s)ds,$$

总之, 有

$$x(t)=\int_0^{+\infty}G(t,s)f(s)ds.$$

例 1.13 半无穷区间上 n 阶常微分方程混合边值问题

$$\begin{cases}-x^{(n)}(t)=0,\quad 0<t<+\infty,\\x^{(i)}(0)=A_i,\quad i=0,1,\cdots,n-3,\\x^{(n-2)}(0)-ax^{(n-1)}(0)=B,\\x^{(n-1)}(+\infty)=C\end{cases}$$

有 Green 函数

$$G(t,s)=\begin{cases}\dfrac{a}{(n-2)!}t^{n-2}+\displaystyle\sum_{k=0}^{n-2}\frac{(-1)^k}{(k+1)!(n-2-k)!}s^{k+1}t^{n-2-k},\quad s\leqslant t,\\\dfrac{a}{(n-2)!}t^{n-2}+\dfrac{1}{(n-1)!}t^{n-1},\quad t\leqslant s.\end{cases}$$

解 考虑 $f\in L^1[0,+\infty)$ 和边值问题

$$\begin{cases}-x^{(n)}(t)=f(t),\quad 0<t<+\infty,\\x^{(i)}(0)=A_i,\quad i=0,1,\cdots,n-3,\\x^{(n-2)}(0)-ax^{(n-1)}(0)=B,\\x^{(n-1)}(+\infty)=C.\end{cases}\tag{1.36}$$

令 $v(t)=x^{(n-2)}(t)$, 则由边值问题 (1.36) 可得边值问题

$$\begin{cases}-v''(t)=f(t), \quad 0<t<+\infty,\\ v(0)-av'(0)=B,\\ v'(+\infty)=C\end{cases} \tag{1.37}$$

和初值问题

$$\begin{cases}u^{(n-2)}(t)=v(t), \quad 0<t<+\infty,\\ u^{(i)}(0)=A_i, \quad i=0,1,\cdots,n-3.\end{cases} \tag{1.38}$$

容易知道 (1.37) 有唯一解

$$v(t)=aC+B+Ct+\int_0^{+\infty}g(t,s)e(s)ds,$$

其中

$$g(t,s)=\begin{cases}a+s, \quad 0\leqslant s\leqslant t<+\infty,\\ a+t, \quad 0\leqslant t\leqslant s<+\infty.\end{cases}$$

在方程 (1.38) 的两边分别积分 $n-2$ 次, 并代入初始条件, 则可得到 Green 函数.

注 1.2 半无穷区间上二阶常微分方程混合边值问题

$$\begin{cases}-x''(t)=0, \quad t\in(0,+\infty),\\ x(0)-ax'(0)=0, \quad x'(+\infty)=0\end{cases}$$

有 Green 函数

$$G(t,s)=\begin{cases}a+s, \quad 0\leqslant s\leqslant t<+\infty,\\ a+t, \quad 0\leqslant t\leqslant s<+\infty.\end{cases}$$

这几个例子是用齐次微分方程的通解来确定 Green 函数的. 一般要求非齐次函数 f 可积, 此时的解未必是有界的. 如果考虑有界解, 不仅要求 $f\in L^1[0,+\infty)$, 而且要求

$$\int_0^{+\infty}s|f(s)|ds<+\infty. \tag{1.39}$$

对满足这个条件的可积函数, 后面将用 $I\!L^1[0,+\infty)$ 来表示.

1.3.3 共振边值问题

首先考察如下二阶常微分方程周期边值问题的例子:

$$\begin{cases}x''+m^2x=f(t), \quad t\in[0,\pi],\\ B_1(x):=x(0)-x(2\pi)=0,\\ B_2(x):=x'(0)-x'(2\pi)=0,\end{cases} \tag{1.40}$$

其中 $m>0$ 为正整数, $f\in C[0,2\pi]$. 由于齐次方程 $x''+m^2x=0$ 有基本解组 $x_1(t)=\cos mt$, $x_2(t)=\sin mt$, 由常数变易法或 Laplace 变换法, 可知边值问题 (1.40) 有通解

$$x(t)=c_1\cos mt+c_2\sin mt+\frac{1}{m}\int_0^t \sin m(t-s)f(s)ds.$$

从数学的角度来分析. 不难验证

$$A=\begin{pmatrix} B_1(x_1) & B_1(x_2) \\ B_2(x_1) & B_2(x_2) \end{pmatrix}=\begin{pmatrix} 0 & 0 \\ 0 & 0 \end{pmatrix},\quad \alpha=\begin{pmatrix} \displaystyle\int_0^{2\pi}\sin msf(s)ds \\ \displaystyle -\int_0^{2\pi}\cos nsf(s)ds \end{pmatrix}.$$

如果 $f(t)$ 是周期为 $\dfrac{2\pi}{m}$ 的周期函数, 如 $f(t)=\sin mt$, 则有 $\mathrm{Rank}(A)\neq \mathrm{Rank}(A,\alpha)$, 所以 (1.40) 没有解. 此时有 $\det A=0$, 这是一个共振边值问题.

从物理背景上分析. 系统 (1.40) 对应的齐次系统的固有频率为 $\dfrac{2\pi}{m}$, 如果 $f(t)$ 是周期为 $\dfrac{2\pi}{m}$ 的周期函数, 则在周期振荡内, 因为外力的作用, 系统的振幅增大, 出现共振现象.

下面推导边值问题 (1.29), (1.31) 和 (1.32) 在共振情况下解的表达式.

由定理 1.1 可知, 第一类半齐次边值问题 (1.31) 共振情况下有解的条件是 $\mathrm{Rank}(A,\alpha)=\mathrm{Rank}(A)=r<n$. 对于方程 $Ac=-\alpha$, 由线性代数知识可知, 其对应的齐次方程基础解系中解的个数为 $n-r$ 个. 不妨假设 $c_{r+1},\cdots,c_n$ 为自由变量, 记

$$\begin{aligned}
&c^{(1)}=(c_1,\cdots,c_r)^{\mathrm{T}},\quad c^{(2)}=(c_{r+1},\cdots,c_n)^{\mathrm{T}},\\
&B^{(1)}(x)=(B_1(x),\cdots,B_r(x))^{\mathrm{T}},\quad B^{(2)}(x)=(B_{r+1}(x),\cdots,B_n(x))^{\mathrm{T}},\\
&x^{(1)}(t)=(x_1(t),\cdots,x_r(t)),\quad x^{(2)}(t)=(x_{r+1}(t),\cdots,x_n(t)),
\end{aligned}$$

$$Q_r=\begin{pmatrix} B_1(x_1) & \cdots & B_1(x_r) \\ \vdots & & \vdots \\ B_r(x_1) & \cdots & B_r(x_r) \end{pmatrix},\quad S_{n-r}=\begin{pmatrix} B_1(x_{r+1}) & \cdots & B_1(x_n) \\ \vdots & & \vdots \\ B_r(x_{r+1}) & \cdots & B_r(x_n) \end{pmatrix}$$

那么 $\det Q_r\neq 0$, 且 $Ac=-\alpha$ 等价于

$$c^{(1)}=Q_r^{-1}\left(-B^{(1)}(x^*)-S_{n-r}c^{(2)}\right).$$

所以 (1.31) 的通解为

$$x(t)=x^{(1)}(t)c^{(1)}+x^{(2)}(t)c^{(2)}+x^*(t)$$

$$= (x^{(2)}(t) - x^{(1)}(t)Q_r^{-1}S_{n-r})c^{(2)} - x^{(1)}(t)Q_r^{-1}B^{(1)}(x^*) + x^*(t)$$
$$= (x^{(2)}(t) - x^{(1)}(t)Q_r^{-1}S_{n-r})c^{(2)} + \int_a^b Q_r(t,s)f(s)ds, \quad (1.41)$$

其中 $c^{(2)}$ 是任意的 $n-r$ 维常数向量,

$$Q_r(t,s) = -x^{(1)}(t)Q_r^{-1}B^{(1)}(W^*(t,s)) + W^*(t,s).$$

同理, 由第二类半齐次边值问题 (1.32) 共振情况下有解的条件, 类似于上面的讨论, 可以得到 (1.32) 的通解为

$$x(t) = (x^{(2)}(t) - x^{(1)}(t)Q_r^{-1}S_{n-r})c^{(2)} + x^{(1)}(t)Q_r^{-1}\beta^{(1)}, \quad (1.42)$$

其中 $\beta^{(1)} = (\beta_1, \cdots, \beta_r)$. 非齐次边值问题 (1.29) 的共振情况下有解的条件是 $\text{Rank}(A,\alpha) = \text{Rank}(A) = r < n$, 其通解为

$$\begin{aligned} x(t) &= x^{(1)}(t)c^{(1)} + x^{(2)}(t)c^{(2)} + x^*(t) \\ &= (x^{(2)}(t) - x^{(1)}(t)Q_r^{-1}S_{n-r})c^{(2)} + x^{(1)}(t)Q_r^{-1}\beta^{(1)} \\ &\quad + \int_a^b Q_r(t,s)f(s)ds, \end{aligned} \quad (1.43)$$

定理 1.3 n 阶线性微分方程共振边值问题有解的结论为:

(1) 当 $\text{Rank}(A,\alpha) = \text{Rank}(A) = r < n$ 时, (1.31) 有无穷个解 (1.41);

(2) 当 $\text{Rank}(A,\beta) = \text{Rank}(A) = r < n$ 时, (1.32) 有无穷个解 (1.42);

(3) 当 $\text{Rank}(A,\beta-\alpha) = \text{Rank}(A) = r < n$ 时, (1.29) 有无穷个解 (1.43).

1.3.4 具有 p-Laplace 算子的边值问题

p-Laplace 边值问题是指微分方程最高阶导数项含有 p-Laplace 算子, 一般表示为 $(\varphi_p(x^{(n-1)}))'$, 其中 $n \geqslant 2$, $\varphi_p(s) = |s|^{p-2}s$, $p > 1$. 显然, 当 $p = 2$ 时, $\varphi_p(s) = s$, 即 $(\varphi_2(x^{(n-1)}))' = x^{(n)}$; 当 $p \neq 2$ 时, $\varphi_p(s)$ 不是线性算子, $(\varphi_p(x^{(n-1)}))'$ 为拟线性运算. 由此可见具有 p-Laplace 算子的微分方程是 n 阶线性微分方程的推广. 这类模型于 20 世纪 80 年代产生在非牛顿流体理论和多孔介质中的湍流研究中 [9].

常数 $q > 1$ 满足 $\dfrac{1}{p} + \dfrac{1}{q} = 1$ 时, 称 q 为 p 的对偶数.

定理 1.4 p-Laplace 算子具有如下性质:

(1) $\varphi_p(-s) = -\varphi_p(s)$, $\varphi_p(0) = 0$, $\varphi_p(1) = 1$;

(2) $s\varphi_p(s) > 0$, $s \neq 0$;

(3) $\varphi_p(st) = \varphi_p(s)\varphi_p(t)$;

(4) φ_p 连续单增, 且 $\varphi_p^{-1}=\varphi_q, q$ 为 p 的对偶数.

(5) 对所有的 $s,t\geqslant 0$, 有

$$\varphi_p(s+t)\leqslant \varphi_p(s)+\varphi_p(t),\quad p<2,$$
$$\varphi_p(s+t)\leqslant 2^{p-2}\big(\varphi_p(s)+\varphi_p(t)\big),\quad p\geqslant 2.$$

证明 由定义不难验证性质 (1)—(4), 下面仅讨论性质 (5). 考虑函数 $f(x)=x^{p-1}+(1-x)^{p-1}$ 在区间 $[0,1]$ 上的最值情况. 事实上, 令

$$f'(x)=(p-1)\big(x^{p-2}-(1-x)^{p-2}\big)=0,$$

则 $f(x)$ 可能在 $x=\dfrac{1}{2}$, $x=0$ 和 $x=1$ 处达到极值, 而 $f(0)=f(1)=1$, $f\left(\dfrac{1}{2}\right)=2^{2-p}$. 当 $1<p<2$ 时, f 最大值为 2^{2-p}, 最小值为 1. 令 $x=\dfrac{u}{u+v}$, 那么可由

$$1\leqslant\left(\frac{u}{u+v}\right)^{p-1}+\left(\frac{u}{u+v}\right)^{p-1}\leqslant 2^{2-p}$$

得到

$$(u+v)^{p-1}\leqslant u^{p-1}+v^{p-1}.$$

当 $p>2$ 时, 同理可得

$$(u+v)^{p-1}\leqslant 2^{p-2}\big(u^{p-1}+v^{p-1}\big).$$

从而命题成立. 证毕.

考虑 n 阶 p-Laplace 方程

$$(\varphi_p(x^{(n-1)}))'=f(t),\quad t\in[a,b].$$

分别对方程两边的函数从 a 到 t 积分, 并利用定理 1.4 中的性质 (4), 有

$$x^{(n-1)}(t)=\varphi_q\left(\varphi_p(x^{(n-1)}(a))+\int_a^t f(s)ds\right).$$

继续对方程两边的函数从 a 到 t 积分 $n-1$ 次, 有

$$x(t)=\sum_{k=0}^{n-2}\frac{c_{n-k}(t-a)^k}{k!}$$
$$+\int_a^t\cdots\int_a^{s_3}\varphi_q\left(\varphi_p(x^{(n-1)}(a))+\int_a^{s_2}f(s_1)ds_1\right)ds_2\cdots ds_n.$$

其中 $c_k(k=2,\cdots,n)$ 为任意常数, $\varphi_p(x^{(n-1)})(a)$ 也是常数, 这是 n 阶 p-Laplace 方程的通解. 可以由定解条件确定出任意常数的值, 得到特解. 关于积分下限 a 的选择可以根据边界点和边界条件灵活选用.

p-Laplace 边值问题也会出现共振和非共振情形. 无论哪一种情况, 都可以将微分方程转换为积分算子来讨论. 下面举两个例子说明一下.

例 1.14 设 $f\in I\!L^1[0,+\infty)$, 这里 $I\!L^1[0,+\infty)$ 的定义见式 (1.39). 无穷边值问题

$$\begin{cases}\big(\varphi_p\big(x'(t)\big)\big)'+f(t)=0, & 0<t<+\infty,\\ \alpha x(0)-\beta x'(0)=0, & x'(+\infty)=0\end{cases}$$

有唯一的有界解, 而且这个解可以表示为

$$x(t)=\frac{\beta}{\alpha}\varphi_q\left(\int_0^{+\infty}f(s)ds\right)+\int_0^t\varphi_q\left(\int_\tau^{+\infty}f(s)ds\right)d\tau.$$

例 1.15 设 $f\in I\!L^1[0,+\infty)$. 考虑无穷边值问题

$$\begin{cases}\big(\varphi_p\big(x'(t)\big)\big)'+f(t)=0, & 0<t<+\infty,\\ x(0)=\alpha x(\eta), & x'(+\infty)=0.\end{cases}$$

当 $\alpha\neq 1$ 时, 此无穷边值问题有唯一的有界解, 而且这个解可以表示为

$$x(t)=\frac{\alpha}{1-\alpha}\int_0^\eta\varphi_q\left(\int_\tau^{+\infty}f(s)ds\right)d\tau+\int_0^t\varphi_q\left(\int_\tau^{+\infty}f(s)ds\right)d\tau.$$

当 $\alpha=1$ 时, 如果

$$\int_0^\eta\varphi_q\left(\int_\tau^{+\infty}f(s)ds\right)d\tau\neq 0,$$

此无穷边值问题无解. 否则有无穷多个解, 通解可以表示为

$$x(t)=c+\int_0^t\varphi_q\left(\int_\tau^{+\infty}f(s)ds\right)d\tau,\quad c\ \text{为任意常数}.$$

比 p-Laplace 算子更广泛的是 ϕ-Laplace 型算子. 如果函数 $\phi:\mathbb{R}\to\mathbb{R}$ 严格单调递增, 那么称之为 ϕ-Laplace 算子. p-Laplace 算子是一种特殊的 ϕ-Laplace 算子, 另外一类常见的 ϕ-Laplace 算子就是曲率算子, 定义为 $\phi(s)=\dfrac{s}{\sqrt{1+s^2}}$.

1.4 无穷边值问题的研究方法

相对于常微分方程初值问题而言, 边值问题的研究方法要丰富得多, 而无穷区间不具有紧性, 所以无穷边值问题的讨论比较复杂. 本节叙述几种研究无穷边值问题的方法, 而数值解以及渐近解理论不在其中.

1.4.1 对角延拓法

19 世纪 20 年代, 柯西 (A. L. Cauchy) 首次建立了常微分方程初值问题解的存在唯一性理论. 随后利普希茨 (R. O. S. Lipschitz), 皮卡 (J. Picard) 等相继对柯西定理作了不同的改进, 在较弱的条件下得到了解存在的充分条件. 这些理论下的解是局部存在的, 考虑在大范围内或整个定义区间上解的存在性, 就要用到延拓原理, 这是由佩亚诺 (G. Peano) 在 1890 年完成的 [26].

边值问题解的延拓不像初值问题那样自然, 将边值问题局部解延拓到整个定义域上的方法, 称为对角延拓法[6], 也称为有限区间逼近法 [25], 其思想是把无穷边值问题的解看作有限区间 (不妨设为 $[-n,n]$, 或者 $[0,n]$, $n=1,2,\cdots$) 上边值问题的解 (当 $n\to+\infty$ 时) 的极限. 具体延拓过程如下:

(1) 先求解有限区间问题

$$\begin{cases}\text{常微分方程}, & -n<t<n(\text{或 } 0<t<n),\\ \text{技巧地添加 } t=\pm n \ (\text{或 } t=n)\text{处边界条件}.\end{cases} \tag{1.44}$$

假设 (1.44) 有解 $x_n=x_n(t,m)$, 其中 m 表示边界处理时添加的参变量.

(2) 由 x_n 延拓定义无穷区间或半无穷区间上的函数族 $\{y_n, n\in\mathbb{N}\}$, 且保证它在有限区间上列紧.

(3) 函数族 $\{y_n, n\in\mathbb{N}\}$ 在有限区间 T_{k-1} 上有一收敛子列, 极限记为 z_{k-1}, 在这个收敛子列中取子列, 子列在更大区间 $T_k\supset T_{k-1}$ 上收敛, 极限记为 z_k, 则 $z_k|_{T_{k-1}}=z_{k-1}$, 如此以至无穷.

(4) 对任意 $t\in\mathbb{R}$(或 $t\in[0,+\infty)$), 取 T_k 使得 $t\in T_k$, 定义 $x(t)=z_k(t)$, 则 x 就是无穷边值问题的解.

这种方法在边界处理上技巧性强, 需要添加合适的参变量以保证解族的紧性, 所以对无穷边界条件要求高, 并非所有的无穷边值问题都可以用这种延拓技巧, 与此同时对角延拓下的解局限于有界的情况.

1.4.2 打靶法

打靶法是将边值问题转化为初值问题进行讨论的一种方法. 为了方便叙述打靶法的基本原理, 不妨考虑二阶非线性边值问题

$$\begin{cases}x''=f(t,x,x'), & a<t<b,\\ x(a)=\alpha, \quad x(b)=\beta.\end{cases} \tag{1.45}$$

令 $x'(a)=S$, 考虑带参数的初值问题

$$\begin{cases}x''=f(t,x,x'), & a<t<b,\\ x(a)=\alpha, \quad x'(a)=S,\end{cases} \tag{1.46}$$

假设初值问题 (1.46) 有解 $x = x(t, S)$, 如果 $x(t, S)|_{t=b}$ 恰好等于 β, 则它就是边值问题 (1.45) 的解. 否则, 选择一个合适的 S_0, 用 S_0 代替 S, 计算出 (1.46) 的解 $x_0 = x(t, S_0)$, 再采用合理的迭代公式由 S_{k-1}(或 $S_0, S_1, \cdots, S_{k-1}$) 计算出 S_k, 然后将 S_k 代入 (1.46), 计算出 $x_k = x(t, S_k)$, 以至于遇到某个 K 使得 $x(b, S_K) = \beta$ 或者 $\lim\limits_{k\to+\infty} x(b, S_k) = \beta$, 就得到了边值问题的解.

1.4.3 度理论和不动点定理

这里介绍的理论是建立在 Banach 空间上的. 因为无穷区间上的连续函数未必有界, 所以在讨论无穷边值问题时, 需要有效地度量无穷区间上的光滑函数, 构造出 Banach 空间, 才能把边值问题转换为算子方程 $Lx = Nx$, 这里 L 为线性算子, N 为非线性算子. 如果 L 可逆, 则边值问题的可解性等价于算子 $T = L^{-1}N$ 的不动点, 这种情况下 Green 函数的计算和算子 T 的全连续性讨论尤为重要; 如果 L 不可逆, 可采用 Mawhin 迭合度理论讨论.

如果微分方程具有 p-Laplace 算子 $\varphi_p(\cdot)$, 借助于 p-Laplace 算子的逆函数 $\varphi_q(\cdot)$ 和边界条件, 类似地也可以将这类边值问题转换为积分形式, 并进一步定义 Banach 空间中的算子方程 $Mx = Nx$, 此时算子 M, N 都是非线性算子. 如果 M 可逆, 则边值问题的可解性等价于算子 $T = M^{-1}N$ 的不动点; 如果 M 不可逆, 可采用推广的 Ge-Mawhin 迭合度理论讨论 [9].

1.4.4 Fréchet 空间的不动点定理

除了利用 Banach 空间的不动点定理来研究无穷边值问题外, 还可以利用 Fréchet 空间的不动点理论. 考虑空间 $C[0, +\infty)$, 在其上定义范数

$$|x| = \sum_{m=1}^{+\infty} \frac{1}{2^m} \cdot \frac{|x|_m}{1 + |x|_m},$$

其中 $|x|_m = \max\limits_{0\leqslant t\leqslant m} |x(t)|$, 那么 $(C[0, +\infty), |\cdot|)$ 就构成 Fréchet 空间. 与 Banach 空间不同, Fréchet 空间中的拓扑为准范数 (可数模), 这使得很多 Fréchet 不动点理论不容易应用到微分方程上, 主要体现在有界集的构造 (事实上, 对任意的 $x \in C[0, +\infty)$, $|x| < 1$), 因此需要发展可以应用于微分方程的 Fréchet 空间不动点理论.

1.4.5 上下解方法

由于非线性微分方程求解非常困难, 因此迭代解更有实际意义. 运用迭代技巧时, 要尽可能在较弱的条件下得到迭代序列的极限. 其间需要引入序和上下解

的概念. 考虑二阶非线性常微分方程边值问题

$$\begin{cases} Lx = f(t,x), \quad a < t < b, \\ (B_1x)(a) = g_1, \quad (B_2x)(b) = g_2, \end{cases} \tag{1.47}$$

其中 L 为二阶线性微分算子, B_1, B_2 为至多一阶线性微分算子, 且其对应齐次系统的 Green 函数是正的. 如果有足够光滑的函数 x 满足

$$\begin{cases} Lx \geqslant f(t,x), \quad a < t < b, \\ (B_1x)(a) \geqslant g_1, \quad (B_2x)(b) \geqslant g_2, \end{cases}$$

那么 x 称为 (1.47) 的上解, 不等号反序时称为 (1.47) 的下解.

上下解方法的理论基础是微分算子的最大值原理, 是一种比较方法. 因为 (1.47) 的可解性对应于某非线性算子 T 的不动点, 当非线性项 f 满足单调性条件时, 算子 T 具有单增性 (或者单减性). 如果 (1.47) 有一对上下解 $u_0 = \bar{u}$ 和 $v_0 = \underline{u}$ 满足 $u_0 \geqslant v_0$, 那么构造迭代序列

$$u_n = Tu_{n-1}, \quad v_n = Tv_{n-1}, \quad n = 1, 2, \cdots,$$

则可由 T 的单调性得到 $\underline{u} \leqslant v_n \leqslant u_n \leqslant \bar{u}$. 通过解的先验估计和不动点定理可知两个迭代序列分别收敛于 T 的不动点 $\tilde{u}, \tilde{v}$, 且满足

$$\underline{u} \leqslant \tilde{v} \leqslant \tilde{u} \leqslant \bar{u}.$$

即边值问题 (1.47) 在上下解之间至少有一个解. 上下解的存在性保证了解的存在性.

当微分方程显含未知函数的一阶导数时, 例如 $f = f(t,x,x')$ 时, Nagumo 条件被引入. 另外, 上下解的构造没有通用方法, 一般采用常数上下解或利用微分算子第一特征值和对应的特征函数等来设定上下解.

1.4.6 临界点理论

泛函的临界点与微分方程定解问题 (称为 Euler-Lagrange 方程) 相对应, 泛函的临界点就是微分方程定解问题的解 (一般称为弱解), 从而边值问题可以用临界点理论进行研究.

考虑实 Banach 空间 X 上 Fréchet 可微泛函 $\varphi \in C^1(X, \mathbb{R})$, 如果存在 $x \in X$, 使得 $\varphi'(x) = 0$, 即

$$\langle \varphi'(x), y \rangle = 0, \quad \forall y \in X,$$

这里 $\varphi' \in X^*$, $\langle \varphi'(x), y \rangle$ 表示 $\varphi'(x)$ 作用到 y 上的意思, 那么 x 称为 φ 的临界点.

泛函的临界点理论最初起源于古典变分方法, 后来发展有对偶极值、极小极大原理、Morse 理论和 Z_2 指标等, 这些理论可以判定临界点的存在性或估计临界点的个数, 它们在微分方程解的存在性、多重性以及个数估计问题都有深入的研究.

利用临界点理论研究无穷边值问题的工作有一些, 相比于有限区间, 需要构造适合无穷区间问题的 Sobolev 空间, 再将无穷边值问题等价于能量泛函的临界点, 利用不等式技巧给出解的存在性.

1.5 前人研究工作总结

研究无穷边值问题的工作, 最早可以溯源到 1896 年, 当时 A. Kneser 在 [26] 中研究了半无穷区间上二阶微分方程边值问题

$$\begin{cases} x''=f(t,x), \\ x(0)=-\alpha, \quad \alpha>0, \\ x'(t)\geqslant 0, \quad x(t)\leqslant 0 \quad t\in[0,+\infty). \end{cases} \tag{1.48}$$

之后, 不少学者陆续对这个问题解的存在性展开讨论, 特别, J. W. Beberres 和 L. K. Jackson 在 1967 年给出了该问题有唯一解的充分条件, 叙述如定理 1.5, 同时作者在较强的条件下还给出了负解存在的充分条件, 具体可参考 [27].

定理 1.5 假设 $f:[0,+\infty)\times(-\infty,0]\to\mathbb{R}$ 是连续的, 满足下列条件:

(1) 对任意的 $t\geqslant 0$, $f(t,x)$ 关于 x 是单调非减的;

(2) 对任意的 $t\geqslant 0$, $f(t,0)=0$.

那么边值问题 (1.48) 有唯一解.

对于 C. Corduneanu 在 1956 年研究的半无穷区间上二阶微分方程两点边值问题

$$\begin{cases} x''=f(t,x), \\ x(0)=\alpha, \quad x(t)\ \text{在}\ [0,+\infty)\ \text{有界}, \end{cases} \tag{1.49}$$

类似于定理 1.5, L. K. Jackson 于 1968 年在 [28] 中给出了边值问题 (1.49) 有唯一解的充分条件.

定理 1.6 假设 $f:[0,+\infty)\times\mathbb{R}\to\mathbb{R}$ 是连续的, 满足定理 1.5 中的条件 (1) 和 (2), 那么边值问题 (1.49) 有唯一解.

1966 年, J. D. Schuur[29] 研究了半无穷区间上二阶微分方程两点边值问题

$$\begin{cases} x''=f(t,x,x'), \\ x(0)=\alpha, \quad x(t)\ \text{在}\ [0,+\infty)\ \text{有界}. \end{cases} \tag{1.50}$$

给出了边值问题 (1.50) 有唯一解的充分条件.

定理 1.7 假设 $f:[0,+\infty)\times\mathbb{R}^2\to\mathbb{R}$ 是连续的, 满足下列条件:

(1) 对任意的 $t\geqslant 0, v\in\mathbb{R}$, $f(t,x,v)$ 关于 x 是单调非减的;

(2) 对任意的 $t\geqslant 0, x\in\mathbb{R}$, $f(t,x,v)$ 关于 v 是单调非减的;

(3) 对任意的 $t\geqslant 0$, $f(t,0,0)=0$;

(4) $f(t,u,v)$ 在 $[0,+\infty)\times\mathbb{R}^2$ 的任意紧子集上关于 v 满足 Lipschitz 条件.

那么边值问题 (1.50) 有唯一解.

注 1.3 定理 1.7 中的条件 (4) 换为更一般的条件: 对应初值问题有唯一解, 那么结论仍然成立. 与此同时, L. K. Jackson 在 [28] 中还证明了, 如果条件 (2) 的单调非减换为单调非增, 则当 α 充分小时, 边值问题 (1.50) 有解.

定理 1.8 假设 $f:[0,+\infty)\times\mathbb{R}^2\to\mathbb{R}$ 是连续的, 满足下列条件

(1) 边值问题 (1.50) 有一对上下解 β,α 满足 $\beta(t)\geqslant\alpha(t),\ t\in[0,+\infty)$;

(2) 对任意的 $b>0$, $f(t,x,v)$ 关于 $t\in[0,b]$ 和 β,α 满足 Nagumo 条件.

那么当 $\alpha(0)\leqslant c\leqslant\beta(0)$ 时, 边值问题 (1.50) 在上下解之间至少存在一个解.

2001 年, R. P. Agarwal 和 O'Regan 出版了无穷边值问题的专著 [6]. 作者讨论了多类微分方程、差分方程和积分方程边值问题解存在的充分条件, 包括 Banach 空间中的无穷边值问题, 微分包含和时标系统的无穷边值问题等. 他们以对角延拓原理为主要方法, 讨论了包括二阶微分方程

$$\frac{1}{p(t)}(p(t)x'(t))'=\phi(t)f(t,x(t),p(t)x'(t)),\quad 0<t<+\infty$$

和

$$\frac{1}{p(t)}(p(t)x'(t))'=\phi(t)f(t,x(t)),\quad 0<t<+\infty$$

分别在边界条件

$$\begin{aligned}
\lim_{t\to 0^+}p(t)x'(t)=0,&\quad x(t)\text{ 在 }[0,+\infty)\text{ 有界},\\
\alpha x(0)+\beta\lim_{t\to +0^+}p(t)x'(t)=c,&\quad x(t)\text{ 在 }[0,+\infty)\text{ 有界},\\
x(0)=0,&\quad x(t)\text{ 在 }[0,+\infty)\text{ 有界},\\
\lim_{t\to 0^+}p(t)x'(t)=0,&\quad \lim_{t\to+\infty}x(t)=0,\\
\alpha x(0)+\beta\lim_{t\to 0^+}p(t)x'(t)=c,&\quad \lim_{t\to+\infty}x(t)=0,\\
x(0)=0,&\quad \lim_{t\to+\infty}x(t)\text{ 存在}
\end{aligned}$$

下的可解性或正解的存在性等, 其中 $\alpha<0,\ \beta\geqslant 0,\ c\leqslant 0$.

近些年来, 诸如国内学者郭大均, 闫宝强, 刘衍胜, 美国 J. Baxley, M. Zima, P. W. Eloe, E. R. Kaufmann, 加拿大 M. Frigon, 葡萄牙 J. M. Gomes, L. Sanchez, 罗马尼亚 O. G. Mustafa, Yu. V. Rogovchenko, 比利时 D. Bonheure 等相继发展了无穷边值问题理论, 相关的文献详情可参见 [30—42].

第 2 章 基础理论

度理论和不动点定理是非线性常微分方程边值问题研究的重要工具, 这是非线性泛函分析的核心内容, 有多本教材可供参考. 本章列出讨论无穷边值问题涉及的重要定义和定理, 主要包括 Arzelá-Ascoli 定理、度、不动点定理、连续性定理和极值原理等, 更加详细的内容可以参阅相关著作 [43-51].

2.1 Arzelá-Ascoli 定理及推广

应用度理论和不动点定理时, 需要依据 Arzelá-Ascoli 定理验证非线性算子的全连续性. 但是无穷区间不具有紧性, 不能直接运用 Arzelá-Ascoli 定理, 需要进行推广以得到适合无穷边值问题的判别定理.

2.1.1 Arzelá-Ascoli 定理

设 I 是一个紧的距离空间, 距离为 ρ. $C(I)$ 表示从 I 到 $\mathbb{R}$ 的所有连续映射全体. 定义

$$d(u,v)=\max_{x\in I}|u(x)-v(x)|,\quad u,v\in C(I).$$

那么 $(C(I),d)$ 是完备的度量空间.

定义 2.1 已知 $M\subset C(I)$. 如果存在 $G>0$, 使得 $\forall x\in M, t\in I$ 都有 $|x(t)|\leqslant G$, 那么称 M 是一致有界的. 如果 $\forall\varepsilon>0$, 总存在 $\delta=\delta(\varepsilon)>0$, 使得对任意的 $x\in M$ 和 $t_1,t_2\in I$, 当 $\rho(t_1,t_2)<\delta$ 时, 有

$$|x(t_1)-x(t_2)|<\varepsilon.$$

那么称 M 是等度连续的.

定义 2.2 已知 $M\subset C(I)$. 如果 M 中任意点列在 $C(I)$ 中有一个收敛子列, 那么称 M 是列紧的. 如果这个子列还收敛到 M 中的点, 则称 M 是自列紧的.

定理 2.1 (Arzelá-Ascoli 定理 [43]) $M\subset C(I)$ 是一个列紧集当且仅当 M 是一致有界且等度连续的.

2.1.2 Corduneanu 定理

考虑空间

$$C_\infty=\left\{x\in C[0,+\infty),\ \lim_{t\to+\infty}x(t)\ \text{存在}\right\},$$

赋予范数 $|x|_\infty = \sup\limits_{0\leqslant t<+\infty} |x(t)|$, 那么 $(C_\infty, |\cdot|_\infty)$ 是一个 Banach 空间.

定理 2.2 (Corduneanu 定理 [50]) 已知 $M \subset C_\infty$. 如果下列条件成立, 那么 M 是列紧的.

(1) M 一致有界.

(2) M 中的所有函数在 $[0, +\infty)$ 的任意紧子集上等度连续.

(3) M 中的所有函数在无穷远处等度收敛, 即 $\forall\, \varepsilon > 0$, $\exists\, T = T(\varepsilon) > 0$, 使得对任意的 $x \in M$, 有

$$|x(t) - x(+\infty)| < \varepsilon, \quad t > T.$$

2.1.3 连续可微函数族的列紧性

考虑空间

$$X = \left\{x \in C^n[0, +\infty),\quad \lim_{t\to+\infty} \frac{x^{(i)}(t)}{v_i(t)} \text{ 存在},\quad i = 0, 1, \cdots, n\right\},$$

其中 $v_i(t) = 1 + t^{n-i}$. 赋予范数 $|x| = \max\{|x|_0,\ |x|_1, \cdots, |x|_n\}$, 其中

$$|x|_i = \sup_{t\in[0,+\infty)} \left|\frac{x^{(i)}(t)}{v_i(t)}\right|, \quad i = 0, 1, \cdots, n.$$

那么 $(X, |\cdot|)$ 是一个 Banach 空间.

定理 2.3 已知 $M \subset X$. 如果下列条件成立, 那么 M 是列紧的.

(1) M 一致有界.

(2) M 中的所有函数在 $[0, +\infty)$ 的任意紧子集上等度连续.

(3) M 中的所有函数在无穷远处等度收敛, 即 $\forall\, \varepsilon > 0$, $\exists\, T = T(\varepsilon) > 0$, 使得对任意的 $x \in M$, 有

$$\left|\frac{x^{(i)}(t)}{v_i(t)} - \frac{x^{(i)}(+\infty)}{v_i(+\infty)}\right| < \varepsilon, \quad t > T, \quad i = 0, 1, \cdots, n.$$

证明 令

$$M_i = \left\{y_i:\ y_i = \frac{x^{(i)}}{v_i},\ x \in M\right\},$$

那么 $M_i \subset C_\infty$, $i = 0, 1, 2\cdots, n$. 由已知条件和定理 2.2 可知, M_i 在空间 C_∞ 中是列紧的, 故对任意的序列 $\{y_{i,n}\} \subset M_i$, 它有收敛子列. 不失一般性, 仍用这个序列表示收敛的子列, 即存在 $y_{i,0} \in M_i$, 使得

$$y_{i,n} = \frac{x_n^{(i)}}{v_i} \to y_{i,0}, \quad n \to +\infty,\ i = 0, 1, 2, \cdots, n.$$

取 $x_{i,0}=y_{i,0}v_i$, 那么 $x_n^{(i)}\to x_{i,0}$, $i=0,1,2,\cdots,n$. 由递推法可知 $x_{i,0}=x_{0,0}^{(i)}$, $i=1,2,\cdots,n$. 从而 M 是 X 中的列紧集. 证毕.

作为一个重要的特例, 考虑 $n=1$ 的情况, 此时空间为

$$X_1=\left\{x\in C^1[0,+\infty),\quad \lim_{t\to+\infty}\frac{x(t)}{1+t}\text{ 存在},\quad x'(+\infty)\text{ 存在}\right\},$$

取范数为

$$|x|=\max\left\{\sup_{t\in[0,+\infty)}\left|\frac{x(t)}{1+t}\right|,\quad \sup_{t\in[0,+\infty)}|x'(t|\right\},$$

那么 $(X_1,|\cdot|)$ 是一个 Banach 空间.

推论 2.4　已知 $M\subset X_1$. 如果下列条件成立, 那么 M 是列紧的.

(1) M 一致有界.

(2) M 中的所有函数在 $[0,+\infty)$ 的任意紧子集上等度连续.

(3) M 中的所有函数在无穷远处等度收敛, 即 $\forall\,\varepsilon>0$, $\exists\,T=T(\varepsilon)>0$, 对任意的 $x\in M$, 有

$$\left|\frac{x(t)}{1+t}-\lim_{t\to+\infty}\frac{x(t)}{1+t}\right|<\varepsilon,\quad |x'(t)-x'(+\infty)|<\varepsilon,\quad t>T.$$

2.1.4　可积函数族的列紧性

令 S 表示无穷区间或者半无穷区间, B 是 S 的 Baire 集, $\mathfrak{B}$ 表示 B 的 σ 代数, $m(B)=\displaystyle\int_B dx$表示 B 的 Lebesgue 测度. 考虑空间 $L^p(S,\mathfrak{B},m)$ 为所有定义在 S 上的 p 次可积函数的全体, $1\leqslant p<+\infty$. 定义空间范数为

$$|x|=\left(\int_S|x(s)|^p ds\right)^{\frac{1}{p}}.$$

那么 $(L^p(S,\mathfrak{B},m),|\cdot|)$ 是一个 Banach 空间, 称为 Lebesgue 可积空间, 简记为 L^p.

定理 2.5 (定理 4.2.2[6])　已知 $M\subset L^p$. 如果下列条件成立, 那么 M 是列紧的.

(1) $\displaystyle\sup_{x\in M}|x|=\sup_{x\in M}\left(\int_S|x(s)|^p ds\right)^{\frac{1}{p}}<+\infty$.

(2) $\forall\varepsilon>0$, 存在 $\delta=\delta(\varepsilon)>0$, 使得 $\forall x\in M$, t, $s\in S$, 当 $|t-s|<\delta$ 时, 有

$$\int_S|x(t)-x(s)|^p ds<\varepsilon.$$

(3) $\forall\varepsilon>0$, 存在 $\alpha=\alpha(\varepsilon)>0$, 使得 $\forall x\in M$, 有

$$\int_{|s|>\alpha}|x(s)|^p ds<\varepsilon.$$

2.1.5 序列族的列紧性

记 $\mathbb{N}_0$ 为非负整数集. S 表示序列空间, 即如果 $x \in S$, 那么 $x = \{x_k\}_{k\in\mathbb{N}_0}$. 考虑空间

$$S_\infty = \left\{x \in S:\ \lim_{k\to\infty} \Delta x_k \text{ 存在}\right\},$$

赋予范数

$$|x| = \max\{|x|_1,\ |\Delta x|_\infty\},$$

其中 $\Delta x_k = x_{k+1} - x_k$, $\Delta x = \{\Delta x_k\}_{k\in\mathbb{N}_0}$, $|x|_1 = \sup\limits_{k\in\mathbb{N}_0} \dfrac{|x_k|}{1+k}$, $|x|_\infty = \sup\limits_{k\in\mathbb{N}_0} |x_k|$.

定理 2.6 $(S_\infty, |\cdot|)$ 是一个 Banach 空间.

证明 只证明其完备性. 假设柯西列 $\{x^{(n)}\}_{n=1}^\infty \subset S_\infty$, 那么对任意的 $n \in \mathbb{N}$, $\left\{y^{(n)}:\ y_k^{(n)} = \dfrac{x_k^{(n)}}{1+k},\ k \in \mathbb{N}_0\right\}$和 $\{z^{(n)}:\ z_k^{(n)} = \Delta x_k^{(n)},\ k \in \mathbb{N}_0\}$ 有界. 注意到对给定的 $k \in \mathbb{N}_0$, $\{y_k^{(n)}\}_{n\in\mathbb{N}}$ 和 $\{z_k^{(n)}\}_{n\in\mathbb{N}}$ 是 $\mathbb{R}$ 中的柯西列, 所以存在 $y^* \in S$ 和 $z^* \in S$ 使得

$$|y^{(n)} - y^*|_\infty \to 0, \quad |z^{(n)} - z^*|_\infty \to 0, \quad n \to \infty.$$

显然, y^* 和 z^* 有界. 令 $x_k^* = (1+k)y_k^*$, $x^* = (x_1^*, x_2^*, \cdots, x_k^*, \cdots)$, 那么

$$|x^{(n)} - x^*|_1 \to 0, \quad n \to \infty.$$

这意味着, 对任意的 $k \in \mathbb{N}_0$, 有

$$\lim_{n\to\infty} x_k^{(n)} = x_k^*.$$

与此同时

$$\begin{aligned}\Delta x_k^* &= x_{k+1}^* - x_k^* = \lim_{n\to\infty} x_{k+1}^{(n)} - \lim_{n\to\infty} x_k^{(n)} = \lim_{n\to\infty} (x_{k+1}^{(n)} - x_k^{(n)}) \\ &= \lim_{n\to\infty} \Delta x_k^{(n)} = z_k^*, \quad k = 1, 2, \cdots.\end{aligned}$$

所以 $|x^{(n)} - x^*| \to 0(n \to \infty)$. 定理得证.

在建立 S_∞ 空间中函数族的列紧性定理时, 用到有界序列族的列紧性, 而这个结论已经在文献 [6] 中注 5.3.1 给出.

定理 2.7 已知 $M \subset B_\infty = \{x \in S:\ \lim\limits_{k\to\infty} x_k \text{ 存在}\}$. 如果 M 一致有界且 M 中所有函数在无穷远处等度收敛, 那么 M 是列紧的.

定理 2.8 已知 $M \subset S_\infty$. 如果下列条件成立, 那么 M 是列紧的.

(1) M 一致有界.

(2) M 中的所有函数在无穷远处等度收敛, 即 $\forall\varepsilon>0$, $\exists K=K(\varepsilon)\in\mathbb{N}$, 使得对任意的 $x=(x_1,\cdots,x_k,\cdots)\in M$, 有

$$\left|\frac{x_k}{1+k}-\lim_{k\to\infty}\frac{x_k}{1+k}\right|<\varepsilon \quad 和 \quad |\Delta x_k-\Delta x_\infty|<\varepsilon, \quad k>K.$$

证明 首先声明, 对任意的 $x=\{x_k\}_{k\in\mathbb{N}_0}\in S$, $\lim\limits_{k\to\infty}\dfrac{x_k}{1+k}$ 存在. 事实上 $\lim\limits_{k\to\infty}\Delta x_k$ 存在, 记其极限为 c. 那么 $\forall\varepsilon>0$, 存在 $K=K(\varepsilon,x)>0$, 使得

$$|\Delta x_k-c|<\varepsilon, \quad k>K,$$

易即

$$\begin{aligned}
K+1: &\quad x_{K+1}+c-\varepsilon<x_{K+2}<x_{K+1}+c+\varepsilon,\\
K+2: &\quad x_{K+2}+c-\varepsilon<x_{K+3}<x_{K+2}+c+\varepsilon,\\
&\cdots\cdots\\
k: &\quad x_{k-1}+c-\varepsilon<x_k<x_{k-1}+c+\varepsilon.
\end{aligned}$$

各式相加后, 可得

$$x_{K+1}+(k-K-1)c-(k-K-1)\varepsilon<x_k<x_{K+1}+(k-K-1)c+(k-K-1)\varepsilon,$$

这个不等式意味着$\{x_k\}_{k\in\mathbb{N}_0}$ 有界或者当 $k\to\infty$ 时, x_k 趋向于无穷. 对于前一种情况, 有 $\lim\limits_{k\to\infty}\dfrac{x_k}{1+k}=0$; 对于后一种情况, 利用 Stolz 法则 (离散的洛必达法则), 有

$$\lim_{k\to\infty}\frac{x_k}{1+k}=\lim_{k\to\infty}\Delta x_k \text{ 存在.}$$

其次, 考虑序列 $\{x^{(n)}\}_{n\in\mathbb{N}}\subset S_\infty$ 有收敛的子列. 因为

$$\left\{y^{(n)}:\ y_k^{(n)}=\frac{x_k^{(n)}}{1+k},\ k\in\mathbb{N}_0\right\}_{n\in\mathbb{N}}\subset B_\infty,$$

$$\left\{z^{(n)}:\ z_k^{(n)}=\Delta x_k^{(n)},\ k\in\mathbb{N}_0\right\}_{n\in\mathbb{N}_0}\subset B_\infty,$$

由定理 2.7 可知两个序列有收敛的子列. 不失一般性, 仍用 $y^{(n)}$ 和 $z^{(n)}$ 表示收敛的子列, 并记它们的极限为 y^*, $z^*\in B_\infty$, 即

$$\lim_{n\to\infty}y^{(n)}=y^*, \quad \lim_{n\to\infty}z^{(n)}=z^*.$$

类似于定理 2.6 的讨论, 可得

$$|x^{(n)}-x^*|\to 0, \quad n\to\infty,$$

其中 $x^*=\{x_k^*\}_{k\in\mathbb{N}_0}$, $x_k^*=(1+k)y_k^*$, $\Delta x_k^*=z_k^*$, 且 $x^*\in S$. 定理得证.

2.2 拓扑度理论

度理论是非线性泛函分析的核心内容之一. 1912 年, L. E. J. Brouwer 对有限维空间中的连续映射建立了拓扑度理论, 被后人称为 Brouwer 度. 但很多微分方程问题都是在无穷维空间中研究的, 而无穷维空间的单位球缺乏紧性, 无法建立无穷维空间中一般连续映射的 Brouwer 度. 到 1934 年, J. Leray 和 J. P. Schauder 对无穷维空间中的全连续映射建立拓扑度理论, 被称为 Leray-Schauder 度. 在此之后, 拓扑度理论和应用都得到了长足发展. 现在, 拓扑度理论成为研究非线性微分方程的重要方法之一.

2.2.1 度具有的性质

设 X 是线性赋范空间, $\Omega \subset X$ 是一个有界开集, $p \in X$, $f \in C(X)$, 记

$$E = \{(f, \Omega, p) : 对\, \forall x \in \partial\Omega,\ f(x) \neq p\},$$

则算子 $\deg : E \to \mathbb{Z}$ 表示 f 的度. 为了使算子 deg 的值 (度) 与 $f(x) = p$ 的有解性联系起来, 要求它具有如下性质:

(1) (正规性) 记 $I : X \to X$ 表示恒等映射,

$$\deg(I, \Omega, p) = \begin{cases} 1, & p \in \Omega, \\ 0, & p \notin \overline{\Omega}. \end{cases}$$

(2) (可解性) 如果 $\deg(f, \Omega, p) \neq 0$, 那么 $f(x) = p$ 在 Ω 中有解.

(3) (区域可加性) 设 $\Omega_1, \Omega_2 \subset X$ 为有界开集, $\Omega = \Omega_1 \cup \Omega_2$ 且 $\Omega_1 \cap \Omega_2 = \varnothing$, 那么

$$\deg(f, \Omega, p) = \deg(f, \Omega_1, p) + \deg(f, \Omega_2, p).$$

(4) (切除性) 设 $K \subset \overline{\Omega}$ 是闭集, 且 $p \notin f(K)$. 那么

$$\deg(f, \Omega, p) = \deg(f, \Omega \setminus K, p).$$

(5) (同伦不变性) 设 $H : \overline{\Omega} \times [0,1] \to X$ 连续, $p : [0,1] \to X$ 连续, 且 $\forall \lambda \in [0,1]$, $p(\lambda) \notin H(\partial\Omega, \lambda)$, 那么 $\deg(H(\cdot, \lambda), \Omega, p(\lambda))$ 与 λ 无关.

在性质 (5) 中, 如果 H 是紧连续的, 那么这个性质称为紧同伦不变性.

2.2.2 Brouwer 度

设 $\Omega \subset \mathbb{R}^n$ 是有界开集, $f \in C^2(\overline{\Omega}, \mathbb{R}^n)$, $p \in \mathbb{R}^n \setminus (f(\partial\Omega) \cup Z_f)$, 其中

$$Z_f = \{f(x) : 存在\ x \in \overline{\Omega}\ 使得\ \det f'(x) = 0\}.$$

这时 $f^{-1}(p)=\{x\in\Omega:f(x)=p\}$ 是一个有限集. f 在 Ω 上关于 p 的度定义为

$$\deg(f,\Omega,p)=\sum_{x\in f^{-1}(p)}\operatorname{sgn}(\det f'(x)). \tag{2.1}$$

公式 (2.1) 定义的 deg 满足度的五条性质.

进一步, 利用 Sard 定理可以去掉 $p\notin Z_f$ 的限制, 并将 f 推广到 $f\in C(\overline{\Omega},\mathbb{R}^n)$.

定义 2.3 设 $\Omega\subset\mathbb{R}^n$ 是一个有界开集, $f\in C(\overline{\Omega},\mathbb{R}^n)$, $p\in\mathbb{R}^n\setminus f(\partial\Omega)$. 取 $f_1\in C^2(\overline{\Omega},\mathbb{R}^n)$ 使得

$$\sup_{x\in\overline{\Omega}}|f(x)-f_1(x)|<\operatorname{dist}(p,f(\partial\Omega)).$$

那么 f 在 Ω 上关于 p 的 Brouwer 度定义为

$$\deg(f,\Omega,p):=\deg(f_1,\Omega,p). \tag{2.2}$$

可以证明 f 在 Ω 上关于 p 的 Brouwer 度定义与 f_1 的选择无关, (2.2) 定义的 Brouwer 度满足度的五条性质. Brouwer 度还有边界值性质、锐角原理、缺方向性质和降维性质等, 这里不再一一列出.

再进一步可将 $\mathbb{R}^n$ 推广到一般的 n 维线性空间. 设 X 是一个 n 维空间, 它到 $\mathbb{R}^n$ 有同胚映射 h. 设 $\Omega\subset X$ 是一个有界开集, $f:\overline{\Omega}\to X$ 连续且 $p\notin f(\partial\Omega)$. 令 $F=h\circ f\circ h^{-1}$, 则 $F:h(\overline{\Omega})\to\mathbb{R}^n$ 是连续映射. 注意到 $h(\Omega)$ 为 $\mathbb{R}^n$ 中有界开集, 且 $h(\partial\Omega)=\partial h(\Omega)$. 又因为

$$h\circ f(\partial\Omega)=h\circ f\circ h^{-1}(h(\partial\Omega))=F(h(\partial\Omega))=F(\partial h(\Omega)),$$

所以, 如果 $p\notin f(\partial\Omega)$, 那么 $h(p)\notin h\circ f(\partial\Omega)$. 从而有限维空间中的连续函数 f 在 Ω 上关于 p 的度定义为

$$\deg(f,\Omega,p):=\deg(F,h(\Omega),h(p)).$$

2.2.3 Leray-Schauder 度

定义 2.4 设 X,Y 为实赋范线性空间, $D\subset X$, 映射 $F:D\to Y$. 如果 F 将 D 中的任意有界集映成 Y 中的相对紧集, 那么称 F 为紧映射. 进一步, 如果映射 F 还是连续的, 则称 F 为全连续映射, 或紧连续映射.

若 $F:D\to X$ 是全连续的, 映射 $f=I-F$ 称为 D 上的全连续场或紧连续场.

设 X 为实赋范线性空间, $\Omega \subset X$ 为非空有界开集, $F : \overline{\Omega} \to \mathbb{R}^m \subset X$ 为有限维空间中的连续算子. 对于 $p \notin (I-F)(\partial\Omega)$, 可假定 $p \in \mathbb{R}^m$. 如若不然, 令 $X_{m+1} = \text{span}\{\mathbb{R}^m, p\}$, 那么 X_{m+1} 同胚于 $\mathbb{R}^{m+1}$, 从而 $\mathbb{R}^{m+1}$ 代替 $\mathbb{R}^m$ 即可. 定义

$$\deg(I-F, \Omega, p) := \deg((I-F)|_{\mathbb{R}^m}, \Omega \cap \mathbb{R}^m, p). \tag{2.3}$$

下面将 (2.3) 中度的定义从有限维空间中的连续算子推广到无穷维空间中的全连续算子.

定义 2.5 设 $\Omega \subset X$ 是有界开集, $F : \overline{\Omega} \to X$ 是全连续映射, $f = I - F$, $p \in \mathbb{R}^m$, $\Omega_m = \Omega \cap \mathbb{R}^m$. 取连续函数 $F_m : \overline{\Omega} \to \mathbb{R}^m$ 使得

$$\sup_{x\in\overline{\Omega}} |F(x) - F_m(x)| < \text{dist}(p, f(\partial\Omega)),$$

那么全连续场 f 在 Ω 上关于 p 点的度定义为

$$\deg(f, \Omega, p) := \deg(f_m, \Omega_m, p), \tag{2.4}$$

其中 $f_m = I - F_m$, 这样定义的度称为 Leray-Schauder 度.

可以证明 (2.4) 定义的 deg 的取值与 F_m, Ω_m 的选择无关, 与此同时, $\mathbb{R}^m$ 可以由一般的有限维空间代替. Leray-Schauder 度也有度的五条性质, 且性质 (5) 是紧同伦不变性.

2.2.4 锥映射的拓扑度

定义 2.6 设 X 是实 Banach 空间, P 是 X 中的非空闭凸集, 如果 P 满足

(1) 若 $x \in P$, $\lambda \geqslant 0$, 则 $\lambda x \in P$;

(2) 若 $x \in P$, $-x \in P$, 则 $x = 0$.

那么称 P 是 X 中的闭锥.

引入锥 P 后, 可以在 X 上建立偏序$\leqslant$, 即对任意的 $x, y \in X$, 有

$$x \leqslant y \Leftrightarrow y - x \in P.$$

定义 2.7 设 P 是 Banach 空间 X 中闭锥, $D \subset X$, 如果映射 $F : D \to X$. 如果 $F(D) \subset P$, 则称 F 为锥映射.

定义 2.8 设 P 是 Banach 空间 X 中闭锥, $\Omega \subset P$ 是有界相对开集, $F : \overline{\Omega} \to P$ 为锥映射且全连续, $f = I - F$ 是全连续场, $0 \notin f(\partial D)$. 取 X 中有界开集 D, 使得 $\Omega = D \cap P$. 利用 Dugundji 扩张定理, 存在 F 在 $\overline{D}$ 上的全连续扩张 $F^* : \overline{D} \to \overline{F(\overline{\Omega})} \subset P$, 满足 $F^*|_{\overline{\Omega}} = F$, $f^* = I - F^*$. 那么全连续场 f 在 Ω 关于 0 点的拓扑度定义为

$$\deg_P(f, \Omega, 0) := \deg(f^*, D, 0). \tag{2.5}$$

可以证明, (2.5) 式右侧度的取值与 D 的选取及 D 上扩张函数 F^* 的选取无关, 因此定义是合理的. 在不混淆的情况下, $\deg_P(f,\Omega,0)$ 也简记为 $\deg(f,\Omega,0)$. 同时, 锥映射的拓扑度也具有度的五条性质.

2.3 不动点定理

本节列出 Leray-Schauder 不动点定理、锥上的不动点定理和多不动点定理等, 关于它们的证明可参考非线性泛函分析教材. 除非特别强调, 本节总假定 $(X, |\cdot|)$ 是实 Banach 空间, Ω 是 X 中的有界开集, $F:\overline{\Omega}\to X$ 是全连续算子.

2.3.1 Schauder 不动点定理

定理 2.9 设 $\Omega\subset X$ 是包含原点的有界开集, $F:\overline{\Omega}\to X$ 全连续, 且满足 Leary-Schauder 条件, 即当 $x\in\partial\Omega$, $\lambda>1$ 时, $F(x)\neq\lambda x$, 那么 F 在 $\overline{\Omega}$ 上至少有一个不动点.

推论 2.10 设 $\overline{\Omega}\subset X$ 是包含原点的有界闭凸集, $F:\overline{\Omega}\to X$ 全连续且 $F(\partial\Omega)\subset\overline{\Omega}$, 那么 F 在 $\overline{\Omega}$ 上有不动点.

推论 2.11 设 $\Omega\subset X$ 是包含原点的有界开集, $F:\overline{\Omega}\to X$ 全连续. 如果下列条件之一成立.

(1) Rothe 条件: 当 $x\in\partial\Omega$, $|F(x)|\leqslant|x|$.

(2) Krasnosel'skiĭ 条件: X 是内积空间. 当 $x\in\partial\Omega$ 时,

$$\langle F(x),x\rangle\leqslant|x|^2.$$

那么 F 在 $\overline{\Omega}$ 上有不动点.

定理 2.12 (Leary-Schauder 不动点定理) 设 $\overline{\Omega}\subset X$ 是有界闭凸集, $F:\overline{\Omega}\to\overline{\Omega}$ 全连续, 那么 F 在 $\overline{\Omega}$ 上有不动点.

定理 2.13 设 X 是一个实 Banach 空间, $\overline{\Omega}\subset X$ 是非空有界闭子集, 与单位闭球 $\overline{B}$ 同胚. 如果 $F:\overline{\Omega}\to\overline{\Omega}$ 全连续, 那么 F 在 $\overline{\Omega}$ 中有不动点.

证明 $0\notin(I-F)(\partial\Omega)$, 否则定理结论成立. 设 $h:\overline{\Omega}\to\overline{B}$ 是一个同胚映射, 记 $T=h\circ F\circ h^{-1}$, 那么 $T:\overline{B}\to\overline{B}$ 全连续且 $0\notin(I-T)(\partial B)$. 定义同伦映射 $H:\ \overline{B}\times[0,1]\to\overline{B}$ 为

$$H(x,\lambda)=\lambda T(x),$$

则 $0\notin(I-H(\cdot,\lambda))(\partial B)$. 由度的性质 (5) 可得

$$\deg(I-T,B,0)=\deg(I,B,0)=1.$$

因此存在 $x_0 \in B$, 使得 $x_0 = T(x_0)$, 即

$$h^{-1}(x_0) = F(h^{-1}(x_0)) \in \Omega,$$

所以 $h^{-1}(x_0)$ 是 F 在 $\overline{\Omega}$ 中的不动点. 证毕.

设 "$\preceq$" 是 X 中的偏序. 称 $[x, y] = \{u \in X : x \preceq u \preceq y\}$ 为 X 中的序空间, 易证它是 X 中的一个非空有界闭凸集. 则由推论 2.11 可得如下结论.

推论 2.14 设 $[x, y]$ 为实 Banach 空间 X 中的序空间, $F : [x, y] \to X$ 为全连续算子且 $F\partial[x, y] \subset [x, y]$, 则 F 在 $[x, y]$ 中至少有一个不动点.

2.3.2 锥上的不动点定理

定理 2.15 设 P 是 X 中的闭锥, $\Omega \subset P$ 是有界开集, $F : \overline{\Omega} \to P$ 是全连续算子. 如果存在 $x_0 \in D$, 使得当 $x \in \partial\Omega$, $\lambda \geqslant 1$ 时, 有

$$F(x) - x_0 \neq \lambda(x - x_0),$$

那么 $\deg(I - F, \Omega, 0) = 1$.

定理 2.16 设 P 是 X 中的闭锥, $\Omega \subset P$ 是有界开集, $F : \overline{\Omega} \to P$ 是全连续算子. 如果存在 $p \in P \setminus \{0\}$, 使得当 $x \in \partial\Omega$, $\lambda \geqslant 0$ 时, 有

$$x - F(x) \neq \lambda p,$$

那么 $\deg(I - F, \Omega, 0) = 0$.

定理 2.17 (锥拉伸与锥压缩不动点定理) 设 P 是 X 中的闭锥, Ω_1, Ω_2 是 X 中的有界开集, 且 $0 \in \Omega_1$, $\overline{\Omega}_1 \subset \Omega_2$. 设 $F : P \cap (\overline{\Omega}_2 \setminus \Omega_1) \to P$ 是全连续算子. 如果下列条件之一成立.

(1) $F(x) \nleqslant x$, $x \in P \cap \partial\Omega_1$; $F(x) \ngeqslant x$, $x \in P \cap \partial\Omega_2$.

(2) $F(x) \ngeqslant x$, $x \in P \cap \partial\Omega_1$; $F(x) \nleqslant x$, $x \in P \cap \partial\Omega_2$.

那么 F 在 $P \cap (\overline{\Omega}_2 \setminus \Omega_1)$ 中有不动点.

注 2.1 定理 2.17 中条件的 $F(x) \nleqslant x$, $F(x) \ngeqslant x$ 分别用 $|F(x)| \leqslant |x|$ 和 $|F(x)| \geqslant |x|$ 代替, 结论仍成立, 称之为范数形式的锥拉伸与锥压缩不动点定理.

推论 2.18 设 P 是 X 中的闭锥. 记

$$P_i = \{x \in P : |x| < r_i\}, \quad i = 1, 2,\ 0 < r_1 < r_2.$$

如果 $F : \overline{P}_2 \to P$ 为全连续算子, 满足下列条件之一.

(1) $|F(x)| \leqslant r_1, x \in \partial P_1$; $|F(x)| \geqslant r_2, x \in \partial P_2$.

(2) $|F(x)| \geqslant r_1, x \in \partial P_1$; $|F(x)| \leqslant r_2, x \in \partial P_2$.

那么 F 在 $\overline{P}_2 \setminus P_1$ 上有不动点, 记为 x, 满足 $r_1 \leqslant |x| \leqslant r_2$.

定理 2.19 (推广的锥拉伸锥压缩定理) 设 P 是 X 中的闭锥, Ω_1,Ω_2 为 P 中有界开集, 且 $0\subset\Omega_1,\overline{\Omega}_1\subset\Omega_2$. 设 $F:\overline{\Omega}_2\to P$ 为全连续算子, 满足下列条件之一.

(1) $F(x)\neq\lambda x,\lambda\in[0,1),x\in\partial\Omega_1$; $F(x)\neq\lambda x,\lambda\in(1,\infty),x\in\partial\Omega_2$.

(2) $F(x)\neq\lambda x,\lambda\in(1,\infty),x\in\partial\Omega_1$; $F(x)\neq\lambda x,\lambda\in[0,1),x\in\partial\Omega_2$.

那么 F 在 $\overline{\Omega}_2\setminus\Omega_1$ 上有不动点.

证明 仅对条件 (1) 给出证明, 条件 (2) 同理可证. 不妨设 $\forall x\in\partial\Omega_1\cup\partial\Omega_2$, 有 $F(x)\neq x$, 否则结论已成立. 任取 $x\in\partial\Omega_1$, 则 $F(x)\neq 0$ 且 $F(\partial\Omega_1)$ 为紧集. 记 F^* 是 $F|_{\partial\Omega_1}$ 在 $\overline{\Omega}_1$ 上的全连续扩张, 于是

$$\inf_{x\in\overline{\Omega}_1}|F^*(x)|=\inf_{x\in\partial\Omega_1}|F(x)|=\alpha>0.$$

记 $\bar{x}=\sup\limits_{x\in\overline{\Omega}_1}|x|$, 取 $R>\bar{x}/\alpha$, 则 $x\neq RF^*(x)$, $x\in\overline{\Omega}_1$, 故

$$\deg(I-RF^*,\Omega_1,0)=0.$$

建立同伦

$$H(x,\mu)=\mu F^*(x),\quad x\in\overline{\Omega}_1,\ \mu\in[1,R].$$

若存在 $\mu\in[1,R],x\in\partial\Omega_1$, 使得 $H(x,\mu)=x$. 那么 $F^*(x)=F(x)=x/\mu$, 这是一个矛盾. 所以 $\forall\mu\in[1,R],x\in\partial\Omega_1$, 有 $H(x,\mu)\neq x$. 故有

$$\deg(I-F,\Omega_1,0)=\deg(I-RF^*,\Omega_1,0)=0.$$

同理有 $\deg(I-F,\Omega_2,0)=1$. 由度的性质 (4), 得

$$\deg\{I-F,\Omega_2\setminus\overline{\Omega}_1,0\}=1-0=1.$$

因此 F 在 $\Omega_2\setminus\overline{\Omega}_1$ 中有不动点.

2.3.3 多不动点定理

定理 2.20 设 X 是实赋范线性空间, $\Omega\subset X$ 是有界开集, 且与单位开球 B 同胚, $F:\overline{\Omega}\to\overline{\Omega}$ 是全连续算子. 进一步假设 $\Omega_i\subset\Omega$ 与 B 同胚, $i=1,2$, 且 $\Omega_1\cap\Omega_2=\varnothing$. 如果

$$F(\overline{\Omega}_1)\subset\Omega_1,\quad F(\overline{\Omega}_2)\subset\Omega_2,$$

那么 F 在 Ω 中至少有三个不动点 x_1,x_2,x_3 满足

$$x_1\in\Omega_1,\quad x_2\in\Omega_2,\quad x_3\in\overline{\Omega}\setminus(\overline{\Omega}_1\cup\overline{\Omega}_2).$$

推论 2.21 设 $[x_i, y_i]$, $i = 1, 2$ 为实赋范线性空间 X 中的两对序空间, 且 $x_1 \preceq y_2$. 设 $F : [x_1, y_2] \to X$ 为全连续算子, $F\partial[x_i, y_i] \subset [x_i, y_i], i = 1, 2$, 且

$$x \neq F(x), \quad \forall x \in \partial[x_1, y_1] \cup \partial[x_2, y_2],$$

那么 F 在 $[x_1, y_2]$ 中至少有三个不动点 u_1, u_2, u_3 满足

$$u_1 \in [x_1, y_1], \quad u_2 \in [x_2, y_2], \quad u_3 \in [x_1, y_2] \setminus ([x_1, y_1] \cup [x_2, y_2]).$$

定理 2.20 和推论 2.21 是 Schauder 不动点定理的直接推广. 推论 2.21 可以作为上下解方法的理论依据. 下面给出锥上的多不动点定理.

定理 2.22 设 P 是 X 中的闭锥. $\Omega_1, \Omega_2, \Omega_3$ 是 X 中的有界开集且 $0 \in \Omega_1$, $\overline{\Omega}_1 \subset \Omega_2$, $\overline{\Omega}_2 \subset \Omega_3$, 设 $F : P \cap (\overline{\Omega}_3 \setminus \Omega_1) \to P$ 是全连续算子. 如果下列条件之一成立.

(1) $F(x) \not\leqslant x$, $x \in P \cap \partial\Omega_1$; $F(x) \not\leqslant x$, $x \in P \cap \partial\Omega_3$; $F(x) \not\geqslant x$, $x \in P \cap \partial\Omega_2$.

(2) $|F(x)| \geqslant |x|$, $x \in P \cap \partial\Omega_1$; $|F(x)| \geqslant |x|$, $x \in P \cap \partial\Omega_3$; $|F(x)| \leqslant |x|$, $F(x) \neq x$, $x \in P \cap \partial\Omega_2$.

那么 F 在 $P \cap (\overline{\Omega}_3 \setminus \Omega_1)$ 中至少有两个不动点 x^*, x^{**} 满足

$$x^* \in P \cap (\Omega_2 \setminus \overline{\Omega}_1), \quad x^{**} \in P \cap (\Omega_3 \setminus \overline{\Omega}_2).$$

注 2.2 将定理 2.22 中集合个数推广到 n 个, 可以建立 n 个正解的存在性结论, 这里不再赘述.

定理 2.23 设 P 是 X 中的闭锥. 记

$$P_i = \{x \in P : |x| < r_i\}, \quad i = 1, 2, 3,\ 0 < r_1 < r_2 < r_3.$$

设 $F : \overline{P}_3 \to P$ 是全连续算子. 进一步假设

(1) $|F(x)| < r_1, x \in \partial P_1; |F(x)| > r_2, x \in \partial P_2; |F(x)| \leqslant r_3, x \in \partial P_3$.

(2) $|F(x)| \geqslant r_1, x \in \partial P_1; |F(x)| < r_2, x \in \partial P_2; |F(x)| \geqslant r_3, x \in \partial P_3$.

如果条件 (1) 成立, 那么 F 在 $\overline{P}_3$ 中至少有三个不动点 x_1, x_2, x_3 满足

$$|x_1| < r_1 < |x_2| < r_2 < |x_3| \leqslant r_3.$$

如果条件 (2) 成立, 那么 F 在 $\overline{P}_3$ 中至少有两个不动点 x_2, x_3 满足

$$r_1 \leqslant |x_2| < r_2 < |x_3| \leqslant r_3.$$

如果将算子关于范数的压缩或拉伸换成某个泛函的“压缩”或“拉伸”, 可以得到推广的多不动点的存在定理, 下面以 Avery-Peterson 定理为例来说明.

定义 2.9　设 P 是 X 中的闭锥, $\alpha : P \to [0,\infty)$ 是连续映射. 如果对所有的 $x, y \in P$ 和 $\lambda \in [0,1]$, 有

$$\alpha(\lambda x + (1-\lambda)y) \geqslant \lambda\alpha(x) + (1-\lambda)\alpha(y),$$

则称映射 α 是 P 上非负连续凹泛函. 同理, 如果有

$$\alpha(\lambda x + (1-\lambda)y) \leqslant \lambda\alpha(x) + (1-\lambda)\alpha(y),$$

则称映射 α 是 P 上的非负连续凸泛函.

设 P 是 X 中的闭锥, α 是锥 P 上非负连续凹泛函, γ, θ 是锥 P 上非负连续凸泛函, θ 是锥 P 上非负连续泛函. 对正数 a, b, c, d, 定义 P 的子集如下:

$$P(\gamma^d) = \{x \in P : \gamma(x) < d\},$$

$$P(\alpha_b, \gamma^d) = \left\{x \in \overline{P(\gamma^d)} : b \leqslant \alpha(x)\right\},$$

$$P(\alpha_b, \theta^c, \gamma^d) = \left\{x \in \overline{P(\gamma^d)} : b \leqslant \alpha(x), \theta(x) \leqslant c\right\},$$

$$R(\psi_a, \gamma^d) = \left\{x \in \overline{P(\gamma^d)} : a \leqslant \psi(x)\right\}.$$

显然 $P(\gamma^d)$, $P(\alpha_b, \gamma^d)$ 和 $P(\alpha_b, \theta^c, \gamma^d)$ 都是凸集, $R(\psi_a, \gamma^d)$ 是一个闭集.

定理 2.24 (Avery-Peterson 不动点定理)　设 P 是 X 中的闭锥, α 是 P 上非负连续凹泛函, γ, θ 是 P 上非负连续凸泛函, θ 是 P 上非负连续泛函, 满足 $\psi(\lambda x) \leqslant \lambda\psi(x), \forall \lambda \in [0,1]$, 且存在整数 M, d, 使得对所有 $x \in \overline{P(\gamma^d)}$, 有

$$\alpha(x) \leqslant \psi(x), \quad |x| \leqslant M\gamma(x).$$

设 $F : \overline{P(\gamma^d)} \to \overline{P(\gamma^d)}$ 是全连续算子. 如果存在正数 $a < b$, c 使得

(1) $\left\{x \in P(\alpha_b, \theta^c, \gamma^d) \mid \alpha(x) > b\right\} \neq \varnothing$, 且当 $x \in P(\alpha_b, \theta^c, \gamma^d)$ 时,

$$\alpha(F(x)) > b;$$

(2) 当 $x \in P(\alpha_b, \gamma^d)$ 且 $\theta(F(x)) > c$ 时, $\alpha(F(x)) > b$;

(3) $0 \notin R(\psi_a, \gamma^d)$, 且当 $x \in R(\psi_a, \gamma^d)$, $\psi(x) = a$ 时, $\psi(F(x)) < a$.

那么算子 F 至少有三个不动点 x_1, x_2, $x_3 \in \overline{P(\gamma^d)}$ 满足

$$\psi(x_1) < a; \quad \psi(x_2) > a \quad 且 \quad \alpha(x_2) < b; \quad \alpha(x_3) > b.$$

2.4 连续性定理

在 Leray-Schauder 度理论之后, J. Leray 提出解非线性方程的方法, 形成连续性原理和非线性抉择原理. 后来 J. Mawhin 将连续性原理推广用于研究抽象方程

$$Lx = Nx$$

解的存在性, 被称为迭合度理论或重合度理论.

2.4.1 Leray-Schauder 连续性定理

定理 2.25 (Leray-Schauder 连续性定理) 设 X 是实 Banach 空间, 算子 $T: X \times [0,1] \to E$. 考虑算子方程

$$x = T(x, \mu). \tag{2.6}$$

如果下列条件成立:

(1) $T(x,\cdot)$ 关于 x 全连续, 当 x 属于有界集, $T(x,\mu)$ 关于 μ 一致连续;

(2) 对任意的 $x \in X$, 存在 $\mu_0 \in [0,1]$, 使得 $T(x,\mu_0) = 0$;

(3) 存在与 μ 无关的闭球 $\Sigma \subset X$, 使得 (2.6) 的所有解属于 Σ.

那么方程 (2.6) 的解关于 μ 构成连续统, 且所有解属于闭球 Σ.

定理 2.26 (非线性抉择原理) 设 K 是实 Banach 空间 X 中的凸子集, Ω 是 K 中的开子集, $p^* \in \Omega$, $T: \overline{\Omega} \to K$ 是全连续的. 则下列结论至少成立一个:

(1) T 在 $\overline{\Omega}$ 上有不动点;

(2) 存在 $x \in \partial\Omega, \lambda \in (0,1)$, 使得 $x = (1-\lambda)p^* + \lambda Tx$.

2.4.2 Mawhin 连续性定理

定义 2.10 设 X, Y 是 Banach 空间, $L: \mathrm{dom}L \subset X \to Y$ 是线性映射, 如果下列条件成立:

(1) $\mathrm{Im}L$ 是 Y 的闭子空间;

(2) $\dim \mathrm{Ker}L < +\infty$, $\mathrm{codim}\ \mathrm{Im}L < +\infty$.

那么称 L 是 Fredholm 算子, 且整数

$$\dim \mathrm{Ker}L - \mathrm{codim}\ \mathrm{Im}L$$

称为算子 L 的指标.

如果 L 是 Fredholm 算子, 则存在投影算子 $P: X \to X$, $Q: Y \to Y$ 满足 $\mathrm{Im}P = \mathrm{Ker}L$, $\mathrm{Ker}Q = \mathrm{Im}L$. 这样就有 $X = \mathrm{Ker}L \oplus \mathrm{Ker}P$, $Y = \mathrm{Im}L \oplus \mathrm{Im}Q$. 于是映射 $L|_{\mathrm{dom}L \cap \mathrm{Ker}P}: \mathrm{dom}L \cap \mathrm{Ker}P \to \mathrm{Im}L$ 是可逆的, 记这个逆映射为 K_p.

如果 L 是指标为零的 Fredholm 算子, 则由

$$\dim \mathrm{Ker}L = \mathrm{codim}\ \mathrm{Im}L = \dim \mathrm{Im}Q$$

可知存在同构映射 $J : \mathrm{Im}Q \to \mathrm{Ker}L$. 对任意的 x, 注意到 $LPx = QNx = 0$, 方程 $Lx = Nx$ 等价于

$$L(I-P)x = (I-Q)Nx,$$

从而

$$x = Px + K_p(I-Q)Nx = Px + JQNx + K_p(I-Q)Nx := Tx,$$

这样, 方程 $Lx = Nx$ 转换为方程 $x = Tx$ 的求解问题.

定义 2.11　设 $\Omega \subset X$ 是一个非空有界开集, $\mathrm{dom}\ L \cap \Omega \neq \varnothing$, $N : \overline{\Omega} \to Y$ 连续, 如果 $QN(\overline{\Omega})$ 有界, 且 $K_p(I-Q)N : \overline{\Omega} \to X$ 是紧的, 那么称 N 在 $\overline{\Omega}$ 是 L-紧的.

定理 2.27 (Mawhin 连续性定理)　设 L 是零指标 Fredholm 算子, N 在 $\overline{\Omega}$ 上是 L-紧的, 如果下列条件成立

(1) 对任意的 $x \in (\mathrm{dom}\ L \setminus \mathrm{Ker}L) \cap \partial\Omega, \lambda \in (0,1)$, 有 $Lx \neq \lambda Nx$;

(2) 对任意 $x \in \mathrm{Ker}L \cap \partial\Omega$, 有 $Nx \notin \mathrm{Im}L$;

(3) $\deg(JQN|_{\mathrm{Ker}L}, \Omega \cap \mathrm{Ker}L, 0) \neq 0$.

则方程 $Lx = Nx$ 在 $\mathrm{dom}\ L \cap \overline{\Omega}$ 内至少有一个解.

2.4.3 Ge-Mawhin 连续性定理

定义 2.12　设 X, Y 是两个 Banach 空间, $M : X \cap \mathrm{dom}M \to Y$, 如果 $\mathrm{Im}M$ 是 Y 的闭集且 $\mathrm{Ker}M$ 同构于 $\mathbb{R}^n$, 那么称 M 为拟线性算子.

定义 2.13　设 Y 是 Banach 空间, $Q : Y \to Y_1 \subset Y$, 满足 $Q^2 = Q$, 则称 Q 为从 Y 到 Y_1 的一个半投影算子.

设 X, Y 是两个 Banach 空间, 令 X_2 为 $\mathrm{Ker}M$ 在 X 中的补空间, 即 $X = \mathrm{Ker}M \oplus X_2$, 令 $Y = Y_1 \oplus Y_2$, 投影算子 $P : X \to \mathrm{Ker}M$, 半投影算子 $Q : Y \to Y_1$. 设 $\Omega \subset X$ 是一个有界开集, $0 \in \Omega$, $M : X \cap \mathrm{dom}M \to Z$ 是拟线性算子, $N_\lambda : \overline{\Omega} \to Y$ 是连续算子, 记 $N = N_1$, $\Sigma_\lambda = \{x \in \overline{\Omega} :\ Mx = N_\lambda x\}$.

定义 2.14　如果存在 Y 的子空间 Y_1 满足 $\dim Y_1 = \dim \mathrm{Ker}M$ 和全连续算子 $R : \overline{\Omega} \times [0,1] \to X_2$, 使得对任意的 $\lambda \in [0,1]$, 有下列条件成立:

(1) $(I-Q)N_\lambda(\overline{\Omega}) \subset \mathrm{Im}M \subset (I-Q)Y$;

(2) $QN_\lambda x = 0,\ \lambda \in (0,1) \Leftrightarrow QNx = 0$;

(3) $R(\cdot,0)$ 是零算子, 且 $R(\cdot,\lambda)|_{\Sigma_\lambda} = (I-P)|_{\Sigma_\lambda}$;

(4) $M(P+R(\cdot,\lambda))=(I-Q)N_\lambda$.
那么称 N_λ 在 $\overline{\Omega}$ 上是 M-紧的.

设 $J:Y_1\to\mathrm{Ker}M$ 是同构映射, M 是拟线性算子, N_λ 是 M-紧的, 那么由定义 2.14 可知, 算子方程 $Mx=N_\lambda x$ 等价于

$$x=Px+R(x,\lambda)+JQNx.$$

另外, 当 M 是线性算子时, 由算子的 M-紧性可以得到 L-紧性.

定理 2.28 设 X,Y 是实 Banach 空间, $\Omega\subset X$ 是一个有界开集, $0\in\Omega$, $M:X\cap\mathrm{dom}M\to Z$ 是拟线性算子, $N_\lambda:\overline{\Omega}\to Y$ 是 M-紧的, $\lambda\in[0,1]$. 如果下列条件成立:

(1) 对任意的 $(x,\lambda)\in\partial\Omega\times(0,1)$, 有 $Mx\neq N_\lambda x$;

(2) 对任意 $x\in\mathrm{Ker}M\cap\partial\Omega$, 有 $QNx\neq 0$;

(3) $\deg(JQN,\ \Omega\cap\mathrm{Ker}M,\ 0)\neq 0$.

那么算子方程 $Mx=Nx$ 在 $\mathrm{dom}M\cap\overline{\Omega}$ 中至少有一个解.

2.5 变分法与极值原理

变分问题来源于实泛函的极值问题, 求解极值问题常可以转换为微分方程. 反过来, 根据极值原理寻找极小点的方法, 在微分方程中也取得重要应用.

2.5.1 非线性算子的微分

设 X,Y 是两个 Banach 空间, $\varphi:D\subset X\to Y$ 是一个映射.

定义 2.15 设 $u_0\in D$. 如果存在有界线性算子 $A:X\to Y$, 使得对任意的 $h\in X,u_0+h\in D$, 有

$$\varphi(u_0+h)-\varphi(u_0)=Ah+\omega(u_0,h),$$

其中

$$\lim_{|h|\to 0}\frac{|\omega(u_0,h)|}{|h|}=0,$$

则称 φ 在 u_0 处是 Fréchet 可微的, 简称可微. A 为 φ 在 u_0 处的 Fréchet 导算子, 简称 F-导算子或者 F-导数, 记为 $\varphi'(x_0),d\varphi(x_0)$ 或 $\nabla\varphi(x_0)$.

计算 Fréchet 导数, 经常借助于 Gâteaux 导数, 类似于函数的方向导数.

定义 2.16 设 $u_0\in D$, $h\in X$, 如果极限

$$\lim_{t\to 0}\frac{\varphi(u_0+th)-\varphi(u_0)}{t}:=D\varphi(u_0;h)$$

存在, 则称 φ 在 u_0 处沿 h 方向是 Gâteaux 可微的, 或称弱可导的. $D\varphi(u_0;h)$ 为 φ 在 u_0 处沿 h 方向的 Gâteaux 微分. 如果 φ 在 u_0 处沿任意方向都是 Gâteaux 可微的, 则称 φ 在 u_0 处是 Gâteaux 可微的, 简称 G-可微或弱可微.

定义 2.17　设 φ 在 $u_0 \in D$ 处是 Gâteaux 可微的, 且 $D\varphi(u_0;h)$ 关于 h 是线性有界的, 即存在线性有界算子 $D\varphi(u_0): X \to Y$, 使得

$$D\varphi(u_0;h) = D\varphi(u_0)h,$$

则称 $D\varphi(u_0)$ 为 φ 在 x_0 处的 Gâteaux 导算子, 或 Gâteaux 导数, 简称 G-导算子或 G-导数.

由上面三个定义可知, 如果算子 φ 是 Fréchet 可微的, 则它存在 Gâteaux 导数, 从而 Gâteaux 可微, 但反之未必成立. 下面给出逆命题成立的充分条件.

定理 2.29　设 φ 在 u_0 处存在 Gâteaux 导数, 且极限

$$\lim_{t\to 0} \frac{\varphi(u_0+th)-\varphi(u_0)}{t} := D\varphi(u_0)h$$

关于 $|h|=1$ 一致地成立, 那么 φ 在 u_0 处 Fréchet 可微.

推论 2.30　设 φ 的 Gâteaux 导数 $D\varphi$ 在 u_0 处连续, 则 φ 在 u_0 处可微.

2.5.2 Euler-Lagrange 方程

设 X 是 Banach 空间, $\varphi: X \to \mathbb{R}$ 是连续可微泛函, 则 φ 在 $u_0 \in X$ 处达到局部极小值的必要条件是对任意的 $h \in X$, 有

$$\langle \varphi'(u_0), h\rangle = \lim_{t\to 0} \frac{\varphi(u_0+th)-\varphi(u_0)}{t} = 0,$$

即 u_0 是泛函 φ 的一个临界点, 简记为 $\varphi'(u_0)=0$.

下面通过一个特例介绍如何将泛函的极值问题转换为微分方程. 先介绍一个引理, 为此考虑空间

$$C_0^\infty = \{u:[0,T]\to\mathbb{R}^n, u \text{ 在 } [0,T] \text{ 上无穷次连续可微}, u(0)=u(T)=0\}.$$

引理 2.31　设 $u \in L^1[0,T]$. 如果

$$\int_0^T (u(t),v(t))dt = 0, \quad \forall v \in C_0^\infty,$$

那么 $u(t)=0$ 在 $[0,T]$ 上几乎处处成立.

考虑 Sobolev 空间

$$X = \{u:[0,T]\to\mathbb{R}^n, u\in L^1[0,T], \dot{u}\in L^p[0,T], u(0)=u(T)=0\},$$

在其上定义泛函 $\varphi: X \to \mathbb{R}$ 为

$$\varphi(u) = \int_0^T L(t, u(t), \dot{u}(t))dt, \tag{2.7}$$

其中 $L: [0,T] \times \mathbb{R}^n \times \mathbb{R}^n \to \mathbb{R}$ 是连续函数, 且对几乎所有的 $t \in [0,T]$, $L(t,\cdot,\cdot)$ 连续可微. 假定 u_0 是泛函 φ 的临界点, 则对任意的 $h \in C_0^\infty$, 有

$$\langle \varphi'(u_0), h\rangle = \int_0^T \left(\left(\frac{\partial L}{\partial u}, h\right) + \left(\frac{\partial L}{\partial \dot{u}}, \dot{h}\right)\right) dt = 0,$$

由分部积分法, 且注意到 $h(0) = h(T) = 0$, 有

$$\langle \varphi'(u_0), h\rangle = \int_0^T \left(-\frac{d}{dt}\frac{\partial L}{\partial \dot{u}} + \frac{\partial L}{\partial u}, h\right) dt = 0,$$

从而

$$\frac{d}{dt}\frac{\partial L}{\partial \dot{u}} + \frac{\partial L}{\partial u} = 0.$$

这就是泛函 φ 在 X 中的 Euler-Lagrange 方程.

2.5.3 Fenchel 变换

记 $\Gamma_0(\mathbb{R}^N)$ 表示从 $\mathbb{R}^N$ 映到 $(-\infty, +\infty]$ 上的凸下半连续函数集合, 且有效值域 (函数值不等于 $+\infty$) 非空.

定义 2.18 设函数 $F \in \Gamma_0(\mathbb{R}^N)$, $D(F) = \{u \in \mathbb{R}^N : F(u) < +\infty\}$, 则它的 Fenchel 变换 $F^*: \mathbb{R}^N \to (-\infty, +\infty]$ 定义为

$$F^*(v) = \sup_{u \in D(F)} \big((v, u) - F(t, u)\big). \tag{2.8}$$

定义 2.19 设函数 $F \in \Gamma_0(\mathbb{R}^N)$, 那么

$$\partial F(u) = \{x \in \mathbb{R}^N : F(\omega) \geqslant F(u) + (x, \omega - u), \forall \omega \in \mathbb{R}^N\}$$

称为 F 在 $u \in \mathbb{R}^N$ 处的次微分.

定理 2.32 如果 $F \in \Gamma_0(\mathbb{R}^N)$, 那么 $(F^*)^* = F$.

定理 2.33 如果 $F \in \Gamma_0(\mathbb{R}^N)$, 那么

$$v \in \partial F(u) \Leftrightarrow F(u) + F^*(v) = (v, u) \Leftrightarrow u \in \partial F^*(v).$$

定理 2.34 如果 $F \in \Gamma_0(\mathbb{R}^N)$, 且存在 $\alpha > 0, q > 1, \beta \geqslant 0, \gamma \geqslant 0$, 使得

$$-\beta \leqslant F(u) \leqslant \alpha q^{-1}|u|^q + \gamma, \quad u \in \mathbb{R}^N.$$

那么当 $v \in \partial F(u)$ 时, 有

$$\alpha^{-\frac{p}{q}} p^{-1} |v|^p \leqslant (v, u) + \beta + \gamma,$$

$$|v| \leqslant \left(p\alpha^{\frac{p}{q}} (|u| + \beta + \gamma) + 1 \right)^{q-1}.$$

定理 2.35　如果 $F : \mathbb{R}^N \to \mathbb{R}$ 是凸可微函数, 那么 $\partial F(u) = \{\nabla F(u)\}$. 即当 $F \in \Gamma_0(\mathbb{R}^N)$ 时, 有

$$v \in \nabla F(u) \Leftrightarrow F(u) + F^*(v) = (v, u) \Leftrightarrow u \in \nabla F^*(v).$$

推论 2.36　如果 $F \in \Gamma_0(\mathbb{R}^N)$ 是凸可微函数, 那么

$$v \in \nabla F(u) \Leftrightarrow F(u) + F^*(v) = (v, u) \Leftrightarrow u \in \nabla F^*(v).$$

定理 2.37　如果 $F \in \Gamma_0(\mathbb{R}^N)$ 是严格凸的, 且

$$\lim_{|u| \to +\infty} \frac{F(u)}{|u|} = +\infty,$$

那么 $F^* \in C^1(\mathbb{R}^N, \mathbb{R})$.

2.5.4 极值原理

定义 2.20　已知 X 是一个赋范空间, 泛函 $\varphi : X \to (-\infty, +\infty]$. 如果 $u_n \to u$ 时, 有

$$\liminf_{n \to +\infty} \varphi(u_n) \geqslant \varphi(u),$$

那么称泛函 φ 是下半连续的. 如果 $u_n \rightharpoonup u$ 时, 有

$$\liminf_{n \to +\infty} \varphi(u_n) \geqslant \varphi(u),$$

那么称泛函 φ 是弱下半连续的, 这里 $u_n \rightharpoonup u$ 表示 u_n 弱收敛于 u.

定理 2.38　设泛函 $\varphi : X \to (-\infty, +\infty]$ 是凸泛函且下半连续, 那么 φ 是弱下半连续的.

定义 2.21　设泛函 $\varphi : X \to (-\infty, +\infty]$. 如果序列 $\{u_n\} \subset X$ 满足

$$\lim_{n \to +\infty} \varphi(u_n) = \inf_{u \in X} \varphi(u).$$

则称它为泛函 $\varphi : X \to (-\infty, +\infty]$ 的极小化序列.

定义 2.22　设泛函 $\varphi : X \to (-\infty, +\infty]$. 如果

$$\lim_{|u| \to +\infty} \varphi(u) = +\infty.$$

则称泛函 $\varphi: X \to (-\infty, +\infty]$ 是强制的.

定理 2.39 设 X 是一个自反的 Banach 空间, 泛函 $\varphi: X \to (-\infty, +\infty]$ 是弱下半连续的. 如果 φ 存在有界的极小化序列, 那么 φ 在 X 上有极小值.

定理 2.40 设 X 是一个自反的 Banach 空间, 泛函 $\varphi: X \to (-\infty, +\infty]$ 是弱下半连续的. 如果 φ 是强制的, 那么 φ 在 X 上有极小值.

注 2.3 在定理 2.39 和定理 2.40 中, 如果 φ 还是 Fréchet 可微的, 那么它的极小值点 u_0 满足 $\varphi'(u_0) = 0$.

第 3 章　不动点定理与非共振无穷边值问题

对于非共振常微分方程边值问题, 可以借助于 Green 函数, 将其可解性转换为积分算子的不动点问题. 本章将利用不动点定理讨论几类无穷区间上非线性常微分方程边值问题, 给出解、正解、多个解存在的充分条件.

3.1　二阶微分方程 Sturm-Liouville 边值问题

考虑半无穷区间上二阶常微分方程 Sturm-Liouville 边值问题

$$\begin{cases}(p(t)x'(t))' + \lambda\phi(t)f\big(t,x(t)\big) = 0, \quad 0 < t < +\infty,\\ \alpha_1 x(0) - \beta_1 \lim\limits_{t\to 0^+} p(t)x'(t) = 0,\\ \alpha_2 \lim\limits_{t\to+\infty} x(t) + \beta_2 \lim\limits_{t\to+\infty} p(t)x'(t) = 0,\end{cases} \tag{3.1}$$

其中参数 $\lambda > 0$, $\alpha_i \geqslant 0$, $\beta_i \geqslant 0 (i=1,2)$. 除特别声明外, 本节总假设 $f: [0,+\infty)^2 \to \mathbb{R}$ 和 $\phi: (0,+\infty) \to (0,+\infty)$ 是连续函数, $p \in C[0,+\infty) \cap C^1(0,+\infty)$, 在区间 $(0,+\infty)$ 上恒有 $p>0$, $\displaystyle\int_0^{+\infty} \frac{1}{p(s)}ds < +\infty$ 且

$$\rho = \alpha_2\beta_1 + \alpha_1\beta_2 + \alpha_1\alpha_2 \int_0^{+\infty} \frac{1}{p(s)}ds > 0.$$

如果函数 $x = x(t)$ 满足 (3.1) 且 $x(t) > 0$, $t \in (0,+\infty)$, 那么称函数 x 为边值问题 (3.1) 的正解. 正解的讨论多采用锥上不动点定理, 一般要求非线性项 f 非负, 这个非负的条件比较严格, 例如边值问题

$$\begin{cases} x'' + \sin t = 0, \quad 0 < t < \dfrac{3}{2}\pi,\\ x(0) - x'(0) = 0, \quad x'\left(\dfrac{3}{2}\pi\right) = 0\end{cases}$$

有唯一的正解 $x(t) = 1 + \sin t$, 而对应 f 项的 $\sin t$ 在 $\left(0, \dfrac{3}{2}\pi\right)$ 内是变号的, 所以这个条件是可以减弱的.

本节将利用锥上不动点定理讨论无穷边值问题 (3.1) 在非线性项变号情况下正解存在的充分条件, 并进一步利用 Krasnosel'skiĭ 不动点定理给出至少两个正解存在的条件.

3.1.1 Green 函数

沿用例 1.11 中的记号, 记 $a(t),b(t)$ 分别表示

$$a(t)=\beta_1+\alpha_1\int_0^t\frac{1}{p(s)}ds,\quad b(t)=\beta_2+\alpha_2\int_t^{+\infty}\frac{1}{p(s)}ds.$$

显然 a 是单调递增函数, b 是单调递减函数, $\alpha_2a(t)+\alpha_1b(t)=\rho$. 定义 $G(t,s)$ 为

$$G(t,s)=\begin{cases}\dfrac{1}{\rho}a(s)b(t), & 0\leqslant s\leqslant t<+\infty,\\ \dfrac{1}{\rho}a(t)b(s), & 0\leqslant t\leqslant s<+\infty.\end{cases}\tag{3.2}$$

引理 3.1 设 $v\in L^1[0,+\infty)$. 如果 $\rho\neq 0$, 那么边值问题

$$\begin{cases}\big(p(t)u'(t)\big)'+v(t)=0, & 0<t<+\infty,\\ \alpha_1u(0)-\beta_1\lim\limits_{t\to 0^+}p(t)u'(t)=0,\\ \alpha_2\lim\limits_{t\to+\infty}u(t)+\beta_2\lim\limits_{t\to+\infty}p(t)u'(t)=0\end{cases}\tag{3.3}$$

有唯一的正解, 且这个解可以表示为

$$u(t)=\int_0^{+\infty}G(t,s)v(s)ds.$$

注 3.1 当 $\rho=0$ 时, 边值问题 (3.3) 是共振的.

引理 3.2 $G(t,s)$ 满足 Green 函数的四条性质. 需要注意的是, 在边值问题 (3.1) 或者 (3.3) 中, 方程最高阶导数项的系数是 $p(t)$, 所以

$$\left.\frac{\partial G(t,s)}{\partial t}\right|_{t=s^+}-\left.\frac{\partial G(t,s)}{\partial t}\right|_{t=s^-}=-\frac{1}{p(t)}.$$

另外, 对任意的 $t,s\in[0,+\infty)$, $G(t,s)$ 还满足

$$G(t,s)\leqslant G(s,s),\quad \lim_{t\to+\infty}G(t,s)=\frac{1}{\rho}\beta_2a(s).$$

注 3.2 设 $\phi\in L^1[0,+\infty)$, 考虑边值问题 (3.3), 其中 $v(t)=\phi(t)$, 那么函数 $\omega(t)=\displaystyle\int_0^{+\infty}G(t,s)\phi(s)ds, t\in[0,+\infty)$ 是 (3.3) 的解. 容易验证 ω 在 $(0,+\infty)$ 上是正函数, 有上确界. 记 $\omega(t)$ 在 $(0,+\infty)$ 上的上确界为 $\bar{\omega}$.

3.1.2　空间与算子

考虑空间

$$X = \left\{ x \in C[0, +\infty) : \lim_{t \to +\infty} x(t) \text{ 存在} \right\},$$

范数定义为 $|x| = \sup\limits_{0 \leqslant t < +\infty} |x(t)|$, 那么 $(X, \ |\cdot|)$ 就构成一个 Banach 空间. 定义锥

$$P = \{x \in X : x(t) \geqslant 0, \ t \in [0, +\infty)\}.$$

在 X 上定义算子 $F : X \to X$ 为

$$(Fx)(t) = \lambda \int_0^{+\infty} G(t,s) f(s, x(s)) ds, \quad 0 \leqslant t < +\infty.$$

由引理 3.1 可知, 算子 F 在 X 中的不动点是边值问题 (3.1) 在 X 中的解. 为了在较弱的条件下得到边值问题的正解, 引入取正算子 θ, 并有如下结论.

引理 3.3　设 $T : X \to X$ 是全连续算子. 定义算子 $\theta : TX \to P$ 为

$$(\theta y)(t) = \max\{y(t), \ 0\}, \quad 0 \leqslant t < +\infty,$$

其中 $y \in TX$, 那么 $\theta \circ T : X \to P$ 是一个全连续算子.

证明　任取 X 中的有界集 Ω, 由 T 的全连续性可知 $T\Omega$ 是相对紧集. 对任意的 $y_1, \ y_2 \in TX$, 由于

$$\begin{aligned} |\theta y_1 - \theta y_2| &= \sup_{0 \leqslant t < +\infty} \big| \max\{y_1(t), \ 0\} - \max\{y_2(t), \ 0\} \big| \\ &\leqslant \sup_{0 \leqslant t < +\infty} |y_1(t) - y_2(t)| = |y_1 - y_2|. \end{aligned}$$

从而 θ 是一个连续算子, 因此 $\theta \circ T$ 连续且 $(\theta \circ T)\Omega$ 是相对紧集. 引理得证.

3.1.3　正解的存在性

定理 3.4　假设如下条件成立.

(H_1) $\displaystyle\int_0^{+\infty} \phi(s) ds < +\infty.$

(H_2) 当 $0 \leqslant t < +\infty$ 和 x 有界时, $f(t, x)$ 有界.

(H_3) 存在两个正常数 M 和 R, 满足 $M\bar{\omega} < R$, 使得

$$0 < \frac{M}{\inf\limits_{0 \leqslant t < +\infty} f\big(t, M\omega(t)\big)} := a < \frac{R}{\bar{\omega} \cdot \sup\limits_{\substack{0 \leqslant t < +\infty \\ M\omega(t) \leqslant x \leqslant R}} f(t, x)} := b,$$

其中 ω 和 $\bar{\omega}$ 如注 3.2 中的定义. 那么当 $\lambda \in [a,b)$ 时, 边值问题 (3.1) 至少存在一个正解, 记为 x, 满足

$$M\omega(t) \leqslant x(t) < R, \quad t \in [0,+\infty). \tag{3.4}$$

证明 考虑截断边值问题

$$\begin{cases} (p(t)x'(t))' + \lambda\phi(t)f^*\big(t,x(t)\big) = 0, \quad 0 < t < +\infty, \\ \alpha_1 x(0) - \beta_1 \lim\limits_{t\to 0^+} p(t)x'(t) = 0, \\ \alpha_2 \lim\limits_{t\to+\infty} x(t) + \beta_2 \lim\limits_{t\to+\infty} p(t)x'(t) = 0, \end{cases} \tag{3.5}$$

其中 $f^*(t,x)$ 定义为

$$f^*(t,x) = \begin{cases} f\big(t,M\omega(t)\big), & x < M\omega(t), \\ f(t,x), & M\omega(t) \leqslant x < R, \\ f(t,R), & x \geqslant R. \end{cases}$$

显然 $f^*:[0,+\infty)\times\mathbb{R}\to\mathbb{R}$ 是连续有界函数. 记 $S_r = \sup\limits_{\substack{0\leqslant t<+\infty \\ 0\leqslant x\leqslant r}} f(t,x)$.

定义算子 $T:P\to X$ 为

$$(Tx)(t) = \lambda\int_0^{+\infty} G(t,s)\phi(s)f^*\big(s,x(s)\big)ds, \quad 0\leqslant t<+\infty.$$

由引理 3.2 可知, T 的不动点是边值问题 (3.5) 的解. 下面分三步来证明 T 在 P 中有不动点 x, 且不动点 x 满足 $M\omega(t)\leqslant x(t)<R$, $t\in[0,+\infty)$, 从而 x 就是边值问题 (3.1) 的正解.

第一步 T 是一个全连续算子.

首先验证 $T:P\to X$ 有定义. 事实上, 任取 $x\in P$, 那么存在常数 r_0, 使得 $|x|\leqslant r_0$. 再由条件 (H_2) 可知, $f(t,x)$ 有界. 对任意的 t_1, $t_2\in[0,+\infty)$,

$$\begin{aligned} \int_0^{+\infty} |G(t_1,s)-G(t_2,s)|\phi(s)ds &\leqslant 2\int_0^{+\infty} \sup_{0\leqslant t<+\infty} G(t,s)\phi(s)ds \\ &\leqslant 2\int_0^{+\infty} G(s,s)\phi(s)ds < +\infty, \end{aligned}$$

所以, 由 Lebesgue 控制收敛定理, 得

$$|(Tx)(t_1)-(Tx)(t_2)| \leqslant \lambda\int_0^{+\infty} |G(t_1,s)-G(t_2,s)|\phi(s)\big|f^*\big(s,x(s)\big)\big|ds$$

$$
\begin{aligned}
&\leqslant \lambda S_{r_0} \int_0^{+\infty} |G(t_1,s)-G(t_2,s)|\phi(s)ds \\
&\to 0, \quad 当\ t_1 \to t_2,
\end{aligned}
$$

即 $Tx \in C[0,+\infty)$. 与此同时, 当 $t \to +\infty$ 时, $G(t,s)$ 的极限存在, 记为 $G_\infty(s)$, 所以

$$
\begin{aligned}
\lim_{t\to+\infty}(Tx)(t) &= \lim_{t\to+\infty}\lambda\int_0^{+\infty} G(t,s)\phi(s)f^*\big(s,x(s)\big)ds \\
&= \lambda\int_0^{+\infty} G_\infty(s)\phi(s)f^*\big(s,x(s)\big)ds < +\infty,
\end{aligned}
$$

故 $Tx \in X$.

其次, 证明算子 T 是连续的. 在 P 中任取一个收敛列 $\{x_n\}_{n=1}^{+\infty}$, 它收敛于 $x_0 \in P$. 显然存在常数 $r_1 > 0$, 使得 $\sup\limits_{n\in\mathbb{N}}|x_n| \leqslant r_1$. 因为

$$
\begin{aligned}
&\int_0^{+\infty} G(s,s)\phi(s)\big|f^*\big(s,x_n(s)\big)-f^*\big(s,x_0(s)\big)\big|ds \\
\leqslant\ & 2S_{r_1}\int_0^{+\infty} G(s,s)\phi(s)ds < +\infty,
\end{aligned}
$$

且函数 f^* 连续, 所以

$$
\begin{aligned}
|Tx_n - Tx_0| &= \sup_{0\leqslant t<+\infty}\left|\lambda\int_0^{+\infty} G(t,s)\phi(s)\big(f^*\big(s,x_n(s)\big)-f^*\big(s,x_0(s)\big)\big)ds\right| \\
&\leqslant \lambda\int_0^{+\infty} G(s,s)\phi(s)\big|f^*\big(s,x_n(s)\big)-f^*\big(s,x_0(s)\big)\big|ds \\
&\to 0, \quad 当\ n\to+\infty.
\end{aligned}
$$

即 T 是一个连续算子.

最后, 验证 T 是紧算子. 任取 P 中的有界集 B, 则存在 $r_2 > 0$, 使得当 $x \in B$ 时, 有 $|x| \leqslant r_2$. 利用 Corduneanu 定理 (定理 2.2) 来证明 TB 列紧. 因为

$$
|Tx| = \sup_{0\leqslant t<+\infty}\left|\lambda\int_0^{+\infty} G(t,s)\phi(s)f^*(s,x(s))ds\right| \leqslant bS_{r_2}\bar{\omega},
$$

所以 TB 一致有界. 又对任意的 $T > 0$, 当 $t_1,\ t_2 \in [0,T]$ 时, 有

$$
\begin{aligned}
|(Tx)(t_1)-(Tx)(t_2)| &= \lambda\left|\int_0^{+\infty}\big(G(t_1,s)-G(t_2,s)\big)\phi(s)f^*\big(s,x(s)\big)ds\right| \\
&\leqslant bS_{r_2}\int_0^{+\infty}|G(t_1,s)-G(t_2,s)|\,\phi(s)ds \\
&\to 0, \quad 当\ t_1\to t_2.
\end{aligned}
$$

所以 TB 等度连续. 与此同时,

$$\begin{aligned}|(Tx)(t)-(Tx)(+\infty)| &= \left|\lambda\int_0^{+\infty}\big(G(t,s)-G_\infty(s)\big)\phi(s)f^*\big(s,x(s)\big)ds\right|\\ &\leqslant bS_{r_2}\int_0^{+\infty}\big(G(t,s)-G_\infty(s)\big)\phi(s)ds\\ &\to 0,\quad 当\ t\to+\infty.\end{aligned}$$

所以 TB 在无穷远处等度收敛. 从而 T 是一个紧算子.

总之, $T:P\to X$ 是一个全连续算子.

第二步 $\theta\circ T$ 至少有一个不动点.

由引理 3.3 可知 $\theta\circ T:P\to P$ 是一个全连续算子. 令 $\Omega=\{x\in X,|x|<R\}$. 任取 $x\in P\cap\partial\Omega$, 记 $\Delta=\{t\in[0,+\infty):f^*(t,x(t))\geqslant 0\}$, 那么

$$\begin{aligned}|\theta\circ Tx| &= \sup_{0\leqslant t<+\infty}\max\left\{\lambda\int_0^{+\infty}G(t,s)\phi(s)f^*(s,x(s))ds,\ \ 0\right\}\\ &\leqslant \lambda\sup_{0\leqslant t<+\infty}\int_\Delta G(t,s)\phi(s)f^*(s,x(s))ds\\ &< b\sup_{\substack{0\leqslant t<+\infty\\ M\omega(t)\leqslant x\leqslant R}}f(t,x)\int_\Delta G(t,s)\phi(s)ds\\ &\leqslant b|\omega|\sup_{\substack{0\leqslant t<+\infty\\ M\omega(t)\leqslant x\leqslant R}}f(t,x)=R,\end{aligned}$$

由定理 2.15 可得, $\deg_P\{I-\theta\circ T,P\cap\Omega,0\}=1$, 从而 $\theta\circ T$ 有一个不动点 $x\in P\cap\Omega$, 且 $|x|<R$.

第三步 $\theta\circ T$ 的不动点也是 T 的不动点.

验证 $\theta\circ T$ 的不动点 x 满足 $(Tx)(t)\geqslant M\omega(t)$, $t\in[0,+\infty)$ 即可. 如若不然, 则有

$$\sup_{0\leqslant t<+\infty}\big(M\omega(t)-(Tx)(t)\big)>0. \tag{3.6}$$

下面分三种情况讨论.

情况 1 $\lim\limits_{t\to+\infty}\big(M\omega(t)-(Tx)(t)\big)=\sup\limits_{0\leqslant t<+\infty}\big(M\omega(t)-(Tx)(t)\big)>0.$

此时存在常数 $\tau>0$ 和序列 t_n 使得

$$M\omega(t)-(Tx)(t)>0,\ t\geqslant\tau;\qquad \lim_{t_n\to+\infty}\big(M\omega'(t_n)-(Tx)'(t_n)\big)\geqslant 0.$$

可以断言在整个 $t\in[0,+\infty)$, 都有

$$M\omega(t)-(Tx)(t)>0. \tag{3.7}$$

如果 (3.7) 不成立, 那么存在 $t_1 \in [0, \tau)$, 使得

$$M\omega(t_1) - (Tx)(t_1) = 0, \quad M\omega(t) - (Tx)(t) > 0, \quad t \in (t_1, \tau], \tag{3.8}$$

即 $(Tx)(t) < M\omega(t)$, $t \in (t_1, +\infty)$. 进一步, 由 x 是 $\theta \circ T$ 的不动点, 可得 $0 \leqslant x(t) < M\omega(t)$, $t > t_1$.

又 $M\omega(t)$ 和 $(Tx)(t)$ 均满足边值问题 (3.1) 的右边界条件, 由此可得

$$\alpha_2 \lim_{t_n \to +\infty} (M\omega(t) - (Tx)(t)) + \beta_2 \lim_{t_n \to +\infty} p(t)(M\omega'(t) - (Tx)'(t)) = 0,$$

从而 $\alpha_2 = 0$, $\lim\limits_{t \to +\infty} p(t)(M\omega'(t) - (Tx)'(t)) = 0$. 由于

$$\begin{aligned} p(t)\left(M\omega'(t) - (Tx)'(t)\right) &= -\int_t^{+\infty} [p(s)\left(M\omega'(s) - (Tx)'(s)\right)]'\, ds \\ &= \int_t^{+\infty} \phi(s)\big[M - \lambda f^*\big(s, x(s)\big)\big] ds \\ &= \int_t^{+\infty} \phi(s)\left[M - \lambda f\big(s, M\omega(s)\big)\right] ds \\ &\leqslant 0, \quad t > t_1, \end{aligned}$$

故 $M\omega(t_1) - (Tx)(t_1) \geqslant \lim\limits_{t \to +\infty} (M\omega(t) - (Tx)(t)) > 0$, 这与 (3.8) 矛盾, 结论 (3.7) 成立.

但在 (3.7) 成立时, 有

$$\begin{aligned} &\lim_{t \to +\infty} \big(M\omega(t) - (Tx)(t)\big) \\ =&\int_0^{+\infty} G_\infty(s)\phi(s)\big[M - \lambda f^*\big(s, x(s)\big)\big] ds \\ \leqslant&\left[M - a \inf_{0 \leqslant t < +\infty} f\big(t, M\omega(t)\big)\right] \int_0^{+\infty} G_\infty(s)\phi(s) ds \\ =&0, \end{aligned}$$

这与情况 1 矛盾. 从而 $M\omega(t) - (Tx)(t)$ 不可能在无穷远处取到正的上确界.

情况 2 $\lim\limits_{t \to 0^+} \big(M\omega(t) - (Tx)(t)\big) = \sup\limits_{0 \leqslant t < +\infty} \big(M\omega(t) - (Tx)(t)\big) > 0$.

此时有 $M\omega'(0^+) - (Tx)'(0^+) \leqslant 0$. 注意到 $M\omega(t)$ 和 $(Tx)(t)$ 满足边值问题 (3.1) 的左边界条件, 故

$$\alpha_1 \lim_{t \to 0^+} \big(M\omega(t) - (Tx)(t)\big) = \beta_1 \lim_{t \to 0^+} p(t)\big(M\omega'(t) - (Tx)'(t)\big),$$

根据符号判断, 有 $\alpha_1 = 0$, $\lim\limits_{t\to 0^+} p(t)\big(M\omega'(t) - (Tx)'(t)\big) = 0$. 此时仍断言结论 (3.7) 成立. 如若不然, 则存在正数 t_1 使得

$$M\omega(t_1) - (Tx)(t_1) = 0, \quad M\omega(t) - (Tx)(t) > 0, \quad t \in [0, t_1), \tag{3.9}$$

同理可知 $0 \leqslant x(t) < M\omega(t)$, $t \in [0, t_1)$. 由于

$$\begin{aligned} p(t)\left(M\omega'(t) - (Tx)'(t)\right) &= \int_0^t \left[p(s)\left(M\omega'(s) - (Tx)'(s)\right)\right]' ds \\ &= \int_0^t \phi(s)\big[\lambda f^*\big(s, x(s)\big) - M\big] ds \\ &= \int_0^t \phi(s)\left[\lambda f\big(s, M\omega(s)\big) - M\right] ds \\ &\geqslant 0, \quad 0 \leqslant t < t_1, \end{aligned}$$

故 $M\omega(t_1) - (Tx)(t_1) \geqslant \lim\limits_{t\to 0^+}(M\omega(t) - (Tx)(t)) > 0$, 这与 (3.9) 矛盾, 所以结论 (3.7) 成立. 但是, 当 (3.7) 成立时, 有

$$\begin{aligned} \lim_{t\to 0^+}\big(M\omega(t) - (Tx)(t)\big) &= \lim_{t\to 0^+}\int_0^{+\infty} G(t,s)\phi(s)\big[M - \lambda f^*\big(s, x(s)\big)\big] ds \\ &= \int_0^{+\infty} G(0,s)\phi(s)[M - \lambda f^*\big(s, x(s)\big)\big] ds \leqslant 0, \end{aligned}$$

这与情况 2 矛盾, 从而 $M\omega(t) - (Tx)(t)$ 不可能在 0 点取到正的上确界.

情况 3 存在 $t_0 \in (0, +\infty)$ 使得

$$M\omega(t_0) - (Tx)(t_0) = \sup_{0\leqslant t<+\infty}\big(M\omega(t) - (Tx)(t)\big) > 0.$$

此时有 $M\omega'(t_0) - (Tx)'(t_0) = 0$. 与上面两种情况类似讨论, 可证明不等式 $M\omega(t) - (Tx)(t) > 0$ 分别在区间 $[0, t_0)$ 和 $(t_0, +\infty)$ 上成立. 但因为

$$M\omega(t_0) - (Tx)(t_0) = \int_0^{+\infty} G(t_0, s)\phi(s)[M - \lambda f^*(s, x(s))] ds \leqslant 0,$$

与情况 3 矛盾, 从而 $M\omega(t) - (Tx)(t)$ 不可能在 $(0, +\infty)$ 内取到正的上确界.

总之, (3.6) 式不成立, 所以 $(Tx)(t) \geqslant M\omega(t)$, $t \in [0, +\infty)$. 因为 $\omega(t)$ 是非负的, 所以 $(\theta \circ T)x = Tx$, 即 $\theta \circ T$ 的不动点也是 T 的不动点.

综上所述, 边值问题 (3.1) 至少存在一个正解, 且满足 (3.4) 式. 证毕.

推论 3.5 假设 (H_1) 和 (H_2) 成立. 如果 $f(t, 0) \geqslant 0$, 且存在正常数 R 使得

$$0 < |\omega| \sup_{\substack{0\leqslant t<+\infty \\ 0\leqslant x\leqslant R}} f(t, x) < R.$$

那么当 $\lambda = 1$ 时, 边值问题 (3.1) 至少有一个非负解, 记为 x, 满足

$$0 \leqslant x(t) < R, \quad t \in [0, +\infty).$$

注 3.3 在推论 3.5 中, 如果进一步假设在 $[0, +\infty)$ 任意非零测度子集上有 $f(t, 0) \neq 0$, 那么边值问题 (3.1) 存在正解.

注 3.4 将定理 3.4 或者推论 3.5 中的条件 (H_1), (H_2) 分别替换为 (H_1') 和 (H_2'), 结论仍然成立, 其中

(H_1') 对任意的 $r > 0$, 存在正函数 $\psi_r \in C[0, +\infty)$, 使得当 $|x| < r$ 时,

$$|f(t, x)| \leqslant \psi_r(t), \quad \text{a.e. } t \geqslant 0.$$

(H_2') $\sup\limits_{0 \leqslant t < +\infty} \int_0^{+\infty} G(t, s)\phi(s)\psi_r(s)ds < +\infty.$

3.1.4 解的唯一性

定理 3.6 假设定理 3.4 中的条件成立. 进一步假设下列条件成立.

(H_4) 存在正函数 $\psi \in C[0, +\infty)$, 使得对任意的 $x, y \in [0, R]$, 有

$$|f(t, x) - f(t, y)| \leqslant \psi(t)|x - y|, \quad \text{a.e. } t \geqslant 0.$$

(H_5) $b \sup\limits_{0 \leqslant t < +\infty} \int_0^{+\infty} G(t, s)\phi(s)\psi(s)ds \leqslant 1.$

那么当 $a \leqslant \lambda < b$ 时, 边值问题 (3.1) 有且仅有一个正解满足 (3.4) 式.

证明 定理 3.4 保证边值问题 (3.1) 至少存在一个正解. 下面证明唯一性. 不妨设 x, y 都是边值问题 (3.1) 的正解, 那么 $|x| < R$, $|y| < R$ 且

$$x(t) = \lambda \int_0^{+\infty} G(t, s)\phi(s)f(s, x(s))ds, \quad 0 \leqslant t < +\infty,$$
$$y(t) = \lambda \int_0^{+\infty} G(t, s)\phi(s)f(s, y(s))ds, \quad 0 \leqslant t < +\infty.$$

如果 $x \neq y$, 那么

$$\begin{aligned}|x - y| &= \sup_{0 \leqslant t < +\infty} \lambda \left| \int_0^{+\infty} G(t, s)\phi(s)\left[f(s, x(s)) - f(s, y(s))\right]ds \right| \\ &< b|x - y| \sup_{0 \leqslant t < +\infty} \int_0^{+\infty} G(t, s)\phi(s)\psi(s)ds \\ &\leqslant |x - y|,\end{aligned}$$

这是一个矛盾, 故边值问题 (3.1) 有唯一的正解.

推论 3.7 假设 (H_1)—(H_4) 条件成立, 如果

$$\sup_{0\leqslant t<+\infty}\int_0^{+\infty}G(t,s)\phi(s)\psi(s)ds<1.$$

那么当 $\lambda=1$ 时, 边值问题 (3.1) 有且仅有一个正解.

3.1.5 两个正解的存在性

任取 $\delta\in(0,1)$, 使得 $0<\sigma<1$, 其中 $\sigma=\min\limits_{\delta\leqslant t\leqslant 1/\delta}\dfrac{a(t)b(t)}{a(+\infty)b(0)}$. 定义锥

$$P_1=\left\{x\in P:\ x(t)\geqslant\sigma|x|,\ \delta\leqslant t\leqslant\frac{1}{\delta}\right\}.$$

记

$$G_\delta=\sup_{0\leqslant t<+\infty}\int_\delta^{\frac{1}{\delta}}G(t,s)\phi(s)ds.$$

定理 3.8 假设条件 (H_1) 和 (H_2) 成立. 如果存在 $d\geqslant 0$, $R_2>R_1>M>0$, 使得 $M\bar{\omega}<R_1, bd\bar{\omega}\leqslant\sigma R_2$ 和下列条件成立.

(H_6) $\inf\limits_{\substack{0\leqslant t<+\infty\\ M\omega(t)\leqslant x\leqslant R_2}}f(t,x)\geqslant -d.$

(H_7) $0<a<\dfrac{R_1}{\bar{\omega}\left(d+\sup\limits_{\substack{0\leqslant t<+\infty\\ M\omega(t)\leqslant x\leqslant R_1}}f(t,x)\right)}:=b_2.$

(H_8) $0<\dfrac{R_2}{G_\delta\left(d+\min\limits_{\substack{\delta\leqslant t\leqslant 1/\delta\\ -bd\bar{\omega}+\sigma R_2\leqslant x\leqslant R_2}}f(t,x)\right)}:=a_2<b_2.$

其中 a 同条件 (H_3) 中的定义, 那么当 $\max\{a,\ a_2\}\leqslant\lambda<b$ 时, 边值问题 (3.1) 至少有两个正解 $x_1,\ x_2$, 满足

$$M\omega(t)\leqslant x_i(t)<R_i+bd\omega(t),\quad i=1,2,\quad t\in[0,+\infty).$$

证明 考虑边值问题

$$\begin{cases}\big(p(t)x'(t)\big)'+\lambda\phi(t)f^*\big(t,x(t)\big)=0, & 0<t<+\infty,\\ \alpha_1x(0)-\beta_1\lim\limits_{t\to0^+}p(t)x'(t)=0, \\ \alpha_2\lim\limits_{t\to+\infty}x(t)+\beta_2\lim\limits_{t\to+\infty}p(t)x'(t)=0,\end{cases}\tag{3.10}$$

其中 $f^*(t,x)$ 定义为

$$f^*(t,x)=d+\begin{cases} f(t,M\omega(t)), & x\leqslant (M+\lambda d)\omega(t),\\ f(t,x-\lambda d\omega(t)), & (M+\lambda d)\omega(t)<x<R_2.\end{cases}$$

当 $x=M\omega(t)$ 时, 由条件 (H_1) 可知

$$f^*\big(t,M\omega(t)\big)=d+f\big(t,M\omega(t)\big)\geqslant f\big(t,M\omega(t)\big)>0.$$

当 $M\omega(t)\leqslant x\leqslant R_1$ 时, 由

$$f^*(t,x)=\begin{cases} d+f\big(t,M\omega(t)\big), & x\leqslant \min\{R_1,(M+\lambda d)\omega(t)\},\\ d+f(t,x-\lambda d\omega(t)), & \min\{R_1,(M+\lambda d)\omega(t)\}<x\leqslant R_1,\end{cases}$$

可知 $f^*(t,x)=d+\sup\limits_{\substack{0\leqslant t<+\infty\\ M\omega(t)\leqslant x\leqslant R_1}} f(t,x)$, 从而

$$0<\frac{M}{\inf\limits_{0\leqslant t<+\infty} f^*(t,Mw(t))}\leqslant a<b_2\leqslant \frac{R_1}{\bar{\omega}\sup\limits_{\substack{0\leqslant t<+\infty\\ M\omega(t)\leqslant x\leqslant R_1}} f^*(t,x)}.$$

由定理 3.4 可知, 边值问题 (3.10) 至少有一个正解 $x_1^*(t)$, 满足 $M\omega(t)\leqslant x_1^*(t)<R_1$, $t\in[0,+\infty)$.

定义算子 $T_1:P_1\to P_1$ 为

$$(T_1x)(t)=\lambda\int_0^{+\infty}G(t,s)\phi(s)F(s,x(s))ds,$$

这里, $F\big(t,x(t)\big)=\max\big\{f^*\big(t,x(t)\big),\ 0\big\}$. 首先声明 $T_1:P_1\to P_1$ 有定义.

事实上, 对任意的 $x\in P_1$,

$$\begin{aligned}(T_1x)(t)&=\lambda\int_0^{+\infty}G(t,s)\phi(s)F\big(s,x(s)\big)ds\\ &=\lambda\int_0^{t}\frac{1}{\rho}a(s)b(t)\phi(s)F\big(s,x(s)\big)ds+\lambda\int_t^{+\infty}\frac{1}{\rho}a(t)b(s)\phi(s)F\big(s,x(s)\big)ds\\ &\geqslant\lambda\left(\frac{1}{\rho}\int_0^{t}a(s)b(t)\frac{a(t)}{a(+\infty)}\frac{b(s)}{b(0)}\phi(s)F\big(s,x(s)\big)ds\right.\\ &\quad\left.+\int_t^{+\infty}a(t)b(s)\frac{a(s)}{a(+\infty)}\frac{b(t)}{b(0)}\phi(s)F\big(s,x(s)\big)ds\right)\\ &=\lambda\frac{a(t)b(t)}{a(+\infty)b(0)}\int_0^{+\infty}G(s,s)\phi(s)F\big(s,x(s)\big)ds\\ &\geqslant\frac{a(t)b(t)}{a(+\infty)b(0)}|Tx|\geqslant\sigma|Tx|,\quad \delta\leqslant t\leqslant\frac{1}{\delta},\end{aligned}$$

即 $T_1x \in P_1$. 类似证明可知 T_1 是一个全连续算子.

令 $\Omega_i = \{x \in P_1 : \ |x| < R_i\}, i = 1, 2$. 对任意的 $x \in \partial\Omega_1$, 记 $\Delta_1 = \{t \in [0, +\infty) : f^*(t, x(t)) \geqslant 0\}$, 那么

$$
\begin{aligned}
|T_1x| &= \lambda \sup_{0\leqslant t<+\infty} \int_0^{+\infty} G(t,s)\phi(s)F\big(s, x(s)\big)ds \\
&= \lambda \sup_{0\leqslant t<+\infty} \int_{\Delta_1} G(t,s)\phi(s)f^*\big(s, x(s)\big)ds \\
&< b_2 \sup_{\substack{0\leqslant t<+\infty \\ |x|=R_1}} f^*\big(t, x(t)\big) \cdot \sup_{0\leqslant t<+\infty} \int_{\Delta_1} G(t,s)\phi(s)ds \\
&\leqslant b_2\bar{\omega}\left[d + \sup_{\substack{0\leqslant t<+\infty, \\ M\omega(t)\leqslant x\leqslant R_1}} f(t,x)\right] \\
&= R_1 = |x|.
\end{aligned}
$$

与此同时, 对任意的 $x \in \partial\Omega_2$, 有

$$
\begin{aligned}
|T_1x| &= \lambda \sup_{0\leqslant t<+\infty} \int_0^{+\infty} G(t,s)\phi(s)F(s, x(s))ds \\
&\geqslant \lambda \sup_{0\leqslant t<+\infty} \int_\delta^{\frac{1}{\delta}} G(t,s)\phi(s)f^*(s, x(s))ds \\
&\geqslant a_2 \min_{\substack{\delta\leqslant t\leqslant 1/\delta \\ \sigma R_2\leqslant x(t)\leqslant R_2}} f^*(t, x(t)) \cdot \sup_{0\leqslant t<+\infty} \int_\delta^{\frac{1}{\delta}} G(t,s)\phi(s)ds \\
&\geqslant a_2G_\delta \min_{\substack{\delta\leqslant t\leqslant 1/\delta \\ \sigma R_2-bd\bar{\omega}\leqslant x\leqslant R_2}} [d + f(t,x)] \\
&= R_2 = |x|.
\end{aligned}
$$

由 Krasnosel'skiĭ 不动点定理可知, T_1 至少有一个不动点 $x_2^* \in \overline{\Omega_2} \setminus \overline{\Omega}_1$.

条件 (H_6) 保证 $f^*(t, x_2^*(t)) \geqslant 0$, $t \in (0, +\infty)$. 从而 T_1 的不动点 x_2^* 是边值问题 (3.10) 的解, 且满足 $R_1 \leqslant |x_2^*| < R_2$.

令 $x_i(t) = x_i^*(t) - \lambda d\omega(t)$, $i = 1, 2$, 那么

$$
\begin{cases}
(p(t)x_i'(t))' + \lambda\phi(t)\left[f^*\big(t, x_i(t) + \lambda d\omega(t)\big) - d\right] = 0, \quad 0 < t < +\infty, \\
\alpha_1 x_i(0) - \beta_1 \lim\limits_{t\to 0^+} p(t)x_i'(t) = 0, \\
\alpha_2 \lim\limits_{t\to+\infty} x_i(t) + \beta_2 \lim\limits_{t\to+\infty} p(t)x_i'(t) = 0.
\end{cases}
$$

因为当 $x_i \leqslant M\omega(t)$ 时, $f^*(t, x_i(t) + \lambda d\omega(t)) - d = f(t, M\omega(t))$, 故类似于定理 3.4

中第二步证明, 可得 $x_i(t) \geqslant M\omega(t),\ t \in [0,+\infty)$. 所以 $x_1,\ x_2$ 是边值问题 (3.1) 的两个正解.

推论 3.9 假设 $f(t,0) \geqslant 0,\ f(t,0) \not\equiv 0$, 条件 (H_1) 和 (H_2) 成立. 如果存在 $d>0,\ R_2>R_1>0$, 使得 $M\bar{\omega} < R_1, bd\bar{\omega} \leqslant \sigma R_2$ 和下列条件成立.

(H_9) $\inf\limits_{\substack{0\leqslant t<+\infty \\ M\omega(t)\leqslant x\leqslant R_2}} f(t,x) \geqslant -d.$

(H_{10}) $0 < \dfrac{R_2}{G_\delta\left(d + \min\limits_{\substack{\delta\leqslant t<1/\delta \\ -bd\bar{\omega}+\sigma R_2\leqslant x\leqslant R_2}} f(t,x)\right)} := a < b_2.$

其中 b_2 同条件 (H_7) 中的定义, 那么当 $a_2 \leqslant \lambda < b_2$ 时, 边值问题 (3.1) 至少有两个正解.

3.2 具有 p-Laplace 算子的微分方程两点边值问题

考虑半无穷区间上具有 p-Laplace 算子的二阶微分方程两点边值问题

$$\begin{cases}\left(\varphi_p\left(x'(t)\right)\right)' + \phi(t)f\left(t,x(t),x'(t)\right) = 0, \quad 0<t<+\infty, \\ \alpha x(0) - \beta x'(0) = 0, \quad x'(+\infty) = 0,\end{cases} \tag{3.11}$$

其中, 函数 $\phi : (0,+\infty) \to [0,+\infty)$ 和 $f(t,u,v) : [0,+\infty)^3 \to [0,+\infty)$ 都是连续的, 参数 $\alpha > 0,\ \beta \geqslant 0$. 记 $g(t,u,v) = f\big(t,(1+t)u,v\big)$.

p-Laplace 算子不是线性的, 无法给出 Green 函数, 但可以通过积分运算, 把具有 p-Laplace 算子的微分方程边值问题转换为积分算子的不动点. 本节将利用 Avery-Peterson 不动点定理讨论边值问题 (3.11) 至少存在三个正解的充分条件, 除了方程中含有 p-Laplace 算子外, 这一节的结论还允许正解无界.

3.2.1 Banach 空间和锥

考虑函数空间

$$X = \left\{x \in C^1[0,+\infty),\ \lim_{t\to+\infty} x'(t) = 0\right\},$$

因为对任意的 $x \in X$, 有 $\sup\limits_{0\leqslant t<+\infty} \dfrac{|x(t)|}{1+t} < +\infty$, 所以在 X 上定义范数 $|x| = \max\left\{|x|_1,\ |x'|_\infty\right\}$, 其中 $|x|_1 = \sup\limits_{0\leqslant t<+\infty} \dfrac{|x(t)|}{(1+t)}$, $|x|_\infty = \sup\limits_{0\leqslant t<+\infty} |x(t)|$. 那么 $(X,|\cdot|)$ 构成一个 Banach 空间.

在空间 X 上定义锥 P

$$P=\left\{x\in X:\begin{array}{l}x(t)\geqslant 0,\ t\in[0,+\infty),\ \alpha x(0)-\beta x'(0)=0,\\ x\text{ 在 }[0,+\infty)\text{ 上是凹函数}\end{array}\right\}.$$

函数 x 在 $[0,+\infty)$ 上时凹函数, 指的是, $\forall t_1,t_2\in[0,+\infty)$ 和 $\lambda\in[0,1]$, 有

$$x(\lambda t_1+(1-\lambda)t_2)\geqslant\lambda x(t_1)+(1-\lambda)x(t_2).$$

取定常数 $k>1$, 在锥 P 上分别定义非负连续泛函 $\alpha,\ \gamma,\ \theta,\ \psi$ 为

$$\begin{aligned}&\alpha(x)=\frac{k}{k+1}\min_{\frac{1}{k}\leqslant t\leqslant k}x(t),\quad\gamma(x)=\sup_{0\leqslant t<+\infty}x'(t),\\&\psi(x)=\theta(x)=\sup_{0\leqslant t<+\infty}\frac{x(t)}{1+t},\quad x\in P.\end{aligned}\tag{3.12}$$

容易验证 α 是凹泛函 (见定义 2.9), γ,θ 是凸泛函, 且 $\psi(\lambda x)=\lambda\psi(x),0\leqslant\lambda\leqslant 1$.

引理 3.10 如果 $x\in P$, 那么 $|x|_1\leqslant M|x'|_\infty$, 其中 $M=\max\left\{\dfrac{\beta}{\alpha},\ 1\right\}$.

证明 因为 $x\in P$, $x(0)=\dfrac{\beta}{\alpha}x'(0)$, 故

$$\frac{x(t)}{1+t}=\frac{1}{1+t}\left(\int_0^t x'(s)ds+\frac{\beta}{\alpha}x'(0)\right)\leqslant\frac{t+\dfrac{\beta}{\alpha}}{1+t}|x'|_\infty\leqslant M|x'|_\infty.$$

引理 3.11 如果 $x\in P$, 那么

$$\max\left\{\frac{1}{k+1}\theta(x),\ \frac{k\beta}{(k+1)\alpha}\gamma(x)\right\}\leqslant\alpha(x)\leqslant\psi(x).$$

证明 仅证明左侧不等式. 因为 x 是凹函数, 且 $x'(+\infty)=0$, 所以 x 在 $[0,+\infty)$ 上是单调增加的. 因而存在 $\sigma\in[0,+\infty)$ 使得 $\theta(x)=\dfrac{x(\sigma)}{1+\sigma}$, 且

$$\begin{aligned}\alpha(x)&=\frac{k}{k+1}x\left(\frac{1}{k}\right)\\&=\frac{k}{k+1}x\left(\frac{k-1+k\sigma}{k+k\sigma}\cdot\frac{1}{k-1+k\sigma}+\frac{1}{k+k\sigma}\sigma\right)\\&\geqslant\frac{1}{k+1}\cdot\frac{x(\sigma)}{1+\sigma}=\frac{1}{k+1}\theta(x).\end{aligned}$$

与此同时, 利用 x 的单调性, 有

$$\alpha(x)=\frac{k}{k+1}x\left(\frac{1}{k}\right)\geqslant\frac{k}{k+1}x(0)=\frac{k\beta}{(k+1)\alpha}\gamma(x).$$

3.2.2 全连续算子

引理 3.12 已知 $v \in L^1[0,+\infty)$, 那么边值问题

$$\begin{cases}(\varphi_p(x'(t)))' + v(t) = 0, \quad 0 < t < +\infty,\\ \alpha x(0) - \beta x'(0) = 0, \quad x'(+\infty) = 0,\end{cases}$$

在 X 中有唯一的解, 且这个解可以表示为

$$x(t) = \frac{\beta}{\alpha}\varphi_q\left(\int_0^{+\infty}\phi(s)v(s)ds\right) + \int_0^t \varphi_q\left(\int_\tau^{+\infty}\phi(s)v(s)ds\right)d\tau.$$

其中 $t \in [0,+\infty)$, q 是 p 的对偶数, 即 $\dfrac{1}{p}+\dfrac{1}{q}=1$.

注 3.5 如果引理 3.12 中的函数 v 非负且在 $(0,+\infty)$ 恒不为零, 那么这个唯一的解是正解.

定义算子 $T: P \to X$ 为

$$\begin{aligned}(Tx)(t) =& \frac{\beta}{\alpha}\varphi_q\left(\int_0^{+\infty}\phi(s)f(s,x(s),x'(s))ds\right)\\ &+\int_0^t \varphi_q\left(\int_\tau^{+\infty}\phi(s)f(s,x(s),x'(s))ds\right)d\tau,\end{aligned}$$

其中 $t \in [0,+\infty)$. 显然, 算子 T 在 P 中的不动点就是边值问题 (3.11) 的正解.

引理 3.13 假设下面条件成立.

(I_1) $0 < \displaystyle\int_0^{+\infty}\phi(t)dt < +\infty$.

(I_2) 当 u, v 有界时, $g(t,u,v)$ 在 $[0,+\infty)$ 有界, 且对任意的实数 $T > 0$,

$$0 < \int_0^T g(t,0,0)dt < +\infty.$$

那么 $T(P) \subset P$, 且 T 是一个全连续算子.

证明 容易验证 $T: P \to P$ 有定义. 下面证明算子 T 是全连续的. 为方便起见, 记

$$C = \varphi_q\left(\int_0^{+\infty}\phi(s)ds\right), \quad S_r = \sup_{(t,u,v)\in[0,+\infty)\times[0,r]^2} g(t,u,v).$$

首先证明算子 T 是连续的. 在 P 中任取收敛数列 $x_n \to x_0 (n \to +\infty)$, 则存在正常数 r_0, 使得 $\sup\limits_{n\in\mathbb{N}}|x_n| \leqslant r_0$, 从而

$$\int_0^{+\infty}\phi(s)\left|f(s,x_n,x_n') - f(s,x_0,x_0')\right|ds \leqslant 2S_{r_0}\int_0^{+\infty}\phi(s)ds.$$

由 Lebesgue 控制收敛定理, 得

$$\begin{aligned}\left|\varphi_p\big((Tx_n)'(t)\big)-\varphi_p\big((Tx_0)'(t)\big)\right| &= \left|\int_t^{+\infty}\phi(s)\big(f(s,x_n,x_n')-f(s,x_0,x_0')\big)ds\right| \\ &\leqslant \int_0^{+\infty}\phi(s)\big|f(s,x_n,x_n')-f(s,x_0,x_0')\big|ds \\ &\to 0, \quad 当\ n\to+\infty.\end{aligned}$$

再由 φ_p 的连续性可知 $(Tx_n)'\to(Tx_0)'(n\to+\infty)$. 从而

$$|Tx_n-Tx_0|\leqslant M|(Tx_n)'-(Tx_0)'|\to 0, \quad 当\ n\to+\infty.$$

所以 T 是一个连续算子.

其次, 证明 T 是紧算子. 任取 P 中的有界集 Ω, 下面证明 $T\Omega$ 列紧. 因为 Ω 有界, 存在常数 $r>0$, 使得对任意的 $x\in\Omega$, 有 $|x|\leqslant r$. 因为

$$|(Tx)'|_\infty=\varphi_q\left(\int_0^{+\infty}\phi(s)f(s,x,x')ds\right)\leqslant C\varphi_q(S_r),$$

所以 $|Tx|\leqslant MC\varphi_p^{-1}(S_r)$, 即 $T\Omega$ 是有界的. 任取正实数 T, 当 $t_1,\ t_2\in[0,T]$ 时, 有

$$\begin{aligned}\left|\frac{(Tx)(t_1)}{1+t_1}-\frac{(Tx)(t_2)}{1+t_2}\right| \leqslant& \frac{\beta}{\alpha}\varphi_q\left(\int_0^{+\infty}\phi(s)f(s,x,x')ds\right)\left|\frac{1}{1+t_1}-\frac{1}{1+t_2}\right| \\ &+\frac{1}{1+t_1}\left|\int_{t_1}^{t_2}\varphi_q\left(\int_\tau^{+\infty}\phi(s)f(s,x,x')ds\right)d\tau\right| \\ &+\int_0^{t_2}\varphi_q\left(\int_\tau^{+\infty}\phi(s)f(s,x,x')ds\right)d\tau\left|\frac{1}{1+t_1}-\frac{1}{1+t_2}\right| \\ \leqslant& \left(\frac{\beta}{\alpha}+1+T\right)C\varphi_q(S_r)|t_1-t_2| \\ \to& 0(与\ x\ 无关), \quad 当\ t_1\to t_2\end{aligned}$$

和

$$\begin{aligned}\left|\varphi_p\big((Tx)'(t_1)\big)-\varphi_p\big((Tx)'(t_2)\big)\right| &= \left|\int_{t_1}^{t_2}\phi(s)f(s,x,x')ds\right| \\ &\leqslant S_r\left|\int_{t_1}^{t_2}\phi(s)ds\right|\to 0(与\ x\ 无关), \quad 当\ t_1\to t_2.\end{aligned}$$

所以, $T\Omega$ 在 $[0,+\infty)$ 的任意紧子集上是等度连续的. 又, 如果

$$\int_0^{+\infty}\varphi_q\left(\int_\tau^{+\infty}\phi(s)f\big(s,x,x'\big)ds\right)d\tau<+\infty,$$

那么

$$\lim_{t\to+\infty}\left|\frac{(Tx)(t)}{1+t}\right|=\lim_{t\to+\infty}\frac{1}{1+t}\int_0^t\varphi_q\left(\int_\tau^{+\infty}\phi(s)f\big(s,x,x'\big)ds\right)d\tau=0.$$

而如果

$$\lim_{t\to+\infty}\int_0^t\varphi_q\left(\int_\tau^{+\infty}\phi(s)f\big(s,x,x'\big)ds\right)d\tau=+\infty,$$

那么

$$\begin{aligned}\lim_{t\to+\infty}\left|\frac{(Tx)(t)}{1+t}\right|&=\lim_{t\to+\infty}\frac{1}{1+t}\int_0^t\varphi_q\left(\int_\tau^{+\infty}\phi(s)f\big(s,x,x'\big)ds\right)d\tau\\&\leqslant M\varphi_q(S_r)\lim_{t\to+\infty}\varphi_q\left(\int_t^{+\infty}\phi(s)ds\right)=0,\end{aligned}$$

与此同时,

$$\begin{aligned}\lim_{t\to+\infty}|(Tx)'(t)|&=\lim_{t\to+\infty}\varphi_q\left(\int_t^{+\infty}\phi(s)f\big(s,x,x'\big)ds\right)\\&\leqslant\varphi_q(S_r)\lim_{t\to+\infty}\varphi_q\left(\int_t^{+\infty}\phi(s)ds\right)=0.\end{aligned}$$

所以, $T\Omega$ 在无穷处是等度收敛的. 由定理 2.3 可得 $T\Omega$ 是相对紧集, 即 T 是一个紧算子.

综上可知, $T:P\to P$ 是一个全连续算子. 证毕.

3.2.3 三个正解的存在性

定理 3.14 假设条件 (I_1) 和 (I_2) 成立. 如果存在常数 a, b, d 满足 $0<ka<b\leqslant\dfrac{M(k+m)}{(k+1)^2}d$, 使得下列条件成立.

(I_3) 当 $(t,u,v)\in[0,+\infty)\times[0,Md]\times[0,d]$ 时, $g(t,u,v)\leqslant\varphi_p\left(\dfrac{d}{C}\right)$.

(I_4) 当 $(t,u,v)\in\left[\dfrac{1}{k},k\right]\times\left[\dfrac{1}{k}b,\dfrac{(k+1)^2}{k+m}b\right]\times[0,d]$ 时, $g(t,u,v)>\varphi_p\left(\dfrac{b}{N}\right)$.

(I_5) 当 $(t,u,v)\in[0,+\infty)\times[0,a]\times[0,d]$ 时, $g(t,u,v)<\varphi_p\left(\dfrac{a}{MC}\right)$.

其中 M 如引理 3.10 中定义, $m=\min\left\{\dfrac{\beta}{\alpha},1\right\}$, C 如引理 3.13 中定义,

$$N=\frac{1}{(k+1)^2}\left(\frac{\beta}{\alpha}\varphi_p^{-1}\left(\int_{\frac{1}{k}}^k\phi(s)ds\right)+\int_{\frac{1}{k}}^k\varphi_p^{-1}\left(\int_\tau^k\phi(s)ds\right)d\tau\right).$$

那么当 $\beta \neq 0$ 时, 边值问题 (3.11) 至少有三个正解 x_1, x_2, x_3, 满足

$$
\begin{aligned}
&|x_i'|_\infty \leqslant d, \quad i=1,2,3 \quad 且 \quad |x_1|_1 < a < |x_2|_1 < \frac{(k+1)^2}{k+m}b,\\
&\min_{\frac{1}{k}\leqslant t\leqslant k} x_2(t) < \frac{k+1}{k^2}b, \quad \min_{\frac{1}{k}\leqslant t\leqslant k} x_3(t) > \frac{k+1}{k^2}b.
\end{aligned}
\tag{3.13}
$$

证明 因为算子 T 在 P 中的不动点就是边值问题 (3.11) 的正解, 所以证明算子 T 有三个正不动点即可. 沿用定理 2.24 中 $P(\gamma^d), P(\alpha_b, \gamma^d), P(\alpha_b, \theta^c, \gamma^d)$ 和 $R(\psi_a, \gamma^d)$ 的记号.

对任意的 $x \in \overline{P(\gamma^d)}$, 有 $|x'|_\infty \leqslant d$, 再由条件 (I_3), 可得

$$
f(t, x(t), x'(t)) \leqslant \varphi_p\left(\frac{d}{C}\right), \quad t \in [0, +\infty).
$$

因此

$$
\begin{aligned}
\gamma(Tx) &= \sup_{0\leqslant t<+\infty} (Tx)'(t) = (Tx)'(0)\\
&= \varphi_q\left(\int_0^{+\infty} \phi(s) f(s, x(s), x'(s)) ds\right)\\
&\leqslant \frac{d}{C}\varphi_q\left(\int_0^{+\infty} \phi(s) ds\right) = d.
\end{aligned}
$$

即 $T: \overline{P(\gamma^d)} \to \overline{P(\gamma^d)}$ 是全连续的.

注意到 α 是连续凹函数, γ, θ 是连续凸泛函, 且对任意的 $x \in P$, $\psi(\lambda x) = \lambda\psi(x)$, $0 \leqslant \lambda \leqslant 1$, $\alpha(x) \leqslant \psi(x)$, $|x| \leqslant M\gamma(x)$. 下面验证定理 2.24 中的三个条件成立.

(1) 令 $x^*(t) = \left(1 - \frac{1}{k+1}e^{-\frac{\alpha}{\beta}kt}\right)\frac{(k+1)^2}{k}b$, 并记 $c = \frac{(k+1)^2}{k+m}b$, 那么 $x^* \in P(\alpha_b,\ \theta^c,\ \gamma^d)$ 且 $\alpha(x^*) > b$. 所以

$$
\{x \in P(\alpha_b,\ \theta^c,\ \gamma^d) | \alpha(x) > b\} \neq \varnothing.
$$

与此同时, 对任意的 $x \in P(\alpha_b,\ \theta^c,\ \gamma^d)$, 有

$$
\frac{b}{k} \leqslant \frac{1}{1+k}\min_{\frac{1}{k}\leqslant t\leqslant k} x(t) \leqslant \frac{x(t)}{1+k} \leqslant \frac{x(t)}{1+t} \leqslant c, \quad t \in \left[\frac{1}{k},\ k\right]
$$

和

$$
0 \leqslant x'(t) \leqslant d, \quad t \in [0, +\infty)
$$

成立. 利用条件 (I_4) 和引理 3.11, 可得

$$\begin{aligned}\alpha(Tx) &\geqslant \frac{1}{k+1}\theta(Tx)=\frac{1}{k+1}\sup_{0\leqslant t<+\infty}\frac{(Tx)(t)}{1+t}\\ &\geqslant \frac{1}{(k+1)^2}\left[\frac{\beta}{\alpha}\varphi_q\left(\int_{\frac{1}{k}}^{k}\phi(s)f(s,x(s),x'(s))ds\right)\right.\\ &\quad\left.+\int_{\frac{1}{k}}^{k}\varphi_q\left(\int_{\tau}^{k}\phi(s)f(s,x(s),x'(s))ds\right)d\tau\right]\\ &> \frac{1}{(k+1)^2}\frac{b}{N}\left(\frac{\beta}{\alpha}\varphi_q\left(\int_{\frac{1}{k}}^{k}\phi(s)ds\right)+\int_{\frac{1}{k}}^{k}\varphi_q\left(\int_{\tau}^{k}\phi(s)ds\right)d\tau\right)\\ &= b.\end{aligned}$$

即当 $x\in P(\alpha_b,\theta^c,\gamma^d)$ 时, $\alpha(Tx)>b$,.

(2) 若 $x\in P(\alpha_b,\ \gamma^d)$ 且满足 $\theta(Tx)>c$, 那么

$$\alpha(Tx)\geqslant\frac{1}{k+1}\theta(Tx)>\frac{1}{k+1}c=\frac{k+1}{k+m}b\geqslant b.$$

(3) 显然, $0\notin R(\psi_a,\ \gamma^d)$. 假设 $x\in R(\psi_a,\ \gamma^d)$ 且满足 $\psi(x)=a$, 那么由条件 (I_5) 和引理 3.11, 有

$$\begin{aligned}\psi(Tx)&\leqslant M\gamma(Tx)=M(Tx)'(0)\\ &\leqslant M\varphi_q\left(\int_0^{+\infty}\phi(s)f(s,x,x')ds\right)\\ &\leqslant M\cdot\frac{a}{MC}\varphi_q\left(\int_0^{+\infty}\phi(s)ds\right)=a.\end{aligned}$$

综上所述, Avery-Peterson 不动点定理保证算子 T 至少有三个不动点 x_1, x_2, $x_3\in\overline{P(\gamma^d)}$ 满足 $\psi(x_1)<a$, $\psi(x_2)>a$ 且 $\alpha(x_2)<b$, $\alpha(x_3)>b$. 又因为条件 (I_2) 保证不动点 x_1, x_2, x_3 是正函数, 从而它们是边值问题 (3.11) 的三个正解.

注 3.6 条件 (I_4) 中的 N 替换为 N', 定理 3.14 的结论依然成立, 其中

$$N'=\frac{k\beta}{(k+1)\alpha}\varphi_q\left(\int_{\frac{1}{k}}^{k}\phi(s)ds\right).$$

下面给出 $\beta=0$ 时的结论. 为方便起见, 记

$$N_0=\frac{1}{(k+1)^2}\int_{\frac{1}{k}}^{k}\varphi_q\left(\int_{\tau}^{k}\phi(s)ds\right)d\tau.$$

定理 3.15　假设条件 (I_1) 和 (I_2) 成立. 如果存在常数 a, b, d, 满足 $0 < ka < b \leqslant \dfrac{k}{k+1}d$, 使得 (I_3), (I_5) 成立. 进一步假设下列条件成立.

(I_4') 当 $(t,u,v) \in \left[\dfrac{1}{k}, k\right] \times \left[\dfrac{b}{k}, (k+1)b\right] \times [0,d]$ 时, $g(t,u,v) > \varphi_p\left(\dfrac{b}{N_0}\right)$.

那么当 $\beta = 0$ 时, 边值问题 (3.11) 至少存在三个正解 x_1, x_2, x_3, 满足

$$
\begin{aligned}
&|x_i'(t)| \leqslant d, \quad i=1,2,3 \quad 且 \quad |x_1|_1 < a < |x_2|_1 < (k+1)b, \\
&\min_{\frac{1}{k}\leqslant t\leqslant k} x_2(t) < \frac{k+1}{k^2}b, \quad \min_{\frac{1}{k}\leqslant t\leqslant k} x_3(t) > \frac{k+1}{k^2}b.
\end{aligned} \tag{3.14}
$$

证明　只证明 Avery-Peterson 不动点定理中的前两个条件成立, 其余与定理 3.14 相似证明即可.

(1) 令 $x^*(t) = \left(1 - \dfrac{1}{k+1}e^{-t}\right)\dfrac{(k+1)^2}{k}b$, 那么 $x^* \in P(\alpha_b,\ \theta^{(k+1)b},\ \gamma^d)$ 且 $\alpha(x^*) > b$. 所以 $\{x \in P(\alpha_b,\ \theta^{(k+1)b},\ \gamma^d) | \alpha(x) > b\} \neq \varnothing$.

对任意的 $x \in P(\alpha_b,\ \theta^{(k+1)b},\ \gamma^d)$, 有

$$
\frac{b}{k} \leqslant \frac{x(t)}{1+t} \leqslant (k+1)b, \quad t \in \left[\frac{1}{k}, k\right]
$$

和

$$
0 \leqslant x'(t) \leqslant d, \quad t \in [0,+\infty)
$$

成立, 因此

$$
\begin{aligned}
\alpha(Tx) &\geqslant \frac{1}{k+1}\theta(Tx) = \frac{1}{k+1}\sup_{0\leqslant t<+\infty}\frac{(Tx)(t)}{1+t} \\
&\geqslant \frac{1}{(k+1)^2}\int_{\frac{1}{k}}^{k}\varphi_q\left(\int_\tau^k \phi(s)f(s,x(s),x'(s))ds\right)d\tau \\
&> \frac{1}{(k+1)^2}\frac{b}{N_0}\int_{\frac{1}{k}}^{k}\varphi_q\left(\int_\tau^k \phi(s)ds\right)d\tau = b.
\end{aligned}
$$

即对任意的 $x \in P(\alpha_b,\ \theta^{(k+1)b},\ \gamma^d)$, $\alpha(Tx) > b$ 成立.

(2) 假设 $x \in P(\alpha_b,\ \gamma^d)$ 且 $\theta(Tx) > (k+1)b$, 那么

$$
\alpha(Tx) \geqslant \frac{1}{k+1}\theta(Tx) > \frac{1}{k+1}(k+1)b = b.
$$

证毕.

当 $p=2$ 时, 边值问题 (3.11) 变为二阶微分方程两点边值问题

$$\begin{cases}x''+\phi(t)f(t,x(t),x'(t))=0, \quad 0<t<+\infty,\\ \alpha x(0)-\beta x'(0)=0, \quad x'(+\infty)=0,\end{cases} \tag{3.15}$$

下面给出边值问题 (3.15) 多个正解存在的结论. 为方便起见, 记

$$U=\int_0^{+\infty}\phi(s)ds, \quad W_0=\frac{1}{(k+1)^2}\int_{\frac{1}{k}}^{k}\int_{\tau}^{k}\phi(s)dsd\tau,$$

$$W=\frac{1}{(k+1)^2}\left(\frac{\beta}{\alpha}\int_{\frac{1}{k}}^{k}\phi(s)ds+\int_{\frac{1}{k}}^{k}\int_{\tau}^{k}\phi(s)dsd\tau\right).$$

推论 3.16 假设条件 (I_1) 和 (I_2) 成立. 如果存在常数 a, b, d 满足 $0<ka<b\leqslant M\dfrac{k+m}{(k+1)^2}d$, 使得下列条件成立.

(I_6) 当 $(t,u,v)\in[0,+\infty)\times[0,Md]\times[0,d]$ 时, $g(t,u,v)\leqslant\dfrac{d}{U}$.

(I_7) 当 $(t,u,v)\in\left[\dfrac{1}{k},k\right]\times\left[\dfrac{b}{k},\dfrac{(k+1)^2}{k+m}b\right]\times[0,d]$ 时, $g(t,u,v)>\dfrac{b}{W}$.

(I_8) 当 $(t,u,v)\in[0,+\infty)\times[0,a]\times[0,d]$ 时, $g(t,u,v)<\dfrac{a}{MU}$.

那么当 $\beta\neq0$ 时, 边值问题 (3.15) 至少存在三个正解, 且满足 (3.13).

推论 3.17 假设条件 (I_1) 和 (I_2) 成立. 如果存在常数 a, b, d 满足 $0<ka<b\leqslant\dfrac{k}{k+1}d$, 使得条件 (I_6), (I_8) 成立. 进一步假设下列条件成立.

(I_7') 当 $(t,u,v)\in\left[\dfrac{1}{k},k\right]\times\left[\dfrac{b}{k},(k+1)b\right]\times[0,d]$ 时, $g(t,u,v)>\dfrac{b}{W_0}$.

那么当 $\beta=0$ 时, 边值问题 (3.15) 至少存在三个正解, 且满足 (3.14).

3.2.4 例子

例 3.1 考虑具有 3-Laplace 算子的微分方程两点边值问题

$$\begin{cases}(|x'|x')'+e^{-4t}f(t,x(t),x'(t))=0, \quad 0<t<+\infty,\\ x(0)=x'(0), \quad x'(+\infty)=0,\end{cases} \tag{3.16}$$

其中

$$f(t,u,v)=\begin{cases}\dfrac{1}{10}|\sin t|+10^4\left(\dfrac{u}{1+t}\right)^{10}+\dfrac{1}{10}\left(\dfrac{v}{500}\right), & u\leqslant1,\\ \dfrac{1}{10}|\sin t|+10^4\left(\dfrac{1}{1+t}\right)^{10}+\dfrac{1}{10}\left(\dfrac{v}{500}\right), & u\geqslant1,\end{cases}$$

那么边值问题 (3.16) 至少存在三个正解.

事实上, 取 $\phi(t) = e^{-4t}$ 和

$$g(t,u,v) = \begin{cases} \dfrac{1}{10}|\sin t| + 10^4 u^{10} + \dfrac{1}{10}\left(\dfrac{v}{500}\right), & u \leqslant 1, \\ \dfrac{1}{10}|\sin t| + 10^4 u^{10} + \dfrac{1}{10}\left(\dfrac{v}{500}\right), & u \geqslant 1. \end{cases}$$

容易验证条件 (I_1) 和 (I_2) 成立. 取 $k=4,\ a=\dfrac{1}{3},\ b=4,\ d=500$, 那么

$$M=1, \quad m=1, \quad C=\frac{1}{2}, \quad N' \geqslant \frac{2}{5}\sqrt{e^{-1}-e^{-16}} > \frac{1}{25}.$$

从而当 $(t,u,v) \in [0,+\infty) \times [0,500]^2$ 时,

$$g(t,u,v) \leqslant 0.1 + 10^4 + 0.1 < 10^6 = \varphi_3\left(\frac{d}{C}\right).$$

当 $(t,u,v) \in \left[\dfrac{1}{4}, 4\right] \times [1,20] \times [0,500]$ 时,

$$g(t,u,v) \geqslant 10^4 = \varphi_3\left(\frac{b}{N'}\right).$$

当 $(t,u,v) \in [0,+\infty) \times \left[0, \dfrac{1}{3}\right] \times [0,500]$ 时,

$$f(t,(1+t)u,v) \leqslant 0.1 + 10^4\left(\frac{1}{3}\right)^{10} + 0.1 < \frac{4}{9} = \varphi_3\left(\frac{a}{MC}\right).$$

由定理 3.14 (注 3.6) 可得, 边值问题 (3.16) 至少有三个解 $x_1,\ x_2,\ x_3$ 满足

$$\begin{aligned} &\sup_{0\leqslant t<+\infty} x_i'(t) \leqslant 500, \quad i=1,2,3, \\ &\sup_{0\leqslant t<+\infty} \frac{x_1(t)}{1+t} < \frac{1}{3}, \quad 1 < \sup_{0\leqslant t<+\infty} \frac{x_2(t)}{1+t} < 20, \quad \min_{\frac{1}{4}\leqslant t\leqslant 4} x_2(t) < \frac{5}{4}, \\ &\sup_{0\leqslant t<+\infty} \frac{x_3(t)}{1+t} < 500 \quad 且 \quad \min_{\frac{1}{4}\leqslant t\leqslant 4} x_3(t) > \frac{5}{4}. \end{aligned}$$

3.3 二阶微分方程三点边值问题

考虑二阶非线性常微分方程三点边值问题

$$\begin{cases} x''(t) + f\big(t, x(t), x'(t)\big) = 0, & 0 < t < +\infty, \\ x(0) = \alpha x(\eta), \quad x'(+\infty) = 0, \end{cases} \tag{3.17}$$

其中, $\alpha \neq 1$, $0 < \eta < +\infty$, $f: [0, +\infty) \times \mathbb{R}^2 \to \mathbb{R}$.

本节将借助于连续性定理研究这类边值问题在非共振情形下的可解性, 要求 f 是一类特殊的 Carathéodory 函数, 这里先给出定义. 同 (1.39) 式介绍, 令

$$I\!L^1[0, +\infty) = \left\{ v \in L^1[0, +\infty) : \int_0^{+\infty} s|v(s)|ds < +\infty \right\}.$$

定义 3.1 已知 $f: [0, T] \times \mathbb{R}^2 \to \mathbb{R}$. 如果下列条件成立:

(1) 对任意的 $(u, v) \in \mathbb{R}^2$, $t \mapsto f(t, u, v)$ 在 $[0, T]$ 上是可测的;

(2) 对几乎所有的 $t \in [0, T]$, $(u, v) \mapsto f(t, u, v)$ 在 $\mathbb{R}^2$ 上是连续的.

那么称 f 是 Carathéodory 函数.

定义 3.2 已知 $f: [0, +\infty) \times \mathbb{R}^2 \to \mathbb{R}$. 如果下列条件成立:

(1) 对任意的 $(u, v) \in \mathbb{R}^2$, $t \mapsto f(t, u, v)$ 在 $[0, +\infty)$ 上是可测的;

(2) 对几乎所有的 $t \in [0, +\infty)$, $(u, v) \mapsto f(t, u, v)$ 在 $\mathbb{R}^2$ 上是连续的;

(3) 对任意的 $r > 0$, 存在正函数 $\psi_r \in I\!L^1[0, +\infty)$, 使得当 $|u| \leqslant r$, $|v| \leqslant r$ 时, 有

$$|f(t, u, v)| \leqslant \psi_r(t), \quad \text{a.e. } t \in [0, +\infty).$$

那么称 f 是 IL-Carathéodory 函数.

定义 3.3 已知 $f: [0, +\infty) \times \mathbb{R}^2 \to \mathbb{R}$. 如果下列条件成立:

(1) 对任意的 $(u, v) \in \mathbb{R}^2$, $t \mapsto f(t, u, v)$ 在 $[0, +\infty)$ 上是可测的;

(2) 对几乎所有的 $t \in [0, +\infty)$, $(u, v) \mapsto f(t, u, v)$ 在 $\mathbb{R}^2$ 上是连续的;

(3) 对任意的 $r > 0$, 存在正函数 $\psi_r \in L^1[0, +\infty)$, 使得当 $|u| \leqslant r$, $|v| \leqslant r$ 时, 有

$$|f(t, u, v)| \leqslant \psi_r(t), \quad \text{a.e. } t \in [0, +\infty).$$

那么称 f 是 L-Carathéodory 函数.

3.3.1 线性边值问题和 Green 函数

考虑半无穷区间上二阶线性常微分方程三点边值问题

$$\begin{cases} x''(t) + v(t) = 0, & 0 < t < +\infty, \\ x(0) = \alpha x(\eta), & x'(+\infty) = 0, \end{cases} \tag{3.18}$$

其中, $\alpha \in \mathbb{R}$, $0 < \eta < +\infty$, $v: [0, +\infty) \to \mathbb{R}$.

定理 3.18 假设 $v \in L^1[0, +\infty)$, $\alpha \neq 1$, 那么边值问题 (3.18) 有唯一的解, 可以表示为

$$x(t) = \int_0^{+\infty} G(t, s)v(s)ds,$$

其中 $G(t,s)$ 定义为

$$G(t,s)=\begin{cases}\dfrac{\alpha s}{1-\alpha}+s, & 0\leqslant s\leqslant \min\{\eta,\ t\}<+\infty,\\ \dfrac{\alpha s}{1-\alpha}+t, & 0\leqslant t\leqslant s\leqslant \eta<+\infty,\\ \dfrac{\alpha\eta}{1-\alpha}+s, & 0<\eta\leqslant s\leqslant t<+\infty,\\ \dfrac{\alpha\eta}{1-\alpha}+t, & 0<\max\{\eta,t\}\leqslant s<+\infty.\end{cases}\tag{3.19}$$

注 3.7　定理 3.18 的证明见例 1.12. 如果 $v\in I\!L^1[0,+\infty)$, 那么得到的是有界解.

定理 3.19　假设 $v\in L^1[0,+\infty)$, $\alpha=1$. 如果

$$\int_0^\eta\int_\tau^{+\infty}v(s)dsd\tau=0$$

成立, 那么边值问题 (3.18) 有无穷个解. 否则无解.

由 (3.19) 式定义的 $G(t,s)$ 满足 Green 函数的四条性质, 进一步, 它还有下列性质.

引理 3.20　对所有的 $t,\ s\in[0,+\infty)$, 有

$$|G(t,s)|\leqslant\begin{cases}s, & \alpha<0,\\ \dfrac{s}{1-\alpha}, & 0\leqslant\alpha<1,\\ \max\left\{\dfrac{\alpha s}{\alpha-1},\ \dfrac{\alpha\eta}{\alpha-1}\right\}, & \alpha>1.\end{cases}\tag{3.20}$$

证明　对任意的 $s\in[0,+\infty)$, $G(t,s)$ 关于 t 是单调增加的, 所以

$$\min\left\{\frac{\alpha s}{1-\alpha},\ \frac{\alpha\eta}{1-\alpha}\right\}\leqslant G(t,s)\leqslant G(s,s)=\begin{cases}\dfrac{s}{1-\alpha}, & s\leqslant\eta,\\ \dfrac{\alpha(\eta-s)+s}{1-\alpha}, & \eta\leqslant s.\end{cases}$$

进一步可得

$$\begin{aligned}&-s\leqslant\frac{\alpha s}{1-\alpha}\leqslant 0\leqslant G(t,s)\leqslant s, && \alpha<0,\\ &0\leqslant\min\left\{\frac{\alpha s}{1-\alpha},\ \frac{\alpha\eta}{1-\alpha}\right\}\leqslant G(t,s)\leqslant\frac{s}{1-\alpha}, && 0\leqslant\alpha<1,\\ &\min\left\{\frac{\alpha s}{1-\alpha},\ \frac{\alpha\eta}{1-\alpha}\right\}\leqslant 0\leqslant G(t,s)\leqslant s, && \alpha>1.\end{aligned}$$

从而命题成立.

引理 3.21　对所有的 $s \in [0, +\infty)$, 有

$$\lim_{t \to +\infty} G(t,s) = \overline{G}(s) := \frac{1}{1-\alpha} \begin{cases} s, & s \leqslant \eta, \\ \alpha(\eta - s) + s, & \eta \leqslant s. \end{cases}$$

3.3.2　空间与算子

考虑空间

$$X = \Big\{ x \in C^1[0, +\infty),\ \lim_{t \to +\infty} x(t) \text{ 存在},\ \lim_{t \to +\infty} x'(t) \text{ 存在} \Big\},$$

并在其上定义范数 $|x| = \max\{|x|_\infty, |x'|_\infty\}$, 那么 $(X, |\cdot|)$ 就构成一个 Banach 空间.

在空间 X 上定义算子 $T: X \times [0,1] \to X$ 为

$$T(x,\lambda)(t) = \lambda \int_0^{+\infty} G(t,s) f\big(s, x(s), x'(s)\big) ds, \tag{3.21}$$

其中 $0 \leqslant t < +\infty$. 显然 $T(x,\lambda)(0) = \alpha T(x,\lambda)(\eta)$. 由定理 3.18 可知, 算子 T 的不动点就是边值问题 (3.17) 的解. 下面讨论 T 的全连续性.

引理 3.22　假设 $f: [0,+\infty) \times \mathbb{R}^2 \to \mathbb{R}$ 是一个 IL-Carathéodory 函数, 那么对任意的 $\lambda \in [0,1]$, $T(\cdot, \lambda)$ 是一个全连续算子.

证明　首先验证 $T: X \times [0,1] \to X$ 有定义. 任取 $x \in X$, 那么存在 $r > 0$(此时 r 的大小与 x 有关), 使得 $|x| \leqslant r$. 对任意的 $\lambda \in [0,1]$, 有

$$\begin{aligned} T(x,\lambda)(t) &= \lambda \int_0^{+\infty} G(t,s) f(s, x(s), x'(s)) ds \\ &\leqslant \int_0^{+\infty} \big|G(t,s)\big| \psi_r(s) ds < +\infty, \quad t \in [0, +\infty). \end{aligned}$$

注意到 $G(t,s)$ 关于 t 是连续的, 由 Lebesgue 控制收敛定理, 对任意的 $t_1, t_2 \in [0, +\infty)$, 有

$$\begin{aligned} \big|T(x,\lambda)(t_1) - T(x,\lambda)(t_2)\big| &\leqslant \lambda \int_0^{+\infty} \big|G(t_1,s) - G(t_2,s)\big| \big|f(s, x(s), x'(s))\big| ds \\ &\leqslant \lambda \int_0^{+\infty} \big|G(t_1,s) - G(t_2,s)\big| \psi_r(s) ds \\ &\to 0, \quad \text{当 } t_1 \to t_2 \end{aligned}$$

和

$$\begin{aligned}|T(x,\lambda)'(t_1)-T(x,\lambda)'(t_2)| &\leqslant \lambda\int_{t_1}^{t_2}\left|f\big(s,x(s),x'(s)\big)\right|ds\\ &\leqslant \int_{t_1}^{t_2}\psi_r(s)ds\to 0,\quad 当\ t_1\to t_2\end{aligned}$$

成立. 所以 $T(x,\lambda)\in C^1[0,+\infty)$. 显然, $T(x,\lambda)(0)=\alpha T(x,\lambda)(\eta)$. 又

$$\begin{aligned}\lim_{t\to+\infty}T(x,\lambda)(t) &= \lim_{t\to+\infty}\int_0^{+\infty}G(t,s)f\big(s,x(s),x'(s)\big)ds\\ &= \int_0^{+\infty}\bar{G}(s)f(s,x(s),x'(s))ds,\\ \lim_{t\to+\infty}T(x,\lambda)'(t) &= \lim_{t\to+\infty}\int_t^{+\infty}f(s,x(s),x'(s))ds\\ &= 0,\end{aligned}$$

所以对任意的 $x\in X,\lambda\in[0,1]$, $T(x,\lambda)\in X$.

接下来讨论 $T(\cdot,\lambda)$ 的连续性. 从 X 中任取一收敛序列 $x_n\to x\in X(n\to+\infty)$. 易知存在常数 $r_0>0$(与序列有关), 使得 $\sup\limits_{n\in\mathbb{N}}|x_n|\leqslant r_0$. 因为 f 是一个 IL-Carathéodory 函数, 所以存在正函数 $\psi_{r_0}\in I\!L^1[0,+\infty)$, 使得

$$\begin{aligned}&\left|\int_0^{+\infty}\sup_{0\leqslant t<+\infty}\left|G(t,s)\right|\big(f(s,x_n(s),x_n'(s))-f(s,x(s),x'(s))\big)ds\right|\\ \leqslant{}& 2\int_0^{+\infty}\sup_{0\leqslant t<+\infty}\left|G(t,s)\right|\psi_{r_0}(s)ds<+\infty,\\ &\left|\int_0^{+\infty}\big(f(s,x_n(s),x_n'(s))-f(s,x(s),x'(s))\big)ds\right|\\ \leqslant{}& 2\int_0^{+\infty}\psi_{r_0}(s)ds<+\infty.\end{aligned}$$

由 Lebesgue 控制收敛定理, 对任意的 $\lambda\in[0,1]$, 有

$$\begin{aligned}&|T(x_n,\lambda)-T(x,\lambda)|_\infty\\ ={}&\sup_{0\leqslant t<+\infty}\left|\lambda\int_0^{+\infty}G(t,s)f(s,x_n(s),x_n'(s))-f(s,x(s),x'(s))ds\right|\\ \leqslant{}&\int_0^{+\infty}\sup_{0\leqslant t<+\infty}\left|G(t,s)\right|\left|f(s,x_n(s),x_n'(s))-f(s,x(s),x'(s))\right|ds\\ \to{}&0,\quad 当\ n\to+\infty\end{aligned}\tag{3.22}$$

和

$$\begin{aligned}
&|T(x_n,\lambda)'-T(x,\lambda)'|_\infty \\
=&\sup_{0\leqslant t<+\infty}\lambda\left|\int_t^{+\infty}f(s,x_n(s),x_n'(s))-f(s,x(s),x'(s))ds\right| \\
\leqslant&\int_0^{+\infty}\left|f(s,x_n(s),x_n'(s))-f(s,x(s),x'(s))\right|ds \\
\to&0,\quad n\to+\infty.
\end{aligned} \tag{3.23}$$

从而 $|T(x_n,\lambda)-T(x,\lambda)|\to 0(n\to+\infty)$, 即 $T(\cdot,\lambda)$ 是连续算子.

最后讨论 T 的紧性. 任取 X 中的有界集 B, 那么存在常数 $r_1>0$, 使得对任意的 $x\in B$ 都有 $|x|\leqslant r_1$. 类似讨论可知, 对任意的 $\lambda\in[0,1]$, 有 $T(B,\lambda)$ 是一致有界和等度连续的. 又由

$$\begin{aligned}
|T(x,\lambda)(t)-T(x,\lambda)(+\infty)|&=\left|\lambda\int_0^{+\infty}\left(G(t,s)-\overline{G}(s)\right)f(s,x(s),x'(s))ds\right| \\
&\leqslant\int_0^{+\infty}\left|G(t,s)-\overline{G}(s)\right|\varphi_{r_1}(s)ds \\
&\to 0(\text{与 } x \text{ 无关}),\quad \text{当 } t\to+\infty
\end{aligned}$$

和

$$\begin{aligned}
|T(x,\lambda)'(t)-T(x,\lambda)'(+\infty)|&=\left|\lambda\int_t^{+\infty}f(s,x(s),x'(s))ds\right| \\
&\leqslant\int_t^{+\infty}\left|\varphi_{r_1}(s)\right|ds \\
&\to 0(\text{与 } x \text{ 无关}),\quad \text{当 } t\to+\infty,
\end{aligned}$$

可知 $T(B,\lambda)$ 在无穷处等度收敛. 因此 $T(B,\lambda)$ 在 X 中列紧, 从而 $T(\cdot,\lambda)$ 是紧算子.

综上所述, 对任意的 $\lambda\in[0,1]$, $T(\cdot,\lambda):X\times[0,1]\to X$ 是全连续算子.

3.3.3 有界解的存在性

下面给出有界解的存在性结论, 为方便起见, 对于函数 $p,q,r\in I\!L^1[0,+\infty)$, 记

$$\begin{aligned}
&P=\int_0^{+\infty}|p(s)|ds,\quad Q=\int_0^{+\infty}|q(s)|ds,\quad R=\int_0^{+\infty}|r(s)|ds,\\
&P_1=\int_0^{+\infty}s|p(s)|ds,\quad Q_1=\int_0^{+\infty}s|q(s)|ds,\quad R_1=\int_0^{+\infty}s|r(s)|ds.
\end{aligned}$$

定理 3.23　假设 $f:[0,+\infty)\times\mathbb{R}^2\to\mathbb{R}$ 是一个 IL-Carathéodory 函数. 进一步假设下列条件成立.

(J_1) 存在非负函数 $p,\ q,\ r \in I\!\!L^1[0,+\infty)$, 使得

$$|f(t,u,v)| \leqslant p(t)|u| + q(t)|v| + r(t)$$

对几乎所有的 $t \in [0,+\infty)$ 和所有的 $u, v \in \mathbb{R}^2$ 都成立.

如果

$$\begin{aligned}
&\eta P + P_1 + Q < 1, && \alpha < 0,\\
&\frac{\alpha\eta}{1-\alpha}P + P_1 + Q < 1, && 0 \leqslant \alpha < 1,\\
&\max\left\{\frac{\alpha\eta}{\alpha-1}P + P_1 + Q,\ \frac{\alpha}{\alpha-1}P_1\right\} < 1, && \alpha > 1,
\end{aligned}$$

那么边值问题 (3.17) 至少存在一个有界解.

证明 对任意的 $x \in X$, $T(x,0) = 0$. 由定理 2.25 可知, 如果对任意的 $\lambda \in [0,1]$, $T(\cdot,\lambda)$ 在 X 中的所有不动点属于 X 中一个与 λ 无关的有界集中, 那么 $T(\cdot,1)$ 有不动点, 即为边值问题 (3.17) 的解.

下面就 $\alpha < 0$, $0 \leqslant \alpha < 1$ 和 $\alpha > 1$ 三种情况, 分别讨论 $T(\cdot,\lambda)$ 的不动点的先验界. 设 $x \in X$ 是 $T(\cdot,\lambda)$ 的不动点, 即 $x = T(x,\lambda)$. 由 $T(x,\lambda)(0) = \alpha T(x,\lambda)(\eta)$, 可知 $x(0) = \alpha x(\eta)$.

情况 1 $\alpha < 0$.

由 $x(0) = \alpha x(\eta)$ 可知 $x(0)x(\eta) \leqslant 0$, 所以存在 $t_0 \in [0,\eta]$ 使得 $x(t_0) = 0$. 进而

$$|x(t)| = \left|\int_{t_0}^{t} x'(s)ds\right| \leqslant (t+\eta)|x'|_\infty, \quad t \in [0,+\infty).$$

又因为

$$\begin{aligned}
|x'(t)| &= \left|\lambda \int_t^{+\infty} f\big(s, x(s), x'(s)\big)ds\right|\\
&\leqslant \int_0^{+\infty} \big(p(s)|x(s)| + q(s)|x'(s)| + r(s)\big)ds\\
&\leqslant (\eta P + P_1 + Q)\,|x'|_\infty + R, \quad t \in [0,+\infty),
\end{aligned}$$

所以

$$|x'|_\infty \leqslant \frac{R}{1-\eta P - P_1 - Q} := M_1'.$$

与此同时, 由

$$\begin{aligned}|x(t)| &= \lambda\left|\int_0^{+\infty} G(t,s)f(s,x(s),x'(s))ds\right| \\ &\leqslant \int_0^{+\infty}\left|sf\big(s,x(s),x'(s)\big)\right|ds \\ &\leqslant \int_0^{+\infty}\big(sp(s)|x(s)|+sq(s)|x'(s)|+sr(s)\big)ds \\ &\leqslant P_1|x|_\infty + Q_1M_1' + R_1, \quad t\in[0,+\infty),\end{aligned}$$

可推出

$$|x|_\infty \leqslant \frac{Q_1M_1'+R_1}{1-P_1} := M_1.$$

令 $M=\max\{M_1',\ M_1\}$. 显然 M 与 λ 无关且 $T(\cdot,\lambda)$ 在 X 中的所有不动点都在有界集 $\{x\in X:|x|\leqslant M\}$ 中.

情况 2　$0\leqslant\alpha<1$.

由 $x(0)=\alpha x(\eta)$, 有

$$|x(t)| = \left|\alpha x(\eta)+\int_0^t x'(s)ds\right| \leqslant \alpha|x(\eta)|+t|x'|_\infty, \quad t\in[0,+\infty),$$

在上式中取 $t=\eta$, 则有

$$|x(\eta)|\leqslant\frac{\eta}{1-\alpha}|x'|_\infty.$$

从而

$$|x(t)|\leqslant\left(\frac{\alpha\eta}{1-\alpha}+t\right)|x'|_\infty, \quad t\in[0,+\infty).$$

和情况 1 类似推导, 可得

$$\begin{aligned}|x'|_\infty &\leqslant \frac{(1-\alpha)R}{(1-\alpha)(1-P_1-Q)-\alpha\eta P} := M_2', \\ |x|_\infty &\leqslant \frac{Q_1M_2'+R_1}{1-\alpha-P_1} := M_2.\end{aligned}$$

令 $M=\max\{M_2',\ M_2\}$, 则 M 就是算子 $T(\cdot,\lambda)$ 在 X 中不动点的先验界.

情况 3　$\alpha>1$.

因为

$$|x(t)| = \left|x(\eta)+\int_\eta^t x'(s)ds\right| \leqslant \frac{1}{\alpha}|x(0)|+|t-\eta||x'|_\infty, \quad t\in[0,+\infty),$$

所以, 由

$$x(0)\leqslant\frac{\alpha\eta}{\alpha-1}|x'|_\infty,$$

可得

$$|x(t)| \leqslant \left(\frac{\eta}{\alpha-1}+t\right)|x'|_\infty, \qquad t\in[0,+\infty).$$

同理, 有

$$|x'|_\infty \leqslant \frac{(\alpha-1)R}{(\alpha-1)\big(1-P_1-Q\big)-\alpha\eta P} := M_3',$$

$$|x|_\infty \leqslant \max\left\{\frac{\alpha(Q_1M_3'+R_1)}{\alpha-1-\alpha P_1},\ \frac{\eta(QM_3'+R)}{\alpha-1-\eta P}\right\} := M_3.$$

令 $M=\max\{M_3',\ M_3\}$, 则 M 就是算子 $T(\cdot,\lambda)$ 在 X 中不动点的先验界.

综上所述, $T(\cdot,\lambda)$ 的不动点关于 λ 构成连续统, 所以 $T(\cdot,1)$ 在 X 中有不动点, 边值问题 (3.17) 在 X 中至少存在一个解.

3.3.4 无界解的存在性

在上面的讨论中, Banach 空间 X 的范数要求函数有上确界, 故可解性限定于有界解的情况. 如果重新考虑空间 X 中函数的性质, 也可以在较弱的条件下得到可解性, 即允许无界解的存在性.

考虑空间

$$X'=\left\{x\in C^1[0,+\infty),\ \lim_{t\to+\infty}x'(t)\ \text{存在}\right\},$$

并且在其上定义范数 $|x|'=\max\{|x|_1,\ |x'|_\infty\}$, 其中 $|x|_1=\sup\limits_{0\leqslant t<+\infty}\dfrac{|x(t)|}{1+t}$, 那么 $(X',|\cdot|')$ 就构成一个 Banach 空间.

定理 3.24 假设 $f:[0,+\infty)\times\mathbb{R}^2\to\mathbb{R}$ 是一个 L-Carathéodory 函数. 进一步假设

(J_2) 存在非负函数 $p\in I\!L^1[0,+\infty), q,\ r\in L^1[0,+\infty)$, 使得

$$|f(t,u,v)|\leqslant p(t)|u|+q(t)|v|+r(t)$$

对几乎所有的 $t\in[0,+\infty)$ 和所有的 $(u,v)\in\mathbb{R}^2$ 成立.

如果 $A_\alpha P+P_1+Q<1$, 那么边值问题 (3.17) 至少存在一个解, 其中

$$A_\alpha=\begin{cases}\max\{\eta,1\}, & \alpha<0,\\ \max\left\{\dfrac{\alpha\eta}{1-\alpha},1\right\}, & 0\leqslant\alpha<1,\\ \max\left\{\dfrac{\alpha\eta}{\alpha-1},1\right\}, & \alpha>1.\end{cases}$$

证明 在空间 X' 上同样定义算子 T 如 (3.21). 如果 x 是 $T(\cdot,\lambda)$ 的不动点, 那么 $x(0)=\alpha x(\eta)$, 可得 $|x|\leqslant A_\alpha|x'|_\infty$. 其余类似定理 3.23 的证明, 可以得到该结论. 证毕.

3.3.5 例子

例 3.2 考虑二阶非线性常微分方程三点边值问题

$$\begin{cases} x''+S(x')^{\beta}e^{-\gamma t}=0, \quad 0<t<+\infty, \\ x(0)=\dfrac{l-Se^{-\frac{\gamma\eta}{1-\beta}}}{l-1}x(\eta), \quad x'(+\infty)=0, \end{cases} \tag{3.24}$$

其中, $0\leqslant\beta<1$, $\gamma>1$, $l\in R$, $S=1$ 或者 -1.

当 $S=1$ 时, $\alpha=(l-e^{-\frac{\gamma\eta}{1-\beta}})x(\eta)/(l-1)<1$. 利用定理 3.23, 取 $p(t)=0$, $q(t)=r(t)=e^{-\gamma t}$. 显然 $Q=\displaystyle\int_0^{+\infty}e^{-\gamma s}ds=1/\gamma<1$, 所以 (3.24) 至少有一个有界解.

当 $S=-1$, $\alpha=(l+e^{-\frac{\gamma\eta}{1-\beta}})x(\eta)/(l-1)>1$, 取 $p(t)=0$, $q(t)=r(t)=e^{-\gamma t}$, 同样可知边值问题 (3.24) 有一个有界解.

例 3.3 考虑二阶非线性常微分方程三点边值问题

$$\begin{cases} x''(t)+(1+t)^{-\frac{3}{2}}\left(\dfrac{2}{\pi}\arctan(x'(t))\right)+e^{-3t}\big(\mathrm{sgn}(x(t))\big)=0, \\ x(0)=\dfrac{1}{2}x(1), \quad x'(+\infty)=0. \end{cases}$$

显然 $\alpha=\dfrac{1}{2}$, $\eta=1$, $A_{\alpha}=1$. 取 $p(t)=0$, $q(t)=(1+t)^{-\frac{3}{2}}$, $r(t)=e^{-3t}$, 则 $P=P_1=0$, $Q=\dfrac{1}{2}$. 从而由定理 3.24 可知, 如上边值问题至少存在一个解.

第 4 章　迭合度理论与共振边值问题

对于非线性微分方程共振边值问题, 特别是多点共振边值问题, 可以用迭合度或称重合度理论来讨论, 常用的工具是 Mawhin 连续性定理. 本章讨论无穷共振边值问题和具有 p-Laplace 算子的共振边值问题.

4.1　二阶微分方程三点无穷边值问题

考虑半无穷区间上二阶常微分方程三点边值问题

$$\begin{cases} x''(t) = f\big(t, x(t), x'(t)\big), \quad 0 < t < +\infty, \\ x(0) = x(\eta), \quad x'(+\infty) = 0, \end{cases} \tag{4.1}$$

其中, $\eta \in (0, +\infty)$ 是任一常数, $f : [0, +\infty) \times \mathbb{R}^2 \to \mathbb{R}$ 是连续函数.

当边值问题 (4.1) 中微分方程右端项 f 不显含 x, x', 它就是线性模型, 其可解性结论在定理 3.19 中给出. 本节讨论非线性常微分方程边值问题, 包括解的存在性和唯一性问题.

4.1.1　空间与算子

考虑函数空间

$$X = \left\{ x \in C^1[0, +\infty) : \sup_{0 \leqslant t < +\infty} |x(t)| < +\infty, \ \lim_{t \to +\infty} x'(t) \text{ 存在} \right\},$$

$$Y = \left\{ y \in C[0, +\infty) : y \in I\!L^1[0, +\infty) \right\}.$$

并分别赋予范数 $|x|_X = \max\left\{|x|_\infty, \ |x'|_\infty\right\}$ 和 $|y|_Y = \max\left\{|y|_\infty, \ |y|_{L^1}, \ |y|_2\right\}$, 其中 $|x|_\infty = \sup\limits_{0 \leqslant t < +\infty} |x(t)|$, $|y|_{L^1} = \displaystyle\int_0^{+\infty} |y(s)| ds$, $|y|_2 = \displaystyle\int_0^{+\infty} s|y(s)| ds$, 那么 $(X, |\cdot|_X)$ 和 $(Y, |\cdot|_Y)$ 就都是 Banach 空间.

在空间 X 上定义线性算子 $L : \mathrm{dom} L \cap X \to Y$ 为

$$(Lx)(t) = x''(t), \quad t \in [0, +\infty) \tag{4.2}$$

和非线性算子 $N : X \to Y$ 为

$$(Nx)(t) = f\big(t, x(t), x'(t)\big), \quad t \in [0, +\infty), \tag{4.3}$$

其中 $\mathrm{dom}L=\{x\in X\cap C^2(0,+\infty),\ x(0)=x(\eta),\ x'(+\infty)=0\}$.

引理 4.1　对于 (4.2) 式定义的线性算子 L, 下列结论成立.

$$\mathrm{Ker}L=\{x\in X:x(t)=c\in\mathbb{R},\ t\in[0,+\infty)\},$$

$$\mathrm{Im}L=\left\{y\in Y:\int_0^{+\infty}G(s,\eta)y(s)ds=0\right\},$$

其中

$$G(t,s)=\begin{cases}t, & 0\leqslant t\leqslant s,\\ s, & s\leqslant t<+\infty.\end{cases}\tag{4.4}$$

证明　容易验证 Ker$L$ 的表达式成立. 下面讨论算子 L 的相空间. 为方便起见, 记 $A=\left\{y\in Y:\int_0^{+\infty}G(s,\eta)y(s)ds=0\right\}$.

一方面, 任取 $y\in\mathrm{Im}L$, 则存在 $x\in\mathrm{dom}L$ 使得 $x''=y$. 在这个方程两边分别关于函数从 t 到 $+\infty$ 作变下限积分, 注意到 $x'(+\infty)=0$, 有

$$x'(t)=-\int_t^{+\infty}y(s)ds.$$

再在上式两边分别关于函数从 0 到 t 积分, 得

$$x(t)=x(0)-\int_0^t\int_\tau^{+\infty}y(s)dsd\tau=x(0)-\int_0^t sy(s)ds-t\int_t^{+\infty}y(s)ds,$$

由 $x(0)=x(\eta)$, 故

$$\int_0^\eta sy(s)ds+\eta\int_\eta^{+\infty}y(s)ds=0,$$

从而 $y\in A$. 由 y 的任意性, 可知 $\mathrm{Im}L\subset A$.

另一方面, 任取 $y\in A$, 令

$$x(t)=c-\int_0^t sy(s)ds-t\int_t^{+\infty}y(s)ds,\quad c\in\mathbb{R},$$

那么 $x\in\mathrm{dom}L$ 且 $x''=y$, 故 $y\in\mathrm{Im}L$, 即 $A\subset\mathrm{Im}L$. 引理得证.

由引理 4.1 的结论, 在 X 和 Y 空间上分别定义投影算子 P 和 Q 为

$$P:X\to\mathrm{Ker}L,\quad (Px)(t)=x(0),\tag{4.5}$$

$$Q:Y\to Y\setminus\mathrm{Im}L,\quad (Qy)(t)=\omega(t)\int_0^{+\infty}G(s,\eta)y(s)ds,\tag{4.6}$$

其中, $\omega(t)=e^{-t}/(1-e^{-\eta})$, $t\in[0,+\infty)$. 显然 $\omega(t)$ 在 $[0,+\infty)$ 非负, 可积, 有界, 且 $\int_0^{+\infty} s\omega(s)ds<+\infty$.

容易验证 $X=\mathrm{Ker}L\oplus\mathrm{Ker}P$, 即对任意的 $x\in X$, 它有直和分解 $x(t)=\rho+x_1(t)$, 其中 $\rho\in\mathbb{R}$ 和 $x_1\in\mathrm{Ker}P$.

下面验证 $Y=\mathrm{Im}L\oplus\mathrm{Im}Q$. 首先证明 $\mathrm{Im}L\cap\mathrm{Im}Q=\{0\}$. 事实上, 任取 $z\in\mathrm{Im}L\cap\mathrm{Im}Q$, 由 $z\in\mathrm{Im}L$, 可知

$$\int_0^{+\infty} G(s,\eta)z(s)ds=0.$$

由 $z\in\mathrm{Im}Q$, 可知存在 $y\in Y$ 使得 $(Qy)(t)=z(t)$. 进一步

$$\begin{aligned}0=\int_0^{+\infty} G(s,\eta)z(s)ds&=\int_0^{+\infty} G(s,\eta)(Qy)(s)ds\\&=\int_0^{+\infty} G(s,\eta)\omega(s)\int_0^{+\infty} G(\tau,\eta)y(\tau)d\tau ds\\&=\int_0^{+\infty} G(s,\eta)\omega(s)ds\int_0^{+\infty} G(\tau,\eta)y(\tau)d\tau\\&=\int_0^{+\infty} G(\tau,\eta)y(\tau)d\tau,\end{aligned}$$

因此 $Qy=0$, 即 $z=0$. 其次, 对任意的 $y\in Y$, 记 $y_1=y-Qy$, 那么 $y_1\in Y$ 且

$$\int_0^{+\infty} G(s,\eta)y_1(s)ds=\left(1-\int_0^{+\infty} G(s,\eta)\omega(s)ds\right)\int_0^{+\infty} G(s,\eta)y(s)ds=0,$$

从而 $Y=\mathrm{Im}L\oplus\mathrm{Im}Q$ 成立.

注 4.1 定义投影算子 P 和 Q 的目的是将算子 L 的定义域和值域分别从空间 X 和 Y 中直和分解出来, 形成新的子空间. 算子 P 和 Q 的定义不唯一. 以算子 Q 为例, 也可以取正函数 $\omega\in Y$ 使得 $\int_0^{+\infty} G(s)\omega(s)ds=1$.

显然 $\dim\mathrm{Ker}L=\dim\mathrm{Im}Q=1$, 这样我们有下面的引理.

引理 4.2 L 是一个指标为 0 的 Fredholm 算子.

线性算子 L 是不可逆的, 但如果限定算子 L 的定义域为 $\mathrm{dom}L\cap\mathrm{Ker}P$, 值域为 $\mathrm{Im}L$, 即 $L|_{\mathrm{dom}L\cap\mathrm{Ker}P}:\mathrm{dom}L\cap\mathrm{Ker}P\to\mathrm{Im}L$, 则它是可逆的, 不妨记其逆为 K_P, 直接计算可得

$$(K_Py)(t)=-\int_0^{+\infty} G(t,s)y(s)ds,\quad t\in[0,+\infty),$$

其中 $y \in \mathrm{Im}L$, $G(t,s)$ 如 (4.4) 定义. 因此, 算子方程 $Lx = Nx$ 等价于

$$\begin{cases} x = Px + K_P(I-Q)Nx, \\ JQNx = 0, \end{cases}$$

其中, $J : \mathrm{Im}Q \to \mathrm{Ker}L$ 是一个同构映射.

引理 4.3　假设 f 是一个 $\mathbb{L}$-Carathéodory 函数, 那么 N 是 L-紧的.

证明　如果 QN 和 $K_P(I-Q)N$ 都是紧的, 那么 N 是 L-紧的. 任取 X 中的有界集 B, 那么存在 $r > 0$, 使得对任意的 $x \in B$ 都有 $|x|_X \leqslant r$. 因为 f 是一个 $\mathbb{L}$-Carathéodory 函数, 故存在可积函数 $\psi_r \in \mathbb{L}^1[0, +\infty)$, 使得

$$|f(t, x(t), x'(t))| \leqslant \psi_r(t), \quad \text{a.e. } t \in [0, +\infty).$$

首先证明 $QN(B)$ 列紧. 事实上, 由

$$\begin{aligned} |QNx|_\infty &= \sup_{0 \leqslant t < +\infty} \left| \omega(t) \int_0^{+\infty} G(s,\eta) f(s, x(s), x'(s)) ds \right| \\ &\leqslant \sup_{0 \leqslant t < +\infty} |\omega(t)| \cdot \int_0^{+\infty} s\psi_r(s) ds \\ &\leqslant |\omega|_\infty |\psi_r|_2 < +\infty, \\ |QNx|_{L^1} &= \int_0^{+\infty} \left| \omega(\tau) \int_0^{+\infty} G(s,\eta) f(s, x(s), x'(s)) ds \right| d\tau \\ &\leqslant |\omega|_{L^1} |\psi_r|_2 < +\infty, \\ |QNx|_2 &= \int_0^{+\infty} \left| \tau\omega(\tau) \int_0^{+\infty} G(s,\eta) f(s, x(s), x'(s)) ds \right| d\tau \\ &\leqslant |\omega|_2 |\psi_r|_2 < +\infty, \end{aligned}$$

可知 $QN(B)$ 一致有界. 注意到 $\mathrm{Im}Q \simeq \mathbb{R}$ 是 Y 中的一维子空间, 可以得到 $QN(B)$ 列紧, 所以 QN 是紧算子.

下面证明 $K_P(I-Q)N(B)$ 列紧. 为方便起见记 $N^* = K_P(I-Q)N$. 首先, 对于任意的 $x \in B$ 时, 有

$$\begin{aligned} (N^*x)(t) = &-\int_0^{+\infty} G(t,s) f(s, x(s), x'(s)) ds \\ &+ \int_0^{+\infty} G(t,s)\omega(t) \int_0^{+\infty} G(\tau,\eta) f(\tau, x(\tau), x'(\tau)) d\tau ds. \end{aligned}$$

从而

$$\begin{aligned} |(N^*x)(t)| &\leqslant \int_0^{+\infty} s\psi_r(s) ds + \int_0^{+\infty} s\omega(s) ds \cdot \int_0^{+\infty} \tau\psi_r(\tau) d\tau \\ &= |\psi_r|_2 (1 + |\omega|_2) < +\infty \end{aligned}$$

和

$$
\begin{aligned}
|(N^*x)'(t)| &\leqslant \int_0^{+\infty} \psi_r(s)ds + \int_0^{+\infty} \omega(s)ds \cdot \int_0^{+\infty} \tau\psi_r(\tau)d\tau \\
&= |\psi_r|_{L_1} + |\omega|_{L_1}|\psi_r|_2 < +\infty,
\end{aligned}
$$

即 $N^*(B)$ 一致有界. 其次, 利用 $G(t,s)$ 的连续性, 对任意的 $T>0$, 当 $t_1,t_2\in[0,T]$ 时, 有

$$
\begin{aligned}
&\big|(N^*x)(t_1) - (N^*x)(t_2)\big| \\
&\leqslant \int_0^{+\infty} \big|G(t_1,s) - G(t_2,s)\big|\big(\psi_r(s) + \omega(s)|\psi_r|_2\big)ds \\
&\to 0(\text{与 } x \text{ 无关}), \quad \text{当 } t_1 \to t_2
\end{aligned}
$$

和

$$
\begin{aligned}
\big|(N^*x)'(t_1) - (N^*x)'(t_2)\big| &\leqslant \int_{t_1}^{t_2} (\psi_r(s) + \omega(s)|\psi_r|_2)ds \\
&\to 0(\text{与 } x \text{ 无关}), \quad \text{当 } t_1 \to t_2.
\end{aligned}
$$

故 $N^*(B)$ 在 $[0,+\infty)$ 的任意紧子集上等度连续. 最后, 证明 $N^*(B)$ 在无穷处等度收敛. 事实上

$$
\begin{aligned}
&\big|(N^*x)(t) - (N^*x)(+\infty)\big| \\
=&\bigg|\int_0^{+\infty} \big(G(t,s) - s\big)f\big(s,x(s),x'(s)\big)ds \\
&- \int_0^{+\infty} \big(G(t,s) - s\big)\omega(s)\int_0^{+\infty} G(\tau)f\big(\tau,x(\tau),x'(\tau)\big)d\tau ds\bigg| \\
\leqslant& \int_0^{+\infty} \big(s - G(t,s)\big)\big(\psi_r(s) + \omega(s)|\psi_r|_2\big)ds \\
\to& 0(\text{与 } x \text{ 无关}), \quad \text{当 } t \to +\infty
\end{aligned}
$$

和

$$
\begin{aligned}
&\big|(N^*x)'(t) - (N^*x)'(+\infty)\big| \\
=&\left|\int_t^{+\infty} \left(f\big(s,x(s),x'(s)\big) - \omega(s)\int_0^{+\infty} G(\tau)f\big(\tau,x(\tau),x'(\tau)\big)d\tau\right)ds\right| \\
\leqslant& \int_t^{+\infty} \big(\psi_r(s) + \omega(s)|\psi_r|_2\big)ds \\
\to& 0(\text{与 } x \text{ 无关}), \quad \text{当 } t \to +\infty
\end{aligned}
$$

成立. 所以由推广的 Arzelá-Ascoli 定理, 可知 $N^*(B)$ 列紧. 到此可知 N 是 L-紧的. 证毕.

4.1.2　解的存在性

对于非负函数 p, q, $r \in I\!L^1[0,+\infty)$, 继续沿用 3.3.3 小节中 P, Q, R 和 P_1, Q_1, R_1 的记号.

定理 4.4　假设 $f:[0,+\infty)\times\mathbb{R}^2\to\mathbb{R}$ 是 IL-Carathéodory 函数. 如果下列条件成立:

(K_1) 存在非负函数 p, q, $r\in I\!L^1[0,+\infty)$ 使得

$$|f(t,u,v)|\leqslant p(t)|u|+q(t)|v|+r(t)$$

对几乎所有的 $t\in[0,+\infty)$ 和所有的 $u,v\in\mathbb{R}^2$ 成立.

(K_2) 存在 $\beta>0$, 使得

$$\sup_{u,v\in\mathbb{R}^2}\inf\big\{t\in[0,+\infty):f(t,u,v)=0\big\}\leqslant\beta,$$

其中, $\inf\varnothing=0$.

(K_3) 存在 B_1, $l>0$, m, $n\geqslant 0$, 使得当 $|u|>B_1$ 时, 有

$$|f(t,u,v)|\geqslant l|u|-m|v|-n$$

对所有的 $t\in[0,\beta]$ 和 $v\in\mathbb{R}$ 成立.

(K_4) 存在 $B_2>0$, 使得当 $|u|>B_2$ 时,

$$\text{要么 } uf(t,u,0)\leqslant 0,\ \text{要么 } uf(t,u,0)\geqslant 0,\quad t\in[0,+\infty).$$

那么当 $\alpha<1$ 时, 边值问题 (4.1) 至少有一个解, 其中

$$\alpha=\left(\frac{m}{l}+\beta\right)P+P_1+Q. \tag{4.7}$$

证明　空间 X,Y 以及算子 L,N,P,Q 如 (4.2),(4.3),(4.5),(4.6) 定义. 由前面的讨论可知, 边值问题 (4.1) 的可解性等价于算子方程 $Lx=Nx$ 的可解性. 下面利用 Mawhin 连续性定理来证明算子方程 $Lx=Nx$ 有解, 分为四步来进行.

第一步　集合 $\Omega_1=\big\{x\in\mathrm{dom}L\backslash\mathrm{Ker}L:\ Lx=\lambda Nx,\ \lambda\in[0,1]\big\}$ 有界.

因为 x 是 $Lx=\lambda Nx$ 的解当且仅当 x 满足

$$\begin{cases}x=Px+\lambda K_p(I-Q)Nx,\\ JQNx=0.\end{cases}$$

上式等价于

$$x(t)=x(0)-\lambda\int_0^{+\infty}G(t,s)f(s,x(s),x'(s))ds. \tag{4.8}$$

如果 $x \in \Omega_1$, 那么 $\lambda \neq 0$ 且 $QNx = 0$, 即

$$\omega(t)\int_0^{+\infty} G(s,\eta)f\big(s,x(s),x'(s)\big)ds = 0.$$

因为 $\omega(t) > 0$, 且函数 f 连续, 所以存在 $\xi \in [0,+\infty)$, 使得

$$f\big(\xi,x(\xi),x'(\xi)\big) = 0, \quad f\big(t,x(t),x'(t)\big) \neq 0, \quad t \in [0,\xi).$$

由条件 (K_2) 可得 $\xi \leqslant \beta$. 由条件 (K_3) 可知, 如果 $\big|x(\xi)\big| > B_1$, 那么

$$0 = \big|f\big(\xi,x(\xi),x'(\xi)\big)\big| \geqslant l\big|x(\xi)\big| - m\big|x'(\xi)\big| - n.$$

因此

$$\big|x(\xi)\big| \leqslant \max\left\{B_1, \frac{m}{l}|x'|_\infty + \frac{n}{l}\right\}.$$

进一步, 对任意的 $t \in [0,+\infty)$, 有

$$\begin{aligned}\big|x(t)\big| &\leqslant \big|x(\xi)\big| + \left|\int_\xi^t x'(s)ds\right| \\ &\leqslant \max\left\{B_1, \frac{m}{l}|x'|_\infty + \frac{n}{l}\right\} + (\beta+t)|x'|_\infty.\end{aligned} \tag{4.9}$$

一方面, 在等式 (4.8) 两边求导, 则由

$$\begin{aligned}|x'|_\infty &= \sup_{0\leqslant t<+\infty}\left|-\lambda\int_t^{+\infty} f\big(s,x(s),x'(s)\big)ds\right| \\ &\leqslant \int_0^{+\infty}\big|f\big(s,x(s),x'(s)\big)\big|ds \\ &\leqslant \int_0^{+\infty}\big(p(s)|x(s)| + q(s)|x'(s)| + r(s)\big)ds \\ &\leqslant \int_0^{+\infty} p(s)\left[\max\left\{B_1, \frac{m}{l}|x'|_\infty + \frac{n}{l}\right\} + (\beta+t)|x'|_\infty\right]ds \\ &\quad + \int_0^{+\infty}\big(q(s)|x'|_\infty + r(s)\big)ds \\ &\leqslant \alpha|x'|_\infty + \left(B_1 + \frac{n}{l}\right)P + R,\end{aligned}$$

可推出

$$|x'|_\infty \leqslant \frac{\left(B_1 + \dfrac{n}{l}\right)P + R}{1-\alpha} := M_1.$$

另一方面, 由 (4.8) 式, 有

$$
\begin{aligned}
|x|_\infty &= \sup_{0\leqslant t<+\infty}\left|x(0)-\lambda\int_0^{+\infty}G(t,s)f\big(s,x(s),x'(s)\big)ds\right| \\
&\leqslant \big|x(0)\big| + \int_0^{+\infty}\big|sf\big(s,x(s),x'(s)\big)\big|ds \\
&\leqslant \big|x(\xi)\big| + \left|\int_0^{\xi}x'(s)ds\right| + \int_0^{+\infty}s\big(p(s)|x(s)|+q(s)|x'(s)|+r(s)\big)ds \\
&\leqslant P_1|x|_\infty + \left(\frac{m}{l}+\beta+Q_1\right)|x'|_\infty + B_1 + \frac{n}{l} + R_1,
\end{aligned}
$$

所以

$$
|x|_\infty \leqslant \frac{\left(\dfrac{m}{l}+\beta+Q_1\right)M_1+B_1+n/l+R_1}{1-P_1} := M_2.
$$

总之, $|x|_X\leqslant\max\{M_1,M_2\}:=M$, 即 Ω_1 是有界的.

第二步　集合 $\Omega_2=\{x\in\mathrm{Ker}L,\ Nx\in\mathrm{Im}L\}$ 有界.

假设 $x\in\Omega_2$, 那么 $x(t)=\rho,\ \rho\in\mathbb{R}$. 由 $Nx\in\mathrm{Im}L$, 得

$$
\int_0^{+\infty}G(s,\eta)f(s,\rho,0)=0.
$$

和第一步相似讨论可知 $|\rho|\leqslant\max\left\{B_1,\dfrac{n}{l}\right\}$. 因此 $|x|_X=|\rho|\leqslant\max\left\{B_1,\dfrac{n}{l}\right\}$, 即 Ω_2 是有界的.

第三步　令 $\Omega_3^{(i)}=\{x\in\mathrm{Ker}L,\ (-1)^i\lambda x+(1-\lambda)JQNx=0,\ \lambda\in[0,1]\}$, $i=1,2$. 定义同构映射 $J:\mathrm{Im}Q\to\mathrm{Ker}L$ 为

$$
J(c\omega(t))=c,\quad \forall c\in\mathbb{R}. \tag{4.10}
$$

可证明当条件 (K_4) 的前半部分成立时, $\Omega_3^{(1)}$ 有界; 当条件 (K_4) 的后半部分成立时, $\Omega_3^{(2)}$ 有界.

如果条件 (K_4) 的前半部分成立, 取 $x\in\Omega_3^{(1)}$, 那么 $x(t)=\rho,\ \rho\in\mathbb{R}$ 且

$$
\lambda\rho=(1-\lambda)\int_0^{+\infty}G(s,\eta)f(s,\rho,0)ds.
$$

如果 $\lambda=0$, 那么 $|\rho|\leqslant\max\left\{B_1,\dfrac{n}{l}\right\}$. 如果 $\lambda\in(0,1]$, 一定有 $|\rho|\leqslant B_2$, 否则

$$
\lambda\rho^2=(1-\lambda)\int_0^{+\infty}G(s,\eta)\rho f(s,\rho,0)ds\leqslant 0,
$$

这是一个矛盾. 总之对任意的 $\lambda \in [0,1]$ 都有 $|\rho| \leqslant \max\left\{B_1, \dfrac{n}{l}, B_2\right\}$, 所以 $\Omega_3^{(1)}$ 是有界的.

如果条件 (K_4) 的后半部分成立, 同理可证 $\Omega_3^{(2)}$ 有界.

第四步 边值问题 (4.1) 至少有一个解.

令

$$\Omega = \left\{x \in X,\ |x|_X < \max\left\{M,\ \frac{n}{l},\ B_1,\ B_2\right\} + 1\right\}.$$

由前三步的结论可知, $\Omega_1 \cup \Omega_2 \cup \Omega_3^{(1)} \left(\cup\, \Omega_3^{(2)}\right) \subset \Omega$. 所以, 有

(1) 对任意的 $(x,\lambda) \in (\mathrm{dom}L \backslash \mathrm{Ker}L) \cap \partial\Omega \times (0,1)$, $Lx \neq \lambda Nx$.

(2) 对任意的 $x \in \mathrm{Ker}L \cap \partial\Omega$, $Nx \notin \mathrm{Im}L$.

考虑同伦映射 $H_i : \overline{\Omega} \cap \mathrm{Ker}L \times [0,1] \to X$ 为

$$H_i(x,\lambda) = (-1)^i \lambda x + (1-\lambda) JQNx, \quad i = 1 \text{ 或 } 2.$$

由第三步可知, 对任意的 $x \in \mathrm{Ker}L \cap \partial\Omega$, $H_i(x,\cdot) \neq 0$, 由同伦不变性, 得

$$\begin{aligned}
&\deg(JQN|_{\overline{\Omega}\cap \mathrm{Ker}L},\ \Omega \cap \mathrm{Ker}L,\ 0) = \deg(H_i(\cdot,0),\ \Omega \cap \mathrm{Ker}L,\ 0) \\
&= \deg(H_i(\cdot,1),\ \Omega \cap \mathrm{Ker}L,\ 0) = \deg((-1)^i I,\ \Omega \cap \mathrm{Ker}L,\ 0) \neq 0.
\end{aligned}$$

即 Mawhin 连续性定理中的条件 (3) 成立. 从而算子方程 $Lx = Nx$ 在 $\mathrm{dom}L \cap \overline{\Omega}$ 中至少有一个解, 它就是边值问题 (4.1) 的解. 定理证毕.

4.1.3 解的唯一性

定理 4.5 假设 f 是一个 $\mathbb{L}$-Carathéodory 函数, 条件 (K_2) 和 (K_4) 成立. 进一步假设下列条件成立:

(K_5) 存在非负函数 $p,\ q \in \mathbb{L}^1[0,+\infty)$, 使得

$$\left|f(t,u_1,v_1) - f(t,u_2,v_2)\right| \leqslant p(t)|u_1 - u_2| + q(t)|v_1 - v_2|$$

对几乎所有的 $t \in [0,+\infty)$ 和所有的 $(u_i,v_i) \in \mathbb{R}^2$, $i = 1,2$ 成立.

(K_6) 存在 $\beta_1 > 0$, 使得

$$\sup_{\substack{u_i, v_i \in \mathbb{R}^2 \\ i=1,2}} \inf\left\{t \in [0,+\infty) : f(t,u_1,v_1) - f(t,u_2,v_2) = 0\right\} \leqslant \beta_1.$$

(K_7) 存在 $l > 0$, $m \geqslant 0$ 使得

$$\left|f(t,u_1,v_1) - f(t,u_2,v_2)\right| \geqslant l|u_1 - u_2| - m|v_1 - v_2|$$

对所有的 $t \in \left[0, \max\{\beta,\beta_1\}\right]$ 和 $u_1, v_1, u_2, v_2 \in \mathbb{R}$ 成立.

那么当 $\alpha<1$ 且 $\alpha_1<1$ 时, 边值问题 (4.1) 有唯一的解, 其中 α 如 (4.7) 定义,

$$\alpha_1=\left(\frac{m}{l}+\beta_1\right)P+P_1+Q.$$

证明 因为 f 是一个 IL-Carathéodory 函数, 所以 $r(t)=|f(t,0,0)|\in Y$. 由条件 (K_5) 可知有

$$\begin{aligned}\big|f(t,u,v)\big|&\leqslant\big|f(t,u,v)-f(t,0,0)\big|+\big|f(t,0,0)\big|\\&\leqslant p(t)|u|+q(t)|v|+r(t)\end{aligned}$$

对几乎所有的 $t\in[0,+\infty)$ 和所有的 $(u,v)\in\mathbb{R}^2$ 成立. 所以条件 (K_1) 成立. 同理, 由条件 (K_7), 可得

$$\begin{aligned}\big|f(t,u,v)\big|&\geqslant\big|f(t,u,v)-f(t,0,0)\big|-\big|f(t,0,0)\big|\\&\geqslant l|u|-m|v|-n,\end{aligned}$$

其中 $n=\max\limits_{0\leqslant t\leqslant\max\{\beta,\beta_1\}}|f(t,0,0)|$, 条件 (K_3) 成立. 由定理 4.4 可知边值问题 (4.1) 至少存在一个解.

下面讨论解的唯一性. 设 x_1, $x_2\in X$ 是边值问题 (4.1) 的两个解. 记 $x=x_1-x_2$, 那么

$$x(t)=x(0)-\int_0^{+\infty}G(t,s)\Big(f\big(s,x_1(s),x_1'(s)\big)-f\big(s,x_2(s),x_2'(s)\big)\Big)ds.$$

由 $x(0)=x(\eta)$, 可知

$$\int_0^{+\infty}G(s,\eta)\left(f(s,x_1(s),x_1'(s))-f(t,x_2(s),x_2'(s))\right)ds=0.$$

故存在 $\xi\in[0,\beta_1]$, 使得

$$f(\xi,x_1(\xi),x_1'(\xi))-f(\xi,x_2(\xi),x_2'(\xi))=0.$$

结合条件 (K_7), 可推出 $x(\xi)\leqslant\dfrac{m}{l}|x'|_\infty$. 类似定理 4.4 中的推导, 有

$$|x(t)|\leqslant\left(\frac{m}{l}+\beta_1+t\right)|x'|_\infty,\quad t\in[0,+\infty).\tag{4.11}$$

进一步, 因为

$$\begin{aligned}|x'|_\infty&=\sup_{0\leqslant t<+\infty}\left|-\int_t^{+\infty}\big(f\big(t,x_1(t),x_1'(t)\big)-f\big(t,x_2(t),x_2'(t)\big)\big)ds\right|\\&\leqslant\int_0^{+\infty}\big(p(s)|x(s)|+q(s)|x'(s)|\big)ds\\&\leqslant\alpha_1|x'|_\infty,\end{aligned}$$

这意味着 $|x'|_\infty = 0$. 再由 (4.11) 可知 $x(t) \equiv 0,\ t \in [0,+\infty)$, 因此边值问题 (4.1) 有唯一的解. 证毕.

4.1.4　扰动问题

考虑扰动的二阶微分方程三点共振边值问题

$$\begin{cases} x''(t) = f\big(t, x(t), x'(t)\big) + e(t), & 0 < t < +\infty, \\ x(0) = x(\eta), \quad x'(+\infty) = 0, \end{cases} \tag{4.12}$$

其中 $e \in I\!L^1[0,+\infty)$, $\displaystyle\int_0^{+\infty} G(s,\eta)e(s)ds = 0$. 利用 Mawhin 连续性定理, 也可以得到边值问题 (4.12) 解的存在性和唯一性判别定理, 叙述如下.

定理 4.6　假设条件 (K_1) 和 (K_3) 成立, 进一步假设下列条件成立:

(K_2') 存在 $\beta > 0$, 使得

$$\sup_{u,v\in\mathbb{R}^2} \inf\big\{t \in [0,+\infty) : f(t,u,v) - e(t) = 0\big\} \leqslant \beta.$$

(K_4') 存在 $B_3 > 0$, 使得当 $|u| \geqslant B_3, |v| \leqslant |e|_1$ 时,

$$\text{要么 } uf(t,u,v) \leqslant 0, \quad \text{要么 } uf(t,u,v) \geqslant 0, \quad t \in [0,+\infty).$$

那么边值问题 (4.12) 至少存在一个解.

定理 4.7　假设定理 4.4 的条件都成立, 除了将条件 (K_4) 换为 (K_4'), 那么边值问题 (4.12) 至少有一个解.

证明　不难验证边值问题

$$\begin{cases} x''(t) = e(t), & 0 < t < +\infty, \\ x(0) = x(\eta) = 0, \quad x'(+\infty) = 0 \end{cases}$$

有唯一的解, 且这个解可以表示为

$$E(t) = -\int_0^{+\infty} G(t,s)e(s)ds, \quad t \in [0,+\infty).$$

考虑辅助边值问题

$$\begin{cases} z''(t) = f\big(t, z(t) + E(t), z'(t) + E'(t)\big), & 0 < t < +\infty, \\ z(0) = z(\eta), \quad z'(+\infty) = 0. \end{cases} \tag{4.13}$$

在空间 X, Y 定义算子 L, P, Q 如 (4.2),(4.5) 和 (4.6) 式. 定义 $N^* : X \to Y$ 为

$$(N^*z)(t) = f\big(t, z(t) + E(t), z'(t) + E'(t)\big), \quad t \in [0,+\infty).$$

那么边值问题 (4.13) 等价于算子方程 $Lx = N^*x$. 下面讨论 $Lx = N^*x$ 的可解性, 并由边值问题 (4.13) 的解构造边值问题 (4.12) 的解, 分四步来进行.

第一步　集合 $\Omega_4 = \{z \in \mathrm{dom}L\backslash\mathrm{Ker}L,\ Lz = \lambda N^*z, \lambda \in [0,1]\}$ 有界.

事实上, 对任意的 $\lambda \in [0,1]$, $z \in \Omega_4$, 令

$$\begin{aligned} n_1 &= m|E'|_\infty + n + l|E|_\infty, \\ r_1(t) &= p(t)|E|_\infty + q(t)|E'|_\infty + r(t). \end{aligned}$$

那么与定理 4.4 第一步中类似讨论, 可得

$$|z'|_\infty \leqslant \frac{\left(B_1 + |E|_\infty + \dfrac{n_1}{l}\right)P + R}{1-\alpha} := M_1',$$

$$|z|_\infty \leqslant \frac{\left(\dfrac{m}{l} + \beta + Q_1\right)M_3 + B_1 + |E|_\infty + \dfrac{n_1}{l} + R_1}{1 - P_1} := M_2'.$$

所以 $|z|_X \leqslant \max\{M_1',\ M_2'\}$, 即 Ω_4 是有界的.

第二步　集合 $\Omega_5 = \{z \in \mathrm{Ker}L,\ N^*z \in \mathrm{Im}L\}$ 有界.

如果 $z \in \Omega_5$, 那么 $z(t) = \rho$, $\rho \in \mathbb{R}$ 是某个常数, 且

$$\int_0^{+\infty} G(s,\eta)f\big(s, \rho + E(s), E'(s)\big)ds = 0.$$

类似地, 有 $|z|_X = |\rho| \leqslant \max\left\{B_1 + |E|_\infty, \dfrac{n_1}{l}\right\}$, 所以 Ω_5 是有界的.

第三步　令

$$\Omega_6^{(i)} = \left\{z \in \mathrm{Ker}L,\ (-1)^i\lambda z + (1-\lambda)JQN^*z = 0,\ \lambda \in [0,1]\right\}, \quad i = 1,2,$$

其中 J 如 (4.10) 式定义. 如果条件 (K_4') 的前半部分成立, 那么 $\Omega_6^{(1)}$ 是有界的, 如果条件 (K_4') 的后半部分成立, 那么 $\Omega_6^{(2)}$ 是有界的.

用反证法证明前半部分结论. 如若不然, 则存在 $z_k(t) = c_k \in \Omega_6^{(1)}\backslash\{0\}$, 使得 $|c_k| \to +\infty$, $k \to +\infty$. 此时存在 $\lambda_k \in [0,1]$, 使得

$$\lambda_k c_k = (1-\lambda_k)\int_0^{+\infty} G(s)f\big(s, c_k + E(s), E'(s)\big)ds.$$

显然有界集 $\{\lambda_k\}$ 有一个收敛的子列, 不妨仍记为它自身, 即 $\lambda_k \to \lambda_0$, $k \to +\infty$. 由 c_k 的选取可知 $\lambda_0 \neq 1$. 如果 $|c_k| > \max\left\{B_1 + |E|_\infty, B_3 + |E|_\infty\right\}$, 那么由条件 (K_2) 和 (K_4'), 可得

$$\frac{f\big(t, c_k + E(t), E'(t)\big)}{c_k} \leqslant -\frac{l}{2}, \quad t \in [0, +\infty),$$

当 k 充分大时, 有

$$0<\frac{\lambda_0}{1-\lambda_0}=\lim_{k\to+\infty}\int_0^{+\infty}G(s)\left(\frac{f\big(s,c_k+E(s),E'(s)\big)}{c_k}\right)ds$$
$$\leqslant -\frac{l}{2}\int_0^{+\infty}G(s)ds=-\infty,$$

这是一个矛盾. 故 $|c_k|\leqslant \max\left\{B_1+|E|_\infty, B_3+|E|_\infty\right\}$, 从而 $\Omega_6^{(1)}$ 是有界的.

同理可证条件 (K_4') 的后半部分成立时, 集合 $\Omega_6^{(2)}$ 是有界的.

第四步 边值问题 (4.12) 至少有一个解.

选取 $\Omega\subset X$ 满足 $\Omega_4\cup\Omega_5\cup\Omega_6^{(1)}\left(\cup\,\Omega_6^{(2)}\right)\subset\Omega$, 由 Mawhin 连续性定理, $Lz=N^*z$ 至少存在一个解 $z\in\mathrm{dom}L\cap\overline{\Omega}$. 令 $x(t)=z(t)+E(t)$, 那么

$$x''(t)=f\big(t,x(t),x'(t)\big)+e(t),\quad 0<t<+\infty,$$

且 $x(0)=x(\eta)$, $x'(+\infty)=0$, 即 x 是边值问题 (4.12) 的解. 定理证毕.

4.1.5 例子

例 4.1 考虑半无穷区间上二阶常微分方程三点边值问题

$$\begin{cases}x''(t)+e^{-\alpha t}a(t)x(t)+b(t)=0, & 0<t<+\infty,\\ x(0)=x(\eta), & \lim\limits_{t\to+\infty}x'(t)=0,\end{cases}\tag{4.14}$$

其中, $\alpha>\dfrac{1+\sqrt{5}}{2}$, $a(t)=\max\left\{\sin\beta t,\dfrac{1}{2}\right\}$, $b(t)$ 在 $[0,+\infty)$ 上连续, $b(t)>0$, $t\in[0,1)$, 且 b 在 $[1,+\infty)$ 恒为 0.

记 $f(t,u)=-e^{-\alpha t}a(t)u-b(t)$. 令 $p(t)=e^{-\alpha t}a(t)$, $q(t)=b(t)$. 直接计算可有 $P=1/\alpha$, $P_1=1/\alpha^2$ 和 $Q=\displaystyle\int_0^1 b(t)dt$. 进一步, 有

$$|f(t,u)|\leqslant|p(t)||u|+|q(t)|,$$
$$|f(t,u)|\geqslant\frac{1}{2}e^{-\alpha}|u|-Q.$$

如果存在 $\xi\in[0,+\infty)$ 使得 $f(\xi,u)=0$, 那么 $\xi\leqslant1$. 事实上, 当 $t\geqslant1$ 时, 有

$$uf(t,u)=-e^{-\alpha t}p(t)u^2-b(t)\leqslant-\frac{1}{2}e^{-\alpha\xi}u^2<0$$

对所有的 $u\in\mathbb{R}\setminus\{0\}$ 成立. 又因为 $\max\left\{\dfrac{1}{\alpha},\ \dfrac{1}{\alpha}+\dfrac{1}{\alpha^2}\right\}<1$. 所以定理 4.4 保证边值问题 (4.14) 至少有一个解.

4.2 具有 p-Laplace 算子的微分方程三点边值问题

考虑具有 p-Laplace 算子的二阶微分方程三点共振边值问题

$$\begin{cases} (\varphi_p(x'))' + f(t,x,x') = 0, \quad 0 < t < T, \\ x(0) = x(\eta), \quad x'(T) = 0, \end{cases} \tag{4.15}$$

其中 $f:[0,T]\times\mathbb{R}^2\to\mathbb{R}$ 是一个 Carathéodory 函数, $T>0$, $\eta\in(0,T)$ 是一个常数, $x'(T)=\lim\limits_{t\to T^-}x'(t)$.

这一节的内容是在有限区间上讨论边值问题, 利用 Ge-Mawhin 连续性定理, 证明边值问题 (4.15) 解的存在性结论. 下一节将这个结论推广到无穷边值问题中.

4.2.1 空间和算子

考虑空间 $X=\{x\in C^1[0,T],\ x'(T)=0\}$ 和空间 $Y=L^1[0,T]$, 分别赋予范数 $|x|_X=\max\{|x|_\infty,|x'|_\infty\}$ 和 $|y|_Y=|y|_{L^1}$, 那么 $(X,|\cdot|_X)$, $(Y,|\cdot|_Y)$ 构成 Banach 空间. 定义算子 M, N_λ 为

$$M:\mathrm{dom}M\cap X\to Y,\ (Mx)(t)=\big(\varphi_p\big(x'(t)\big)\big)', \tag{4.16}$$

$$N_\lambda:X\to Y,\ (N_\lambda x)(t)=-\lambda f\big(t,x(t),x'(t)\big), \tag{4.17}$$

其中 $t\in[0,T]$, $\lambda\in[0,1]$, 以及

$$\mathrm{dom}M=\big\{x\in C^1[0,T],\ \varphi_p(x')\in C^1[0,T],\ x(0)=x(\eta),x'(T)=0\big\}.$$

显然, 边值问题 (4.15) 等价于算子方程 $Mx=Nx$, 其中 $N=N_1$. 直接计算可得

$$\mathrm{Ker}M=\big\{x\in\mathrm{dom}M\cap X:\ \ x(t)=c\in\mathbb{R},\ t\in[0,T]\big\},$$
$$\mathrm{Im}M=\left\{y\in Y:\ \int_0^\eta\varphi_q\left(\int_s^T y(\tau)d\tau\right)ds=0\right\}.$$

定义投影算子 $P:X\to\mathrm{Ker}M$ 为

$$(Px)(t)=x(0),\quad t\in[0,T] \tag{4.18}$$

和半投影算子 $Q:Y\to Y\setminus\mathrm{Im}M$ 为

$$(Qy)(t)=\frac{1}{\rho}\varphi_p\left(\int_0^\eta\varphi_q\left(\int_s^T y(\tau)d\tau\right)ds\right),\quad t\in[0,T]. \tag{4.19}$$

其中 $\rho = \left(\frac{1}{q}\big(T^q - (T-\eta)^q\big)\right)^{p-1}$. 容易验证 $Q^2 = Q$.

引理 4.8 M 是一个拟线性算子.

证明 因为 $\mathrm{Ker}M \simeq \mathbb{R}$, $\mathrm{Im}M$ 是闭集, 所以 M 是一个拟线性算子.

引理 4.9 设 Ω 是 X 中有界开集, $0 \in \Omega$, 那么算子 $N_\lambda : \overline{\Omega} \to Y$ 是 M-紧的.

证明 取 $Y_1 = \mathrm{Im}Q$, 则 $\dim Y_1 = \dim \mathrm{Ker}M = 1$. 定义算子 $R : \overline{\Omega} \times [0,1] \to \mathrm{Ker}P$ 为

$$R(x,\lambda)(t) = \int_0^t \varphi_q\left(\int_s^T \lambda\big(f\big(\tau, x(\tau), x'(\tau)\big) - (Qf)(\tau)\big)d\tau\right)ds, \tag{4.20}$$

其中 $t \in [0,T]$. 显然 $R(\cdot, 0) = 0$.

因为 f 是 Carathéodory 函数, 所以容易验证, 对任意的 $\lambda \in [0,1]$, $R(\cdot,\lambda)$ 是全连续算子. 下面证明定义 2.14 中四个条件成立.

(1) 因为 Q 是幂等映射, 所以 $Q(I-Q)N_\lambda(\overline{\Omega}) = 0$, 即 $(I-Q)N_\lambda(\overline{\Omega}) \subset \mathrm{Ker}Q = \mathrm{Im}M$. 又对任意的 $y \in \mathrm{Im}M$, 因为 $Qy = 0$, 所以 $y \in (I-Q)Y$. 从而

$$(I-Q)N_\lambda(\overline{\Omega}) \subset \mathrm{Im}\ M \subset (I-Q)Y.$$

(2) 因为 Q 是半线性算子, N_λ 关于 λ 是线性的, 所以对任意的 $x \in \Omega, \lambda \in (0,1)$, $QN_\lambda x = 0$ 当且仅当 $QNx = 0$.

(3) $R(\cdot,0)$ 是零映射. 对任意的 $x \in \Sigma_\lambda := \{x \in \overline{\Omega} \cap \mathrm{dom}M,\ Mx = N_\lambda x\}$, 有

$$\big(\varphi_p(x')\big)' = -\lambda f(t,x,x'), \quad Qf = 0$$

成立. 所以, 进一步, 有

$$\begin{aligned}
R(x,\lambda)(t) &= \int_0^t \varphi_q\left(\int_s^T \lambda\big(f\big(\tau, x(\tau), x'(\tau)\big) - (Qf)(\tau)\big)d\tau\right)ds \\
&= \int_0^t \varphi_q\left(\int_s^T -\big(\varphi_p(x'(\tau))\big)'d\tau\right)ds \\
&= x(t) - x(0) = (I-P)x(t).
\end{aligned}$$

(4) 对任意的 $x \in \overline{\Omega}$, 有

$$
\begin{aligned}
&M\big[Px + R(x,\lambda)\big](t)\\
&= \left(\varphi_p\left[x(0) + \int_0^t \varphi_q\left(\int_s^T \lambda\big(f\big(\tau, x(\tau), x'(\tau)\big)d\tau - (Qf)(\tau)\big)d\tau\right)ds\right]'\right)'\\
&= -\lambda(f(t,x(t),x'(t)) - (Qf)(t))\\
&= ((I-Q)N_\lambda x)(t), \quad t\in[0,T].
\end{aligned}
$$

综上所述, N_λ 在 $\overline{\Omega}$ 上是 M-紧的. 证毕.

容易验证, 算子方程 $Mx = N_\lambda x$ 的等价形式为

$$
\begin{cases} x = Px + R(x,\lambda),\\ JQNx = 0, \end{cases} \tag{4.21}
$$

其中, $J: \mathrm{Im}Q \to \mathrm{Ker}M$ 是同构映射, $R(x,\lambda)$ 如 (4.20) 定义.

4.2.2 解的存在性

定理 4.10 假设下列条件成立.

(L_1) 存在 $e\in L^1[0,T]$ 和 Carathéodory 函数 g_1, g_2, 使得

$$
|f(t,u,v)| \leqslant g_1(t,u) + g_2(t,v) + e(t)
$$

对几乎所有的 $t\in[0,T]$ 和所有的 $(u,v)\in\mathbb{R}^2$ 都成立, 且

$$
\lim_{x\to\infty}\frac{\displaystyle\int_0^T g_i(\tau,x)d\tau}{\varphi_p(|x|)} = r_i \in [0,+\infty), \quad i=1,2.
$$

(L_2) 存在 $B_1>0$, 使得, 当 $x\in C^1[0,T]$ 且 $|x|_\infty > B_1$ 时, 有

$$
\int_0^\eta \varphi_q\left(\int_s^T f\big(\tau, x(\tau), x'(\tau)\big)d\tau\right)ds \neq 0.
$$

(L_3) 存在 $B_2>0$, 使得当 $|u|>B_2$ 时,

$$
\text{要么 } uf(t,u,0)\leqslant 0, \text{ 要么 } uf(t,u,0)\geqslant 0, \quad 0\leqslant t\leqslant T.
$$

如果

$$
\begin{aligned}
\alpha_1 &:= 2^{q-2}\left(T^{p-1}r_1 + r_2\right)^{q-1} < 1, \quad p<2,\\
\alpha_2 &:= \left(2^{p-2}T^{p-1}r_1 + r_2\right)^{q-1} < 1, \quad p\geqslant 2.
\end{aligned}
$$

那么边值问题 (4.15) 至少存在一个解.

证明 在空间 X,Y 上定义算子 M,N_λ,P,Q 如 (4.16)—(4.19). 下面证明算子方程 $Mx=Nx$ 有解, 从而得到边值问题 (4.15) 的解. 分三步讨论.

第一步 集合 $\Omega_1=\left\{x\in \mathrm{dom}M:\ Mx=N_\lambda x,\ \lambda\in(0,1)\right\}$ 有界.

如果 $x\in\Omega_1$, 那么 $QN_\lambda x=0$, 因此

$$\varphi_p\left(\int_0^\eta \varphi_q\left(\int_s^T f(\tau,x(\tau),x'(\tau))d\tau\right)ds\right)=0.$$

由条件 (L_2) 和 φ_p 的连续性, 存在 $\xi\in[0,T]$, 使得 $|x(\xi)|\leqslant B_1$. 进而可得

$$\begin{aligned}|x(t)=&\left|x(\xi)+\int_\xi^t x'(s)ds\right|\\ \leqslant&\,\big|x(\xi)\big|+\int_\xi^t\big|x'(s)\big|ds\\ \leqslant&\,B_1+T|x'|_\infty,\quad t\in[0,T].\end{aligned}\tag{4.22}$$

又由 (4.21), 有

$$x(t)=x(0)+\int_0^t\varphi_q\left(\int_s^T\lambda f\big(\tau,x(\tau),x'(\tau)\big)d\tau\right)ds,$$

分别对上式两边的函数关于 t 求导, 有

$$x'(t)=\varphi_q\left(\int_t^T\lambda f\big(\tau,x(\tau),x'(\tau)\big)d\tau\right).\tag{4.23}$$

如果 $p<2$, 任取 $\varepsilon>0$, 使得

$$\alpha_{1,\varepsilon}:=2^{q-2}\left(T^{p-1}(r_1+\varepsilon)+(r_2+\varepsilon)\right)^{q-1}<1.$$

对于这个 $\varepsilon>0$, 由条件 (L_1), 存在正数 G, 使得当 $|x|>G$ 时, 有

$$\int_0^T g_i(\tau,x)d\tau\leqslant(r_i+\varepsilon)\varphi_p\big(|x|\big),\quad i=1,2.$$

令

$$g_{i,G}=\int_0^T\left(\max_{|x|\leqslant G}g_i(\tau,x)\right)d\tau,\quad i=1,2.$$

由条件 (L_2) 和 (4.23) 式, 可推出

$$\begin{aligned}
|x'(t)| &= \left|\varphi_q\left(\int_t^T \lambda f\big(\tau, x(\tau), x'(\tau)\big)d\tau\right)\right| \\
&\leqslant \varphi_q\left(\int_0^T \big|f\big(\tau, x(\tau), x'(\tau)\big)\big|d\tau\right) \\
&\leqslant \varphi_q\left(\int_0^T \big(g_1(\tau, x) + g_2(\tau, x') + e(\tau)\big)d\tau\right) \\
&\leqslant \varphi_q\big((r_1+\varepsilon)\varphi_p\big(|x|\big) + (r_2+\varepsilon)\varphi_p\big(|x'|\big) + g_{1,G} + g_{2,G} + |e|_{L^1}\big) \\
&\leqslant \alpha_{1,\varepsilon}|x'|_\infty + B_G,
\end{aligned}$$

其中 $B_G = 2^{q-2}\big((r_1+\varepsilon)B_1^{p-1} + g_{1,G} + g_{2,G} + |e|_{L^1}\big)^{q-1}$. 所以

$$|x'|_\infty \leqslant \frac{B_G}{1-\alpha_{1,\varepsilon}} := B'.$$

进一步, 由 (4.22) 式, 可以推出

$$|x|_\infty \leqslant B_1 + T|x'|_\infty \leqslant B_1 + TB'.$$

即 $|x|_X \leqslant \max\{B_1 + TB', B'\} := B$.

类似地, 如果 $p \geqslant 2$, 那么 $|x|_X \leqslant \max\{B_1 + T\widetilde{B}', \widetilde{B}'\} := \widetilde{B}$, 其中

$$\begin{aligned}
\widetilde{B}' &= \frac{\big(2^{p-2}(r_1+\varepsilon)B_1^{p-1} + g_{1,\delta} + g_{2,\delta} + |e|_{L^1}\big)^{q-1}}{1-\alpha_{2,\varepsilon}}, \\
\alpha_{2,\varepsilon} &= \big(2^{p-2}T^{p-1}(r_1+\varepsilon) + (r_2+\varepsilon)\big)^{q-1}.
\end{aligned}$$

总之, 集合 Ω_1 是有界的.

第二步　令

$$\Omega_{2,i} := \big\{x \in \mathrm{Ker}M:\ (-1)^i\mu x + (1-\mu)JQNx = 0,\ \mu \in [0,1]\big\}, \quad i = 1, 2,$$

其中同胚映射 $J: \mathrm{Im}Q \to \mathrm{Ker}M$ 定义为 $Ja = a$, $a \in \mathbb{R}$. 如果条件 (L_3) 的前半部分成立, 则集合 $\Omega_{2,1}$ 是有界的; 如果条件 (L_3) 的后半部分成立, 则集合 $\Omega_{2,2}$ 是有界的.

如果条件 (L_3) 的前半部分成立, 那么任取 $x \in \Omega_{2,1}$, 由 $x \in \mathrm{Ker}M$, 可知 x 为一个常数, 不妨记为 $x = a, a \in \mathbb{R}$, 与此同时, $(-1)^i\mu x + (1-\mu)JQNx = 0$ 等价于

$$\mu a = (1-\mu)\frac{1}{\rho}\varphi_p\left(\int_0^\eta \varphi_q\left(\int_s^T f(\tau, a, 0)d\tau\right)ds\right).$$

如果 $\mu=0$, 条件 (L_2) 保证 $|a|\leqslant B_1$. 如果 $\mu\neq 0$, 那么 $|a|\leqslant B_2$. 否则

$$\begin{aligned}\mu a^2&=a(1-\mu)\frac{1}{\rho}\varphi_p\left(\int_0^\eta\varphi_q\left(\int_s^T f(\tau,a,0)d\tau\right)ds\right)\\&=(1-\mu)\frac{1}{\rho}\varphi_p\left(\int_0^\eta\varphi_q\left(\int_s^T af(\tau,a,0)d\tau\right)ds\right)\leqslant 0,\end{aligned}$$

这是一个矛盾. 所以 $|x|_X=|a|\leqslant\max\{B_1,B_2\}$, 即 $\Omega_{2,1}$ 是有界的. 如果条件 (L_3) 的后半部分成立, 同理可证集合 $\Omega_{2,2}$ 是有界的.

第三步 边值问题 (4.15) 至少有一个解.

令

$$\Omega=\left\{x\in X:|x|_X<\max\{B,\widetilde{B},B_1,B_2\}+1\right\}.$$

显然, $\Omega_1\cup\Omega_{2,1}\subset\Omega$, $\Omega_1\cup\Omega_{2,2}\subset\Omega$. 所以对任意的 $(x,\lambda)\in\mathrm{dom}M\cap\partial\Omega\times(0,1)$, $Mx\neq N_\lambda x$ 成立. 定义同伦映射 $H_i:\mathrm{Ker}M\cap\overline{\Omega}\times[0,1]\to X$ 为

$$H_i(x,\mu)=(-1)^i\mu x+(1-\mu)JQNx,\quad i=1,2.$$

当 $x\in\mathrm{Ker}M\cap\partial\Omega$, $H_i(x,\mu)\neq 0$. 所以由同伦不变性, 可得

$$\begin{aligned}&\deg\left(JQN|_{\mathrm{Ker}M\cap\overline{\Omega}},\ \mathrm{Ker}M\cap\Omega,\ 0\right)=\deg\left(H_i(\cdot,0),\ \mathrm{Ker}M\cap\Omega,\ 0\right)\\&=\deg\left(H_i(\cdot,1),\ \mathrm{Ker}M\cap\Omega,\ 0\right)=\deg\left((-1)^iI,\ \mathrm{Ker}M\cap\Omega,\ 0\right)\neq 0.\end{aligned}$$

由连续性定理 2.28 可知 $Mx=Nx$ 在 $\mathrm{dom}M\cap\overline{\Omega}$ 中至少有一个解, 这个解就是边值问题 (4.15) 的解. 证毕.

推论 4.11 将定理 4.10 中的条件 (L_1) 更换为下列条件.

(L_1') 存在非负函数 $g_i\in L^1[0,T]$, $i=0,1,2$ 使得

$$|f(t,u,v)|\leqslant g_1(t)|u|^{p-1}+g_2(t)|v|^{p-1}+g_0(t)$$

对几乎所有的 $t\in[0,T]$ 和所有的 $(u,v)\in\mathbb{R}^2$ 成立.

如果

$$\begin{aligned}&2^{q-2}(T^{p-1}|g_1|_{L^1}+|g_2|_{L^1})^{q-1}<1,\quad p<2,\\&(2^{p-2}T^{p-1}|g_1|_{L^1}+|g_2|_{L^1})^{q-1}<1,\quad p\geqslant 2.\end{aligned}$$

那么边值问题 (4.15) 至少有一个解.

定理 4.12 假设 $f:[0,T]\times\mathbb{R}^2\to\mathbb{R}$ 是连续函数, 条件 (L_1), (L_3) 成立. 进一步假设

(L_2') 存在 $B_3>0,\ a>0,\ b,\ c\geqslant 0$, 使得当 $|u|>B_3$ 时, 有

$$|f(t,u,v)|\geqslant a|u|-b|v|-c$$

对所有的 $t\in[0,T]$ 和 $v\in\mathbb{R}$ 成立.

如果

$$2^{q-2}\left(\left(\frac{b}{a}+T\right)^{p-1}r_1+r_2\right)^{q-1}<1,\quad p<2,$$

$$\left(2^{p-2}\left(\frac{b}{a}+T\right)^{p-1}r_1+r_2\right)^{q-1}<1,\quad p\geqslant 2.$$

那么边值问题 (4.15) 至少有一个解,

证明 取 $Y=C[0,T]$, 赋予最大模范数. 如果 $x\in \mathrm{dom}M$ 使得 $Mx=N_\lambda x$, $\lambda\in(0,1)$, 那么 $QN_\lambda x=0$, 即

$$\varphi_p\left(\int_0^\eta \varphi_q\left(\int_s^T f\big(\tau,x(\tau),x'(\tau)\big)d\tau\right)ds\right)=0.$$

因为函数 f 和 φ_q 连续, 所以存在 $\xi\in[0,T]$, 使得 $f\big(\xi,x(\xi),x'(\xi)\big)=0$. 利用条件 (L_2'), 可推出

$$\big|x(\xi)\big|\leqslant \max\left\{B_3,\ \frac{b}{a}|x'|_\infty+\frac{c}{a}\right\}.$$

因此

$$\begin{aligned}\big|x(t)\big|&\leqslant\big|x(\xi)\big|+\int_\xi^t\big|x'(s)\big|ds\\&\leqslant\left(\frac{b}{a}+T\right)|x'|_\infty+\frac{c}{a}+B_1,\quad t\in[0,T].\end{aligned}$$

其余和定理 4.10 类似讨论, 就可以得出 (4.15) 至少有一个解. 证毕.

4.2.3 例子

例 4.2 考虑具有 3-Laplace 算子的三点共振边值问题

$$\begin{cases}\big(x'(t)|x'(t)|\big)'=a_2(t)x'(t)+a_1(t)x^2(t)\mathrm{sgn}(x(t))+a_0(t),\quad t\in(0,1),\\ x(0)=x(\eta),\quad x'(1)=0,\end{cases}\tag{4.24}$$

其中, $a_i(t)\in C^1[0,1]$, $i=0,1,2$, $a_1=\min|a_1(t)|>0$.

定义函数

$$\begin{aligned}&f(t,u,v)=a_1(t)u^2\mathrm{sgn}u+a_2(t)v+a_0(t),\\&g_1(t,u)=|a_1(t)|u^2,\\&g_2(t,v)-|a_2(t)||v|,\\&e(t)=|a_0(t)|,\end{aligned}$$

那么, 下列不等式成立

$$|f(t,u,v)| \leqslant g_1(t,u)+g_2(t,v)+e(t),$$
$$\max_{0\leqslant t\leqslant 1}\frac{g_1(t,x)}{|x|}=|a_1|_{L^1}\in[0,+\infty),$$
$$\max_{0\leqslant t\leqslant 1}\frac{g_1(t,x)}{|x|}=0,$$

与此同时, 当 $|u|>1$ 时, 有

$$|f(t,u,v)|\geqslant a_1|u|-|a_2|_\infty|v|-|a_0|_\infty,$$

当 $|u|>\sqrt{\dfrac{|a_0|_\infty}{a_1}}$ 时, 有

$$uf(t,u,0)=a_1(t)|u|^3+a_0(t)u\geqslant 0.$$

由定理 4.10 可知, 如果

$$\left(\frac{|a_2|_\infty}{a_1}+1\right)^2|a_1|_\infty<\frac{1}{2},$$

边值问题 (4.24) 至少有一个解.

4.3 具有 p-Laplace 算子的微分方程三点无穷边值问题

考虑半无穷区间上具有 p-Laplace 算子的二阶非线性微分方程三点共振边值问题

$$\begin{cases}(\varphi_p(x'))'+f(t,x,x')=0, & 0<t<+\infty,\\ x(0)=x(\eta), \quad x'(+\infty)=0,\end{cases} \tag{4.25}$$

其中 $\eta\in(0,+\infty)$ 是一个常数, $f:[0,+\infty)\times\mathbb{R}^2\to\mathbb{R}$ 是连续的. 这一节还要求 f 是一类特殊的 Carathéodory 函数, 下面给出定义. 令

$$\mathbb{L}^1_{\varphi_q}[0,+\infty)=\left\{v\in L^1[0,+\infty):\int_0^{+\infty}\varphi_q\left(\int_s^{+\infty}v(\tau)d\tau\right)ds<+\infty\right\}.$$

定义 4.1 已知 $f:[0,+\infty)\times\mathbb{R}^2\to\mathbb{R}$. 如果下列条件成立:

(1) 对任意的 $(u,v)\in\mathbb{R}^2$, $t\mapsto f(t,u,v)$ 在 $[0,+\infty)$ 上是可测的;

(2) 对几乎所有的 $t\in[0,+\infty)$, $(u,v)\mapsto f(t,u,v)$ 在 $\mathbb{R}^2$ 上是连续的;

(3) 对任意的 $r>0$, 存在正函数 $\psi_r\in\mathbb{L}^1_{\varphi_q}[0,+\infty)$, 使得当 $|u|\leqslant r$, $|v|\leqslant r$ 时, 有

$$|f(t,u,v)|\leqslant\psi_r(t), \quad \text{a.e. } t\in[0,+\infty).$$

那么称 f 是 $\mathbb{L}_{\varphi_q}$-Carathéodory 函数.

4.3.1　空间与算子

考虑空间 X 和 Y 分别为

$$X=\left\{x\in C^1[0,+\infty):\ \sup_{0\leqslant t<+\infty}\left|x(t)\right|<+\infty,\ \lim_{t\to+\infty}x'(t)=0\right\},$$
$$Y=\left\{y\in C[0,+\infty):y\in I\!L^1_{\varphi_q}[0,+\infty)\right\},$$

并分别赋予范数 $|x|_X=\max\left\{|x|_\infty,\ |x'|_\infty\right\}$ 和 $|y|_Y=\max\left\{|y|_\infty,|y|_{L^1},|y_{\varphi_q}|_{L^1}\right\}$, 其中 $y_{\varphi_q}(t)=\varphi_q\left(\int_t^{+\infty}\left|y(\tau)\right|d\tau\right)$, $t\in[0,+\infty)$, 那么 $(X,|\cdot|_X)$ 和 $(Y,|\cdot|_Y)$ 是 Banach 空间.

在空间 X 和 Y 上定义算子 M,N_λ 分别为

$$M:\mathrm{dom}M\cap X\to Y,\ (Mx)(t)=\big(\varphi_p\big(x'(t)\big)\big)',$$

$$N_\lambda:X\to Y,\ (N_\lambda x)(t)=-\lambda f\big(t,x(t),x'(t)\big),$$

其中 $t\in[0,+\infty)$, $\lambda\in[0,1]$ 以及

$$\mathrm{dom}M=\big\{x\in C^1[0,+\infty),\ \varphi_p(x')\in C^1[0,+\infty),\ x(0)=x(\eta)\big\}.$$

通过计算, 可知

$$\mathrm{Ker}M=\big\{x\in\mathrm{dom}M\cap X:\ \ x(t)=c\in\mathbb{R},\ t\in[0,+\infty)\big\},$$
$$\mathrm{Im}M=\left\{y\in Y:\ \int_0^\eta\varphi_q\left(\int_s^{+\infty}y(\tau)d\tau\right)ds=0\right\}.$$

所以 M 是一个拟线性算子.

定义投影算子 $P:X\to\mathrm{Ker}M$ 为

$$(Px)(t)=x(0),\quad t\in[0,+\infty)$$

和半投影算子 $Q:Y\to Y\setminus\mathrm{Im}M$ 为

$$(Qy)(t)=w(t)\varphi_p\left(\int_0^\eta\varphi_q\left(\int_s^{+\infty}y(\tau)d\tau\right)ds\right),\quad t\in[0,+\infty),$$

其中 $\omega(t)=\left(\dfrac{1-e^{-(q-1)\eta}}{q-1}\right)^{1-p}e^{-t}$, $t\in[0,+\infty)$. 显然 $Q^2=Q$, 且

$$\mathrm{Ker}P=\{x\in X:x(0)=0\},\quad \mathrm{Im}Q=\{cw(t):c\in\mathbb{R}\}.$$

即算子 $R(\cdot,\lambda)$ 是连续的.

最后证明对任意的 $\lambda\in[0,1]$, $R(\cdot,\lambda)$ 是紧算子. 设 $B\subset X$ 是一个有界集, 那么存在 $r_B>0$, 使得对任意的 $x\in B$, 有 $|x|_X\leqslant r_B$. 由于

$$\begin{aligned}|R(x,\lambda)|_\infty&=\sup_{0\leqslant t<+\infty}\left|\int_0^t\varphi_q\left(\int_s^{+\infty}\lambda\big(f\big(\tau,x(\tau),x'(\tau)\big)-(Qf)(\tau)\big)d\tau\right)ds\right|\\&\leqslant\int_0^{+\infty}\varphi_q\left(\int_s^{+\infty}\big(\psi_{r_B}(\tau)+C_{r_B}\omega(\tau)\big)d\tau\right)ds<+\infty,\\|R(x,\lambda)'|_\infty&=\sup_{0\leqslant t<+\infty}\left|\varphi_q\left(\int_t^{+\infty}\lambda\big(f\big(\tau,x(\tau),x'(\tau)\big)-(Qf)(\tau)\big)d\tau\right)\right|\\&\leqslant\varphi_q\left(\int_0^{+\infty}\big(\psi_{r_B}(\tau)+C_{r_B}\omega(\tau)\big)d\tau\right)<+\infty.\end{aligned}$$

所以对任意的 $\lambda\in[0,1]$, $R(B,\lambda)$ 一致有界. 类似于 (4.26) 和 (4.27) 推导, 可知 $R(B,\lambda)$ 等度收敛. 与此同时, 由

$$\begin{aligned}&\big|R(x,\lambda)(t)-R(x,\lambda)(+\infty)\big|\\=&\left|\int_t^{+\infty}\varphi_q\left(\int_s^{+\infty}\lambda\big(f\big(\tau,x(\tau),x'(\tau)\big)-(Qf)(\tau)\big)d\tau\right)ds\right|\\\leqslant&\int_t^{+\infty}\varphi_q\left(\int_s^{+\infty}\big(\psi_{r_B}(\tau)+C_{r_B}\omega(\tau)\big)d\tau\right)ds\\\to&\,0(\text{与 }x\text{ 无关}),\quad\text{当 }t\to+\infty\end{aligned}$$

和

$$\begin{aligned}&|R(x,\lambda)'(t)-R(x,\lambda)'(+\infty)|\\=&\left|\varphi_q\left(\int_t^{+\infty}\lambda(f(\tau,x(\tau),x'(\tau))-(Qf)(\tau))d\tau\right)\right|\\\leqslant&\,\varphi_q\left(\int_t^{+\infty}(\psi_{r_B}(\tau)+C_{r_B}\omega(\tau))d\tau\right)\\\to&\,0(\text{与 }x\text{ 无关}),\quad\text{当 }t\to+\infty,\end{aligned}$$

可知 $R(B,\lambda)$ 在无穷处等度收敛. 由推广的 Arzelá-Ascoli 定理可知, $R(B,\lambda)$ 是列紧集, 所以 $R(\cdot,\lambda)$ 是紧算子.

其余与引理 4.9 类似讨论, 可以得出算子 N 是 M-紧的. 证毕.

4.3.2　解的存在性

为方便定理叙述, 给出下列记号.

$$|g_{i\varphi_q}|_{L^1} := \int_0^{+\infty} \varphi_q\left(\int_s^{+\infty} |g_i(\tau)|d\tau\right) ds, \quad i = 0, 1, 2,$$

$$|g_1|_3 := \int_0^{+\infty} \tau^{p-1}|g_1(\tau)|d\tau,$$

$$\alpha_3 := 2^{q-2}\left(\left(\frac{b}{a}+\gamma\right)^{p-1} |g_1|_{L^1} + |g_1|_3 + |g_2|_{L^1}\right)^{q-1},$$

$$\alpha_4 := \left(2^{2(p-2)}\left(\frac{b}{a}+\gamma\right)^{p-1} |g_1|_{L^1} + 2^{2(q-2)}|g_1|_3 + |g_2|_{L^1}\right)^{q-1}.$$

定理 4.14　假设 f 是 $\mathbb{L}_{\varphi_q}$-Carathéodory 函数. 假设下列条件成立:

(M_1) 存在 g_0, g_1, $g_2 \in \mathit{IL}^1_{\varphi_q}[0, +\infty)$, $|g_1|_3 < +\infty$, 使得

$$|f(t, u, v)| \leqslant g_1(t)|u|^{p-1} + g_2(t)|v|^{p-1} + g_0(t)$$

对几乎所有的 $t \in [0, +\infty)$ 和所有的 $(u, v) \in \mathbb{R}^2$ 成立.

(M_2) 存在 $\gamma > 0$, 使得

$$\sup_{u,v\in\mathbb{R}} \inf\{t \in [0, +\infty) : f(t, u, v) = 0\} \leqslant \gamma.$$

(M_3) 存在 $B_4 > 0$, $a > 0$, b, $c \geqslant 0$, 使得当 $|u| > B_4$ 时, 有

$$|f(t, u, v)| \geqslant a|u| - b|v| - c$$

对所有的 $t \in [0, \gamma]$ 和 $v \in \mathbb{R}$ 成立.

(M_4) 存在 $B_5 > 0$, 使得当 $|u| > B_5$ 时,

$$\text{要么 } uf(t, u, 0) \leqslant 0, \text{ 要么 } uf(t, u, 0) \geqslant 0, \quad t \in [0, +\infty).$$

如果

$$\max\{2^{q-2}|g_{1\varphi_q}|_{L^1},\ \alpha_3\} < 1, \quad p < 2,$$

$$\max\{|g_{1\varphi_q}|_{L^1},\ \alpha_4\} < 1, \quad p \geqslant 2,$$

那么边值问题 (4.25) 至少有一个解.

证明　仅证明 $\Omega_1 = \{x \in \mathrm{dom}M : Mx = N_\lambda x,\ \lambda \in (0, 1)\}$ 是有界的. 事实上, 对任意的 $x \in \Omega_1$, 有 $QN_\lambda x = 0$, 从而

$$\varphi_p\left(\int_0^{\eta} \varphi_q\left(\int_s^{+\infty} \lambda f(\tau, x(\tau), x'(\tau))d\tau\right) ds\right) = 0.$$

由条件 (M_2) 和 (M_3) 可知, 存在 $\xi \leqslant \gamma$, 使得

$$|x(\xi)| \leqslant \max\left\{B_4,\ \frac{b}{a}|x'|_\infty + \frac{c}{a}\right\}.$$

进一步, 有

$$\begin{aligned}|x(t)| &= \left|x(\xi) + \int_\xi^t x'(s)ds\right| \leqslant |x(\xi)| + \left|\int_\xi^t x'(s)ds\right| \\ &\leqslant \max\left\{B_4, \frac{b}{a}|x'|_\infty + \frac{c}{a}\right\} + (t+\gamma)|x'|_\infty.\end{aligned}$$

当 $p < 2$ 时, 注意到

$$|x(t)|^{p-1} \leqslant \left(\left(\frac{b}{a} + \gamma\right)^{p-1} + t^{p-1}\right)|x'|_\infty^{p-1} + \left(\frac{c}{a} + B_4\right)^{p-1}$$

对所有的 $t \in [0, +\infty)$ 成立. 又由 $Mx = N_\lambda x$, 可得

$$\begin{aligned}|x'(t)| &= \left|\varphi_q\left(\int_t^{+\infty} \lambda f(\tau, x(\tau), x'(\tau))d\tau\right)\right| \\ &\leqslant \varphi_q\left(\int_0^{+\infty}(g_1(\tau)|x(\tau)|^{p-1} + g_2(\tau)|x'(\tau)|^{p-1} + g_0(\tau))d\tau\right) \\ &\leqslant \alpha_3|x'|_\infty + 2^{q-2}\left(\left(\frac{c}{a} + B_4\right)^{p-1}|g_1|_{L^1} + |g_0|_{L^1}\right)^{q-1}\end{aligned}$$

对所有的 $t \in [0, +\infty)$ 成立, 从而

$$|x'|_\infty \leqslant \frac{2^{q-2}\left(\left(\frac{c}{a} + B_4\right)^{p-1}|g_1|_{L^1} + |g_0|_{L^1}\right)^{q-1}}{1 - \alpha_3} := C.$$

与此同时, 由

$$\begin{aligned}|x(t)| &= \left|x(0) + \int_0^t \varphi_q\left(\int_s^{+\infty} \lambda f(, x(\tau), x'(\tau))d\tau\right)ds\right| \\ &\leqslant |x(0)| + \int_0^{+\infty} \varphi_q\left(\int_s^{+\infty}(g_1|x|^{p-1} + g_2|x'|^{p-1} + g_0)d\tau\right)ds \\ &\leqslant 2^{q-2}|g_{1\varphi_q}|_{L^1}|x|_\infty + C_0\end{aligned}$$

可以推出

$$|x|_\infty \leqslant \frac{C_0}{1 - 2^{q-2}|g_1|_{L^1}},$$

其中 $C_0 = \left(\frac{b}{a} + \gamma + 2^{2(q-2)}|g_{2\varphi_q}|_{L^1}\right) C + B_4 + \frac{c}{a} + 2^{2(q-2)}|g_{0\varphi_q}|_{L^1}$. 从而 Ω_1 是有界的.

当 $p \geqslant 2$ 时, 注意到

$$|x(t)|^{p-1} \leqslant 2^{p-2}\left(\left(\frac{b}{a} + \gamma\right)^{p-1} + t^{p-1}\right)|x'|_\infty^{p-1} 2^{p-2} + \left(\frac{c}{a} + B_4\right)^{p-1}$$

对所有的 $t \in [0, +\infty)$ 成立. 同理可得

$$|x'|_\infty \leqslant \frac{\left(2^{p-2}\left(B_4 + \frac{c}{a}\right)^{p-1}|g_1|_{L^1} + |g_0|_{L^1}\right)^{q-1}}{1 - \alpha_4} := \widetilde{C},$$

$$|x|_\infty \leqslant \frac{\left(\frac{b}{a} + \gamma + |g_{2\varphi_q}|_{L^1}\right)\widetilde{C} + B_4 + \frac{c}{a} + |g_{0\varphi_q}|_{L^1}}{1 - |g_{1\varphi_q}|_{L^1}}.$$

因此 Ω_1 是有界的.

其余和定理 4.10 类似的讨论可知算子方程 $Mx = Nx$ 至少存在一个解, 从而边值问题 (4.25) 存在一个解. 证毕.

第 5 章　上下解方法与无穷边值问题

上下解方法是解决微分方程可解性的一个主要工具. 借助于不等式技巧、Nagumo 条件、不动点定理和度理论等, 这种方法被广泛应用到微分方程边值问题的可解性讨论中. 本章将利用上下解理论讨论无穷边值问题解, 给出解存在和多个解存在的充分条件, 这些结论允许存在的解是无界的.

5.1　二阶微分方程两点边值问题

考虑二阶常微分方程 Sturm-Liouville 型两点边值问题

$$\begin{cases} x''(t)+\phi(t)f\big(t,x(t),x'(t)\big)=0, \quad t\in(0,+\infty), \\ x(0)-ax'(0)=B, \quad x'(+\infty)=C, \end{cases} \tag{5.1}$$

其中, $\phi:(0,+\infty)\to(0,+\infty)$ 是连续的, 且 $\phi\in L^1[0,+\infty)$, $f:[0,+\infty)\times\mathbb{R}^2\to\mathbb{R}$ 是连续函数, $a\geqslant 0$, $B,C\in\mathbb{R}$ 是常数.

如果对所有的 $t\in[0,+\infty)$, 有 $u(t)\geqslant v(t)$, 则记为 $u\geqslant v$, 这个记号在后面几节继续使用. 本节将用 Schauder 不动点定理、上下解技巧和 Nagumo 条件证明边值问题 (5.1) 解和正解存在的充分条件.

利用上下解技巧和不动点定理的证明思路为: ① 通过上下解函数和 Nagumo 条件做截断, 定义辅助边值问题; ② 通过不等式技巧, 对辅助边值问题的解进行先验估计; ③ 利用先验界定义有界凸集, 将辅助边值问题的可解性转换为全连续算子的不动点, 以便利用 Schauder 不动点定理得到辅助边值问题的解; ④ 先验界保证辅助边值问题的解是原边值问题的解.

5.1.1　准备工作

考虑函数空间 X 为

$$X=\left\{x\in C^1[0,+\infty),\quad \lim_{t\to+\infty}x'(t)\ 存在\right\},$$

并赋予范数 $|x|=\max\{|x|_1,\ |x'|_\infty\}$, 这里 $|x|_1=\sup\limits_{t\in[0,+\infty)}\left|\dfrac{x(t)}{1+t}\right|$, 以及 $|x'|_\infty=\sup\limits_{t\in[0,+\infty)}|x'(t)|$, 那么 $(X,|\cdot|)$ 是一个 Banach 空间. 由例 1.13 可知, 如果 (5.1) 在

X 中有解, 那么这个解可以表示为

$$x(t) = aC + B + Ct + \int_0^{+\infty} G(t,s) f\big(s, x(s), x'(s)\big) ds,$$

其中

$$G(t,s) = \begin{cases} a+s, & 0 \leqslant s \leqslant t < +\infty, \\ a+t, & 0 \leqslant t \leqslant s < +\infty. \end{cases} \tag{5.2}$$

定义 5.1　如果函数 $\alpha \in C^1[0,+\infty) \cap C^2(0,+\infty)$ 满足

$$\begin{cases} \alpha''(t) + \phi(t) f\big(t, \alpha(t), \alpha'(t)\big) \geqslant 0, & t \in (0,+\infty), \\ \alpha(0) - a\alpha'(0) \leqslant B, \quad \alpha'(+\infty) < C. \end{cases} \tag{5.3}$$

那么称 α 为边值问题 (5.1) 的一个下解. 如果函数 $\beta \in C^1[0,+\infty) \cap C^2(0,+\infty)$ 满足

$$\begin{cases} \beta''(t) + \phi(t) f\big(t, \beta(t), \beta'(t)\big) \leqslant 0, & t \in (0,+\infty), \\ \beta(0) - a\beta'(0) \geqslant B, \quad \beta'(+\infty) > C. \end{cases} \tag{5.4}$$

那么称 β 为边值问题 (5.1) 的一个上解.

定义 5.2　已知函数 $f : [0,+\infty) \times \mathbb{R}^2 \to \mathbb{R}$, $\phi : (0,+\infty) \to (0,+\infty)$, $\alpha, \beta \in C[0,+\infty)$, $\alpha \leqslant \beta$. 如果对任意的 $\alpha \leqslant x \leqslant \beta$, 存在非负函数 $\psi \in C[0,+\infty)$ 和正函数 $h \in C[0,+\infty)$ 满足

$$\int_0^{+\infty} \psi(s)\phi(s) ds < +\infty, \quad \int^{+\infty} \frac{s}{h(s)} ds = +\infty^{①}$$

使得

$$\big|f(t,x,y)\big| \leqslant \psi(t) h\big(|y|\big), \quad t \in [0,+\infty),\ y \in \mathbb{R}.$$

那么称函数 f 关于函数 ϕ, α, β 满足 Nagumo 条件, 简称 f 满足 Nagumo 条件.

5.1.2　解的存在性

定理 5.1　假设下列条件成立:

(P_1) 边值问题 (5.1) 在 X 中有一对上下解 β, α 满足 $\alpha \leqslant \beta$, 且 f 关于函数 ϕ, α, β 满足 Nagumo 条件;

① $\int^{+\infty} f(x)dx$表示定义在某个$[x_0, +\infty)$上函数$f(x)$的广义黎曼积分, 敛散性由通常的定义给出.

(P_2) 存在 $\gamma > 1$ 使得

$$\sup_{0\leqslant t<+\infty}(1+t)^{\gamma}\phi(t)\psi(t) < +\infty,$$

其中 ψ 是 Nagumo 条件中的非负函数.
那么边值问题 (5.1) 至少有一个解 $x \in X$ 满足 $\alpha \leqslant x \leqslant \beta$.

证明 证明分四步来完成.

第一步 定义截断边值问题.

任取 $\delta > 0$, 则存在常数 $R > C$ 和 R_δ 满足

$$R_\delta \geqslant \max\left\{\sup_{t\in[\delta,+\infty)}\frac{\beta(t)-\alpha(0)}{t},\ \sup_{t\in[\delta,+\infty)}\frac{\beta(0)-\alpha(t)}{t}\right\}$$

和

$$\int_{R_\delta}^{R}\frac{s}{h(s)}ds \geqslant M\left(M_1+\frac{\gamma}{\gamma-1}\cdot\sup_{t\in[0,+\infty)}\frac{\beta(t)}{1+t}\right),$$

其中, C 是右边界条件中的常数,

$$M = \sup_{t\in[0,+\infty)}(1+t)^{\gamma}\phi(t)\psi(t),$$

$$M_1 = \sup_{t\in[0,+\infty)}\frac{\beta(t)}{(1+t)^{\gamma}} - \inf_{t\in[0,+\infty)}\frac{\alpha(t)}{(1+t)^{\gamma}}.$$

由 $\alpha, \beta \in X$ 和 Nagumo 条件定义可知, R 和 R_δ 取值可以取到, 但不唯一, 最好取下确界值.

考虑辅助的二阶常微分方程两点边值问题

$$\begin{cases}x''(t)+\phi(t)f^*\big(t,x(t),x'(t)\big)=0, \quad t\in(0,+\infty),\\ x(0)-ax'(0)=B, \quad x'(+\infty)=C,\end{cases} \tag{5.5}$$

其中

$$f^*(t,x,y)=\begin{cases}f_R\big(t,\alpha(t),y\big)+\dfrac{\alpha(t)-x}{1+|x-\alpha(t)|}, & x<\alpha(t),\\ f_R(t,x,y), & \alpha(t)\leqslant x\leqslant\beta(t),\\ f_R\big(t,\beta(t),y\big)+\dfrac{\beta(t)-x}{1+|x-\beta(t)|}, & x>\beta(t)\end{cases}$$

和

$$f_R(t,x,y)=\begin{cases} f\big(t,x,-R\big), & y<-R, \\ f\big(t,x,y\big), & -R\leqslant y\leqslant R, \\ f\big(t,x,R\big), & y>R. \end{cases}$$

第二步 若 x 是边值问题 (5.5) 的解, 且满足 $\alpha\leqslant u\leqslant\beta$, 那么 $|u'|_\infty\leqslant R$. 下面分三种情况证明.

情况 1 对任意的 $t\in[0,+\infty)$, 有 $|x'(t)|>R_\delta$.

不失一般性, 设 $x'(t)>R_\delta$, $t\in[0,+\infty)$, 那么对任意的 $t\geqslant\delta$, 有

$$\frac{\beta(t)-\alpha(0)}{t}\geqslant\frac{x(t)-x(0)}{t}=\frac{1}{t}\int_0^t x'(s)ds>R_\delta\geqslant\frac{\beta(t)-\alpha(0)}{t}.$$

这是一个矛盾, 所以一定存在 $\bar{t}\in[0,+\infty)$ 使得 $|x'(\bar{t})|\leqslant R_\delta$.

情况 2 对任意的 $t\in[0,+\infty)$, 有 $|x'(t)|\leqslant R_\delta$, 那么一开始把 R_δ 的值赋予 R 即可.

情况 3 存在区间 $[t_1,t_2]\subset[0,+\infty)$ 使得 $|x'(t_1)|=R_\delta$, $|x'(t)|>R_\delta$, $t\in(t_1,t_2]$ 或者 $|x'(t_2)|=R_\delta$, $|x'(t)|>R_\delta$, $t\in[t_1,t_2)$.

不失一般性, 假设 $x'(t_1)=R_\delta$, $x'(t)>R_\delta$, $t\in(t_1,t_2]$, 那么

$$\begin{aligned}\int_{R_\delta}^{x'(t_2)}\frac{s}{h(s)}ds&=\int_{x'(t_1)}^{x'(t_2)}\frac{s}{h(s)}ds=\int_{t_1}^{t_2}\frac{x'(s)}{h\big(x'(s)\big)}x''(s)ds\\&=\int_{t_1}^{t_2}\frac{-\phi(s)f\big(s,x(s),x'(s)\big)x'(s)}{h\big(x'(s)\big)}ds\\&\leqslant\int_{t_1}^{t_2}x'(s)\phi(s)\psi(s)ds\leqslant M\int_{t_1}^{t_2}\frac{x'(s)}{(1+s)^\gamma}ds\\&=M\left(\int_{t_1}^{t_2}\left(\frac{x(s)}{(1+s)^\gamma}\right)'ds+\int_{t_1}^{t_2}\frac{\gamma x(s)}{(1+s)^{1+\gamma}}ds\right)\\&\leqslant M\left(M_1+\sup_{t\in[0,+\infty)}\frac{\beta(t)}{1+t}\int_0^{+\infty}\frac{\gamma}{(1+t)^\gamma}ds\right)\\&\leqslant\int_{R_\delta}^{R}\frac{s}{h(s)}ds,\end{aligned}$$

从而可得 $x'(t_2)\leqslant R$. 由 t_1 和 t_2 的任意性可知: 当 $x'(t)\geqslant R_\delta$, 则必有 $x'(t)\leqslant R$, $t\in[0,+\infty)$. 同理, 如果 $x'(t_1)=-R_\delta$, $x'(t)<-R_\delta$, $t\in(t_1,t_2]$, 那么 $x'(t)\geqslant -R$, $t\in[0,+\infty)$.

总之, 如果 x 是边值问题 (5.5) 满足 $\alpha \leqslant x \leqslant \beta$ 的解, 那么 $|x'(t)| \leqslant R$, $t \in [0,+\infty)$ 恒成立.

第三步 若边值问题 (5.5) 有解 x, 那么 $\alpha \leqslant x \leqslant \beta$.

用反证法, 如果 $x \leqslant \beta$ 不成立, 那么

$$\sup_{0\leqslant t<+\infty} \big(x(t) - \beta(t)\big) > 0.$$

由右边界条件和上解的定义可知, $x'(+\infty) - \beta'(+\infty) < 0$, 故有如下两种情况.

情况 1 $\lim\limits_{t\to 0^+} \big(x(t) - \beta(t)\big) = \sup\limits_{0\leqslant t<+\infty} \big(x(t) - \beta(t)\big) > 0.$

显然这种情况下有, $x'(0^+) - \beta'(0^+) \leqslant 0$. 但由左边界条件, 有

$$x(0) - \beta(0) \leqslant a(x'(0) - \beta'(0)) \leqslant 0,$$

这是一个矛盾, 故情况 1 不成立.

情况 2 存在 $t^* \in (0,+\infty)$, 使得

$$\big(x(t^*) - \beta(t^*)\big) = \sup_{0\leqslant t<+\infty} \big(x(t) - \beta(t)\big) > 0.$$

这时, $x'(t^*) - \beta'(t^*) = 0$, $x''(t^*) - \beta''(t^*) \leqslant 0$. 然而

$$\begin{aligned} x''(t^*) - \beta''(t^*) &\geqslant -\phi(t^*)\big(f^*\big(t^*, x(t^*), x'(t^*)\big) - f\big(t^*, \beta(t^*), \beta'(t^*)\big)\big) \\ &= \phi(t^*)\frac{x(t^*) - \beta(t^*)}{1 + |x(t^*) - \beta(t^*)|} > 0. \end{aligned}$$

这也是一个矛盾, 情况 2 也不成立.

因此 $x \leqslant \beta$ 成立. 同理可以证明 $\alpha(t) \leqslant x(t)$, $t \in [0,+\infty)$ 成立, 即边值问题 (5.5) 的任一解都落在上下解之间.

第四步 边值问题 (5.1) 至少有一个解.

令 $r = \max\{|\alpha|, |\beta|, R\}$, 考虑集合 $\Omega = \{x \in X : |x| \leqslant r\}$. 那么 Ω 是 X 中有界闭凸集. 定义算子 $T : \Omega \to X$ 为

$$(Tx)(t) = aC + B + Ct + \int_0^{+\infty} G(t,s)\phi(s)f^*\big(s, x(s), x'(s)\big)ds,$$

其中 $t \in [0,+\infty)$, $G(t,s)$ 如 (5.2) 定义. 显然, 算子 T 的不动点就是边值问题 (5.5) 的解. 由第二步和第三步可知 $T : \Omega \to \Omega$. 如果 T 是一个全连续算子, 那么由 Leray-Schauder 不动点定理可知, T 至少有一个不动点. 容易验证 T 是连续的, 下面证明 T 是一个紧算子.

首先, 任取 X 空间一有界集 B, 则存在 $r>0$, 使得对任意的 $x\in B$, 都有 $|x|\leqslant r$. 这样, 有

$$\begin{aligned}|Tx|&=\max\{|Tx|_1,\ |(Tx)'|_\infty\}\\&\leqslant L_0+\int_0^{+\infty}K_0\phi(s)\big|f^*\big(s,x(s),x'(s)\big)\big|ds\\&\leqslant L_0+K_0\int_0^{+\infty}\phi(s)\big(H_r\psi(s)+1\big)ds<+\infty,\end{aligned}$$

其中, $L_0=\max\{aC+B,C\}$, $K_0=\max\{a,1\}$, $H_r=\max\limits_{0\leqslant s\leqslant r}h(s)$. 即 TB 是一致有界的. 其次, 对任意的 $T>0$, 当 t_1, $t_2\in[0,T]$ 时, 有

$$\begin{aligned}\left|\frac{Tx(t_1)}{1+t_1}\frac{Tx(t_2)}{1+t_2}\right|&=\left|\frac{aC+B+Ct_1}{1+t_1}-\frac{aC+B+Ct_2}{1+t_2}\right.\\&\quad\left.+\int_0^{+\infty}\left(\frac{G(t_1,s)}{1+t_1}-\frac{G(t_2,s)}{1+t_2}\right)\phi(s)f^*\big(s,x(s),x'(s)\big)ds\right|\\&\leqslant\left|\frac{aC+B+Ct_1}{1+t_1}-\frac{aC+B+Ct_2}{1+t_2}\right|\\&\quad+\int_0^{+\infty}\left|\frac{G(t_1,s)}{1+t_1}-\frac{G(t_2,s)}{1+t_2}\right|\phi(s)\big(H_r\psi(s)+1\big)ds\\&\to 0(\text{与 } x \text{ 无关}),\quad \text{当 } t_1\to t_2\end{aligned}$$

和

$$\begin{aligned}|(Tx)'(t_1)-(Tx)'(t_2)|&=\left|\int_{t_1}^{t_2}\phi(s)f^*\big(s,x(s),x'(s)\big)ds\right|\\&\leqslant\int_{t_1}^{t_2}\phi(s)\big(H_r\psi(s)+1\big)ds\\&\to 0(\text{与 } x \text{ 无关}),\quad \text{当 } t_1\to t_2,\end{aligned}$$

因而 TB 中的所有函数在 $[0,+\infty)$ 的任意紧子集上是等度连续的. 最后, 因为

$$\begin{aligned}\left|\frac{Tx(t)}{1+t}-\lim_{t\to+\infty}\frac{Tx(t)}{1+t}\right|&=\left|\frac{aC+B+Ct}{1+t}-C\right.\\&\quad\left.+\int_0^{+\infty}\left(\frac{G(t,s)}{1+t}-1\right)\phi(s)f^*\big(s,x(s),x'(s)\big)ds\right|\end{aligned}$$

$$
\begin{aligned}
&\leqslant \left|\frac{aC+B+Ct}{1+t}-C\right| \\
&\quad +\int_0^{+\infty}\left|\frac{G(t,s)}{1+t}-1\right|\phi(s)\big(H_r\psi(s)+1\big)ds \\
&\to 0(\text{与 } x \text{ 无关}), \quad \text{当 } t\to+\infty
\end{aligned}
$$

和

$$
\begin{aligned}
|(Tu)'(t)-C| &= \left|\int_t^{+\infty}\phi(s)f^*\big(s,u(s),u'(s)\big)ds\right| \\
&\leqslant \int_t^{+\infty}\phi(s)\big(H_r\psi(s)+1\big)ds \\
&\to 0(\text{与 } x \text{ 无关}), \quad \text{当 } t\to+\infty
\end{aligned}
$$

成立, 所以 TB 在无穷处等度收敛. 由推论 2.4 可知 TB 是相对紧集.

由 Leray-Schauder 不动点定理, T 至少有一个不动点 $x\in X$, 而此不动点就是边值问题 (5.5) 的解. 又因为 $\alpha\leqslant x\leqslant\beta$, $|x'|_\infty<R$, 所以

$$
x''(t)=-f^*\big(t,x(t),x'(t)\big)=-f\big(t,x(t),x'(t)\big),
$$

即 x 是边值问题 (5.1) 的一个解. 证毕.

5.1.3 正解的存在性

定理 5.2 假设 $f:[0,+\infty)^3\to[0,+\infty)$. 进一步假设下列条件成立:

(P_3) 边值问题 (5.1) 有一对正的上下解 β, $\alpha\in X$ 满足 $\alpha\leqslant\beta$;

(P_4) 对任意的 $r>0$, 存在非负函数 φ_r 满足

$$
\int_0^{+\infty}\phi(s)\varphi_r(s)ds<+\infty,
$$

使得当 $\alpha\leqslant x\leqslant\beta, 0\leqslant y\leqslant r$ 时, 有

$$
f(t,x,y)\leqslant\varphi_r(t),\qquad t\in[0,+\infty).
$$

那么当 B, $C\geqslant 0$ 时, 边值问题 (5.1) 至少有一个正解 x, 满足 $\alpha\leqslant x\leqslant\beta$.

证明 令 $R=\dfrac{1}{a}\big(B+\beta(0)\big)$. 考虑辅助边值问题 (5.5), 除了将 f_R 替换为

$$
f_R(t,x,y)=\begin{cases} f\big(t,x,0\big), & y<0, \\ f(t,x,y), & 0\leqslant y\leqslant R, \\ f\big(t,x,R\big), & y>R. \end{cases}
$$

与定理 5.1 类似讨论可知, 边值问题 (5.5) 至少有一个解 x, 满足 $\alpha \leqslant x \leqslant \beta$. 因为

$$x''(t) = -\phi(t)f^*\big(t, x(t), x'(t)\big) \leqslant 0,$$

又 $x'(+\infty) = C \geqslant 0$, 所以

$$0 \leqslant x'(t) \leqslant x'(0) = \frac{1}{a}\big(B + x(0)\big) \leqslant R.$$

从而边值问题 (5.5) 的解 x 就是边值问题 (5.1) 的解. 证毕.

5.1.4 例子

例 5.1 考虑半无穷区间上二阶微分方程两点边值问题

$$\begin{cases} x''(t) - e^{-\gamma t}\arctan(x'(t))\big(2(t - x(t)) + (1 - x'(t))^2\big) = 0, \\ x(0) = 0, \quad x'(+\infty) = 0, \end{cases} \tag{5.6}$$

令 $\phi(t) = e^{-\gamma t}$, $f(t,u,v) = \arctan v\big(2(t-u) + (1-v)^2\big)$. 容易验证 $\alpha(t) = -t$, $\beta(t) = t$ 是边值问题 (5.6) 在 X 中的一对上下解, 且当 $t \in (0, +\infty)$ 时, $\alpha(t) < \beta(t)$. 当 $0 \leqslant t < +\infty$, $-t \leqslant u \leqslant t$, $-1 \leqslant v \leqslant 1$ 时,

$$\begin{aligned} \big|f(t,u,v)\big| &= \big|\arctan v\big(2(t-u) + (1-v)^2\big)\big| \\ &\leqslant |v| 4(1+t). \end{aligned}$$

如果取 $h(t) = t$, $\psi(t) = 4(1+t)$, 那么

$$\begin{aligned} &\big|f(t,u,v)\big| \leqslant \psi(t)h(|v|), \\ &\int^{+\infty} \frac{s}{h(s)} = \int^{+\infty} ds = +\infty, \\ &\int_0^{+\infty} \phi(s)\psi(s)ds = 4\int_0^{+\infty} e^{-\gamma s}(1+s)ds < +\infty. \end{aligned}$$

即 f 关于 $e^{-\gamma t}, -t, t$ 满足 Nagumo 条件. 又对任意的 $\mu > 1$, 有

$$\begin{aligned} \sup_{0 \leqslant t < +\infty} (1+t)^{\mu}\phi(t)\psi(t) &= 4 \sup_{0 \leqslant t < +\infty} (1+t)^{\mu+1}e^{-\gamma t} \\ &\leqslant 4\max\left\{\left(\frac{\mu+1}{\gamma}\right)^{\mu+1}, 1\right\} < +\infty, \end{aligned}$$

所以由定理 5.1 可知, 边值问题 (5.6) 存在一个解.

5.2 二阶微分方程三点边值问题

考虑半无穷区间上二阶常微分方程三点边值问题

$$\begin{cases} x''(t)+\phi(t)f\big(t,x(t),x'(t)\big)=0, & t\in(0,+\infty), \\ x(0)=ax'(\eta), \quad x'(+\infty)=C, \end{cases} \tag{5.7}$$

其中, $\phi:(0,+\infty)\to(0,+\infty)$ 是连续的, 且 $\phi\in L^1[0,+\infty)$, $f:[0,+\infty)\times\mathbb{R}^2\to\mathbb{R}$ 是连续函数, 其中 $0\leqslant a<1,\eta\in(0,+\infty)$, $C\in\mathbb{R}$ 是常数.

本节将 5.1 节的结论推广到多点非共振边值问题中. 另外, 这里介绍构造 Green 函数的另一种方法, 即利用 Green 函数的四条性质来进行构造它, 在例 1.12 中已经给出一种方法.

5.2.1 线性边值问题和 Green 函数

引理 5.3 设 $a\neq 1$. 二阶常微分方程三点边值问题

$$\begin{cases} -x''(t)=0, & t\in(0,+\infty), \\ x(0)=ax(\eta), \quad x'(+\infty)=0 \end{cases}$$

的 Green 函数为

$$G(t,s)=\frac{1}{1-a}\begin{cases} s, & 0\leqslant s\leqslant\min\{\eta,t\}<+\infty, \\ a(s-t)+t, & 0\leqslant t\leqslant s\leqslant\eta<+\infty, \\ a(\eta-s)+s, & 0<\eta\leqslant s\leqslant t<+\infty, \\ a(\eta-t)+t, & 0<\max\{t,\eta\}\leqslant s<+\infty. \end{cases} \tag{5.8}$$

证明 首先, $x''=0$ 有基本解组 $x_1(t)=1,x_2(t)=t$. 记 $X_1(x)=x(0)-ax(\eta)$, $X_2(x)=x'(+\infty)$. 因为

$$\Delta=\begin{vmatrix} X_1(x_1) & X_1(x_2) \\ X_2(x_1) & X_2(x_2) \end{vmatrix}=\begin{vmatrix} 1-a & -a\eta \\ 0 & 1 \end{vmatrix}=1-a\neq 0,$$

所以边值问题存在 Green 函数. 因为 Green 函数满足微分方程, 所以它是一次多项式函数.

如果 $s\in(0,\eta)$. 令

$$G(t,s)=\begin{cases} A_{11}+A_{21}t, & 0\leqslant t\leqslant s<\eta<+\infty, \\ B_{11}+B_{21}t, & 0\leqslant s<\min\{t,\eta\}<+\infty. \end{cases}$$

由 Green 函数满足边界条件, 即 $X_1(G(\cdot,s))=0$ 和 $X_2(G(\cdot,s))=0$, 得

$$B_{21}=0,\quad A_{11}=aB_{11}.$$

再由 Green 函数的连续光滑性, 即

$$G(t,s)|_{t=s^+}-G(t,s)|_{t=s^-}=0,\quad \left.\frac{\partial G(t,s)}{\partial t}\right|_{t=s^+}-\left.\frac{\partial G(t,s)}{\partial t}\right|_{t=s^-}=-1,$$

直接计算, 得

$$aB_{11}+A_{21}s=B_{11},\quad -A_{21}=-1.$$

所以当 $s\in(0,\eta)$ 时, 所求 Green 函数为

$$G(t,s)=\begin{cases}\dfrac{as}{1-a}+t, & 0\leqslant t\leqslant s<\eta<+\infty,\\ \dfrac{s}{1-a}, & 0\leqslant s<\min\{t,\eta\}<+\infty.\end{cases}$$

如果 $s\in(\eta,+\infty)$ 时. 令

$$G(t,s)=\begin{cases}A_{12}+A_{22}t, & 0<\max\{t,\eta\}<s<+\infty,\\ B_{12}+B_{22}t, & 0<\eta<s<t<+\infty.\end{cases}$$

由 Green 函数满足边界条件, 得

$$(1-a)A_{12}-a\eta A_{22}=0,\quad B_{22}=0,$$

再由 Green 函数的连续光滑性, 得

$$A_{12}=\frac{a\eta}{1-a},\quad B_{12}=\frac{a\eta}{1-a}+s.$$

所以当 $s\in(\eta,+\infty)$ 时, Green 函数为

$$G(t,s)=\begin{cases}\dfrac{a\eta}{1-a}+t, & 0<\max\{t,\eta\}<s<+\infty,\\ \dfrac{a\eta}{1-a}+s, & 0<\eta<s<t<+\infty.\end{cases}$$

综上可知, 此二阶常微分方程三点非共振边值问题的 Green 函数为 (5.8) 式.

引理 5.4　假设 $v\in L^1[0,+\infty)$, $\alpha\neq 1$. 二阶线性常微分方程三点边值问题

$$\begin{cases} x''(t)+v(t)=0, & t\in(0,+\infty), \\ x(0)=ax(\eta), & x'(+\infty)=C \end{cases}$$

有唯一解, 而且此解可以表示为

$$x(t)=\frac{a\eta}{1-a}C+Ct+\int_0^{+\infty}G(t,s)v(s)ds,$$

其中 $G(t,s)$ 如 (5.8) 式定义.

5.2.2 解的存在性

考虑函数空间 $(X,|\cdot|)$ 同 5.1 节一样, 并定义边值问题 (5.7) 上下解如下.

定义 5.3 如果函数 $\alpha\in C^1[0,+\infty)\cap C^2(0,+\infty)$ 满足

$$\begin{cases} \alpha''(t)+\phi(t)f\big(t,\alpha(t),\alpha'(t)\big)\geqslant 0, & t\in(0,+\infty), \\ \alpha(0)\leqslant a\alpha(\eta), & \alpha'(+\infty)<C. \end{cases} \tag{5.9}$$

那么称 α 为边值问题 (5.7) 的一个下解. 如果函数 $\beta\in C^1[0,+\infty)\cap C^2(0,+\infty)$ 满足

$$\begin{cases} \beta''(t)+\phi(t)f\big(t,\beta(t),\beta'(t)\big)\leqslant 0, & t\in(0,+\infty), \\ \beta(0)\geqslant a\beta(\eta), & \beta'(+\infty)>C. \end{cases} \tag{5.10}$$

那么称 β 为边值问题 (5.7) 的一个上解.

定理 5.5 假设定理 5.1 中的条件 (P_1) 和 (P_2) 成立, 除了将边值问题 (5.1) 替换为 (5.7). 那么边值问题 (5.7) 至少有一个解 $x\in X$, 满足 $\alpha\leqslant x\leqslant\beta$.

证明 这里仅证明: 若边值问题 (5.7) 有解 x, 那么 x 满足 $\alpha\leqslant x\leqslant\beta$.

用反证法. 如果 $x(t)\leqslant\beta(t)$, $t\in[0,+\infty)$ 不成立, 令 $v(t)=x(t)-\beta(t)$, 那么 v 在某个 $t_0\in[0,+\infty)$ 上取到正的最大值. 由右边值条件, $v'(+\infty)<0$, 所以有下列两种情况.

情况 1 $t_0\in(0,+\infty)$.

在这种情况下, 有

$$v(t_0)=x(t_0)-\beta(t_0)=\sup_{0\leqslant t<+\infty}\big(x(t)-\beta(t)\big)>0.$$

所以 $v'(t_0)=x'(t_0)-\beta'(t_0)=0$, $v''(t_0)=x''(t_0)-\beta''(t_0)\leqslant 0$ 成立. 然而,

$$v''(t_0)=x''(t_0)-\beta''(t_0)$$

$$
\begin{aligned}
&\geqslant \phi(t_0)\big(f\big(t_0,\beta(t_0),\beta'(t_0)\big)-f^*\big(t_0,x(t_0),x'(t_0)\big)\big)\\
&=\phi(t_0)\frac{x(t_0)-\beta(t_0)}{1+|x(t_0)-\beta(t_0)|}\\
&>0.
\end{aligned}
$$

这是一个矛盾. 所以 v 不可能在 $(0,+\infty)$ 上取到上确界.

情况 2　$t_0=0$.

在这种情况下有, $v(0)>0$, $v'(0^+)\leqslant 0$ 成立. 然而, 由左边值条件, 可得 $v(0)\leqslant av(\eta)$. 若 $a=0$, $v(0)\leqslant 0$; 若 $0<a<1$, $v(\eta)>v(0)$, 这都与 $v(0)$ 是正最大值矛盾.

综上, $x\leqslant\beta$. 同理可证 $\alpha\leqslant x$.

5.2.3　例子

例 5.2　考虑半无穷区间上二阶常微分方程三点边值问题

$$
\begin{cases}
x''(t)+e^{-\gamma t}f\big(t,x(t),x'(t)\big)=0, & t\in(0,+\infty),\\
x(0)=\dfrac{1}{4}x(1),\quad x'(+\infty)=\dfrac{3}{4},
\end{cases}
\tag{5.11}
$$

其中 $f(t,u,v)=\big(2t-2u+(1-v)^2\big)\arctan v$.

令 $\phi(t)=e^{-\gamma t}$, 并取

$$
\alpha(t)=\frac{1}{2}t,\quad \beta(t)=t+1,\quad t\in(0,+\infty).
$$

那么可以验证它们是 (5.11) 的一对上下解, 且 α, $\beta\in X$, $\alpha<\beta$. 与此同时, 当 $0\leqslant t<+\infty, \dfrac{1}{2}t\leqslant u\leqslant t+1, \dfrac{1}{2}\leqslant v\leqslant 1$ 时, 有

$$
\begin{aligned}
\big|f(t,u,v)\big|&=\big|\big(2t-2u+(1-v)^2\big)\arctan v\big|\\
&\leqslant (t+\frac{1}{4})|v|.
\end{aligned}
$$

若令 $h(t)=t$, $\psi(t)=t+\dfrac{1}{4}$, 则

$$
\begin{aligned}
&\big|f(t,u,v)\big|\leqslant\psi(t)h(|v|),\\
&\int^{+\infty}\frac{s}{h(s)}=\int^{+\infty}ds=+\infty,\\
&\int_0^{+\infty}\phi(s)\psi(s)ds=\int_0^{+\infty}e^{-\gamma s}\left(\frac{1}{4}+s\right)ds<+\infty.
\end{aligned}
$$

即 f 关于 $e^{-\gamma t}$, $\frac{1}{2}t$ 和 $t+1$ 满足 Nagumo 条件. 对任何常数 $\alpha>1$, 有

$$\begin{aligned}\sup_{0\leqslant t<+\infty}(1+t)^{\alpha}\phi(t)\psi(t) &= \sup_{0\leqslant t<+\infty}\left(1+\frac{1}{4}\right)^{\alpha+1}e^{-\gamma t}\\ &= \sup_{0\leqslant t<+\infty}(1+t)^{\alpha+1}e^{-\gamma t}\\ &\leqslant \max\left\{\left(\frac{\alpha+1}{\gamma}\right)^{\alpha+1},\ 1\right\}<+\infty,\end{aligned}$$

所以由定理 5.5 可知, 边值问题 (5.11) 至少有一个解.

5.3 高阶微分方程两点边值问题

考虑半无穷区间上 n 阶常微分方程

$$-x^{(n)}(t)=\phi(t)f\big(t,x(t),\cdots,x^{(n-1)}(t)\big),\quad 0<t<+\infty \tag{5.12}$$

和 Sturm-Liouville 型边界条件

$$\begin{cases}x^{(i)}(0)=A_i, \quad i=0,1,\cdots,n-3,\\ x^{(n-2)}(0)-ax^{(n-1)}(0)=B,\\ x^{(n-1)}(+\infty)=C,\end{cases} \tag{5.13}$$

其中, $\phi:(0,+\infty)\to(0,+\infty)$ 是连续的, 且 $\phi\in L^1[0,+\infty)$, $f:[0,+\infty)\times\mathbb{R}^n\to\mathbb{R}$ 是连续的, $a>0$, A_i, B, $C\in\mathbb{R}$, $i=0,1,\cdots,n-3$.

本节继续将 5.1 节的结论推广到高阶无穷边值问题中, 除了可解性结论外, 本节重点利用度理论, 特别是同伦不变性, 给出了无穷边值问题至少三个解的存在性. 由前两节结论不难看出, 对于二阶微分方程边值问题, 给定一对上下解, 在非线性项满足适当条件下, 边值问题至少有一个解. 如果给定 n 对上下解, 满足

$$\alpha_1\leqslant\beta_1\leqslant\alpha_2\leqslant\beta_2\leqslant\cdots\leqslant\alpha_n\leqslant\beta_n,$$

则边值问题至少有 n 个解. 但如果上下解之间存在特殊的序关系, 则也可以在较少对上下解存在的前提下, 得到更多解的存在性. 本节假设边值问题 (5.13) 有两对上下解的前提下, 给出了至少存在三个解的充分条件.

5.3.1 Green 函数和上下解

定义空间 X 为

$$X=\left\{x\in C^{n-1}[0,+\infty),\quad \lim_{t\to+\infty}\frac{x^{(i)}(t)}{v_i(t)}\text{ 存在},\quad i=0,1,\cdots,n-1\right\},$$

并赋予范数 $|\cdot|$

$$|x|=\max\{|x|_0,\ |x|_1,\cdots,|x|_{n-1}\},$$

其中, $v_i(t)=1+t^{n-1-i}$ 且

$$|x|_i=\sup_{t\in[0,+\infty)}\left|\frac{x^{(i)}(t)}{v_i(t)}\right|,\quad i=0,1,\cdots,n-1.$$

那么, $(X,|\cdot|)$ 是一个 Banach 空间.

在空间 X 上定义积分算子

$$(Tx)(t)=l(t)+\int_0^\infty G(t,s)\phi(s)f(s,x(s),\cdots,x^{(n-1)}(s))ds,$$

其中 $G(t,s)$ 是如例 1.13 中定义,

$$l(t)=\sum_{k=0}^{n-3}\frac{A_k}{k!}t^k+\frac{aC+B}{(n-2)!}t^{n-2}+\frac{C}{(n-1)!}t^{n-1}.$$

易证, 算子 T 在 X 中的不动点就是边值问题 (5.12)—(5.13) 的解.

引理 5.6　存在与 s 无关的常数 K_i, 使得

$$|G(\cdot,s)|_i\leqslant K_i,\quad i=1,2,\cdots,n-1.$$

证明　记 $g_i(t,s)=\dfrac{\partial^i G(t,s)}{\partial t^i}$, $i=1,2,\cdots,n-1$, 这个记号在后面还会继续使用. 直接计算, 得

$$g_i(t,s)=\begin{cases}\dfrac{at^{n-2-i}}{(n-2-i)!}+\displaystyle\sum_{k=0}^{n-2-i}\frac{(-1)^k s^{k+1}t^{n-2-k-i}}{(k+1)!(n-2-k-i)!}, & s\leqslant t,\\[2ex] \dfrac{at^{n-2-i}}{(n-2-i)!}+\dfrac{t^{n-1-i}}{(n-1-i)!}, & t\leqslant s.\end{cases}\tag{5.14}$$

显然, 对任意的 $s\in[0,+\infty)$, $g_i(t,s)$ 关于 t 在 $[0,+\infty)$ 的任意紧集上一致连续. 注意到, 对任意的正整数 k 和 l, 有

$$\sup_{t\in[0,+\infty)}\frac{t^k}{1+t^l}=\begin{cases}\dfrac{l-k}{l}\left(\dfrac{k}{l-k}\right)^{\frac{k}{l}}, & k<l,\\ 1, & k=l,\\ +\infty, & k>l.\end{cases}$$

所以由 (5.14), 当 $s\leqslant t$ 时, 有

$$\begin{aligned}\sup_{t\in[0,+\infty)}\left|\frac{g_i(t,s)}{v_i(t)}\right| &= \sup_{t\in[0,+\infty)}\left|\frac{at^{n-2-i}}{(n-2-i)!v_i(t)}+\sum_{k=0}^{n-2-i}\frac{(-1)^k s^{k+1}t^{n-2-k-i}}{(k+1)!(n-2-k-i)!v_i(t)}\right|\\ &\leqslant \sup_{t\in[0,+\infty)}\left(\frac{at^{n-2-i}}{(n-2-i)!v_i(t)}+\sum_{k=0}^{n-2-i}\frac{t^{k+1}t^{n-2-k-i}}{(k+1)!(n-2-k-i)!v_i(t)}\right)\\ &\leqslant \frac{a}{(n-2-i)!}\sup_{t\in[0,+\infty)}\frac{t^{n-2-i}}{v_i(t)}+\frac{n-1-i}{(n-2-i)!}\sup_{t\in[0,+\infty)}\frac{t^{n-1-i}}{v_i(t)}\\ &= \frac{a}{(n-1-i)!}(n-2-i)^{\frac{n-2-i}{n-1-i}}+\frac{n-1-i}{(n-2-i)!}.\end{aligned}$$

而当 $s\geqslant t$ 时, 有

$$\begin{aligned}\sup_{t\in[0,+\infty)}\left|\frac{g_i(t,s)}{v_i(t)}\right| &= \sup_{t\in[0,+\infty)}\left|\frac{at^{n-2-i}}{(n-2-i)!v_i(t)}+\frac{t^{n-1-i}}{(n-1-i)!v_i(t)}\right|\\ &\leqslant \frac{a}{(n-2-i)!}\sup_{t\in[0,+\infty)}\frac{t^{n-2-i}}{v_i(t)}+\frac{1}{(n-1-i)!}\sup_{t\in[0,+\infty)}\frac{t^{n-1-i}}{v_i(t)}\\ &= \frac{a}{(n-1-i)!}(n-2-i)^{\frac{n-2-i}{n-1-i}}+\frac{1}{(n-1-i)!}.\end{aligned}$$

因此, 对于 $i=1,2,\cdots,n-1$, 成立

$$|G(t,s)|_i\leqslant\frac{a}{(n-1-i)!}(n-2-i)^{\frac{n-2-i}{n-1-i}}+\frac{n-1-i}{(n-2-i)!}:=K_i. \tag{5.15}$$

定义 5.4 如果函数 $\alpha\in C^{n-1}[0,+\infty)\cap C^n(0,+\infty)$ 满足

$$\begin{cases}-\alpha^{(n)}(t)\leqslant\phi(t)f(t,\alpha(t),\cdots,\alpha^{(n-1)}(t)), \quad 0<t<+\infty,\\ \alpha^{(i)}(0)\leqslant A_i, \quad i=0,1,\cdots,n-3,\\ \alpha^{(n-2)}(0)-a\alpha^{(n-1)}(0)\leqslant B,\\ \alpha^{(n-1)}(+\infty)<C,\end{cases} \tag{5.16}$$

那么就称 α 为无穷边值问题 (5.12)—(5.13) 的一个下解. 如果 (5.16) 中的不等式都是严格的, 那么称 α 为一个严格下解. 如果改变 (5.16) 不等号 "$\leqslant$" 为 "$\geqslant$", 或 "$<$" 为 "$>$", 则称 α 为一个上解或者严格上解.

定义 5.5 已知函数 $f:[0,+\infty)\times\mathbb{R}^n\to\mathbb{R}$, $\phi:(0,+\infty)\to(0,+\infty)$, $\alpha,\beta\in C^{n-1}[0,+\infty)$ 满足 $\alpha^{(i)}\leqslant\beta^{(i)}$, $i=0,1,\cdots,n-2$. 如果存在非负函数 $\psi\in C[0,+\infty)$ 和正函数 $h\in C[0,+\infty)$, 满足

$$\int_0^{+\infty}\phi(s)\psi(s)ds<+\infty,\quad \int^{+\infty}\frac{s}{h(s)}ds=+\infty.$$

使得当 $t\in[0,+\infty)$, $\alpha^{(i)}\leqslant u_i\leqslant\beta^{(i)}$, $i=0,1,\cdots,n-2$, $u_{n-1}\in\mathbb{R}$ 时, 有

$$|f(t,u_0,u_1,\cdots,u_{n-1})|\leqslant\psi(t)h(|u_{n-1}|)$$

成立. 那么称 f 关于 ϕ,α 和 β 满足 Nagumo 条件, 简称 f 满足 Nagumo 条件.

5.3.2 解的存在性

引理 5.7 假设下列条件成立.

(Q_1) 边值问题 (5.12)—(5.13) 在 X 空间有一对上下解 β,α 满足

$$\alpha^{(i)}(t)\leqslant\beta^{(i)}(t),\quad t\in[0,+\infty),i=0,1,\cdots,n-2.$$

且 f 关于 ϕ,α 和 β 满足 Nagumo 条件.

(Q_2) 存在 $\gamma>1$, 使得

$$\sup_{0\leqslant t<+\infty}(1+t)^\gamma\phi(t)\psi(t)<+\infty,$$

其中 ψ 是 Nagumo 条件中的非负函数.

那么存在常数 $R>0$, 使得边值问题 (5.12)—(5.13) 的任一满足

$$\alpha^{(i)}\leqslant x^{(i)}\leqslant\beta^{(i)},\quad i=0,1,\cdots,n-2$$

的解 x, 都有 $|x|_{n-1}\leqslant R$.

证明 证明类似于定理 5.1 的第二步, 这里只给出常数 R 的定义. 任取一个常数 $\delta>0$, 令

$$M_0=\sup_{0\leqslant t<+\infty}(1+t)^\gamma\phi(t)\psi(t),$$

$$M_1=\sup_{0\leqslant t<+\infty}\frac{\beta^{(n-2)}(t)}{(1+t)^\gamma}-\inf_{0\leqslant t<+\infty}\frac{\alpha^{(n-2)}(t)}{(1+t)^\gamma},$$

$$M_2 = \max\{|\beta|_{n-2},\ |\alpha|_{n-2}\},$$

$$M_3 = \max\left\{\sup_{\delta\leqslant t<+\infty}\frac{\beta^{(n-2)}(t)-\alpha^{(n-2)}(0)}{t},\ \sup_{\delta\leqslant t<+\infty}\frac{\beta^{(n-2)}(0)-\alpha^{(n-2)}(t)}{t}\right\},$$

取 $R > C$, $R_\delta \geqslant M_3$ 满足

$$\int_\eta^R \frac{s}{h(s)}ds \geqslant M_0\left(M_1+\frac{\gamma}{\gamma-1}M_2\right).$$

注 5.1 可以证明

$$|\beta^{(n-1)}(t)| \leqslant R, \quad |\alpha^{(n-1)}(t)| \leqslant R, \quad t\in[0,+\infty).$$

定理 5.8 假设条件 (Q_1) 和 (Q_2) 成立. 进一步假设下列条件成立.

(Q_3) 当 $t\in[0,+\infty)$, $\alpha^{(i)}\leqslant x_i\leqslant\beta^{(i)}, i=0,1,\cdots,n-3$, $u_{n-2}\in\mathbb{R}$, $u_{n-1}\in\mathbb{R}$ 时, 有

$$\begin{aligned}
&f\big(t,\alpha(t),\cdots,\alpha^{(i)}(t),\cdots,\alpha^{(n-3)}(t),x_{n-2},x_{n-1}\big)\\
\leqslant\ & f(t,x_0,\cdots,x_i,\cdots,x_{n-3},x_{n-2},x_{n-1})\\
\leqslant\ & f\big(t,\beta(t),\cdots,\beta^{(i)}(t),\cdots,\beta^{(n-3)}(t),x_{n-2},x_{n-1}\big).
\end{aligned}$$

那么边值问题 (5.12)—(5.13) 至少有一个解 $x\in X$, 满足 $|x|_{n-1}\leqslant R$ 和

$$\alpha^{(i)}(t)\leqslant x^{(i)}(t)\leqslant\beta^{(i)}(t), \quad t\in[0,+\infty),\ i=0,1,\cdots,n-2.$$

证明 为方便起见, 记 $\boldsymbol{X}(t)=(x(t),x'(t),\cdots,x^{(n-1)}(t))$, $t\in[0,+\infty)$. 考虑截断的常微分方程

$$-x^{(n)}(t)=\phi(t)F\big(t,\boldsymbol{X}(t)\big), \quad t\in(0,+\infty) \tag{5.17}$$

和积分算子 $T: X\to X$ 为

$$(Tx)(t)=l(t)+\int_0^{+\infty}G(t,s)\phi(s)F(s,\boldsymbol{X}(s))ds, \tag{5.18}$$

其中, 函数 $F:[0,+\infty)\times\mathbb{R}^n\to\mathbb{R}$ 定义为

$$F(t,\boldsymbol{x})=\begin{cases} f_{n-2}(t,x_0,\cdots,x_{n-2},R), & x_{n-1}>R,\\ f_{n-2}(t,\boldsymbol{x}), & |x_{n-1}|\leqslant R,\\ f_{n-2}(t,x_0,\cdots,x_{n-2},-R) & x_{n-1}<-R.\end{cases}$$

这里 $\boldsymbol{x}=(x_0,x_1,\cdots,x_{n-1})$, 常数 R 如引理 5.7 定义, 函数 $f_0,f_1,\cdots,f_{n-2}:[0,+\infty)\times\mathbb{R}^n\to\mathbb{R}$ 分别为

$$f_0(t,\boldsymbol{x})=\begin{cases} f\big(t,\beta,x_1,\cdots,u_{n-1}\big), & u_0>\beta(t),\\ f(t,\boldsymbol{x}), & \alpha(t)\leqslant x_0\leqslant\beta(t),\\ f\big(t,\alpha,u_1,\cdots,u_{n-1}\big), & u_0<\alpha(t),\end{cases}$$

$$f_i(t,\boldsymbol{x})=\begin{cases} f_{i-1}\big(t,x_0,\cdots,\beta^{(i)},\cdots,x_{n-1}\big), & x_i>\beta^{(i)}(t),\\ f_{i-1}(t,\boldsymbol{x}), & \alpha^{(i)}(t)\leqslant x_i\leqslant\beta^{(i)}(t),\\ f_{i-1}\big(t,x_0,\cdots,\alpha^{(i)},\cdots,x_{n-1}\big), & x_i<\alpha^{(i)}(t),\end{cases}$$
$$i=1,2,\cdots,n-3$$

和

$$f_{n-2}(t,\boldsymbol{x})=\begin{cases} f_{n-3}\big(t,x_0,\cdots,\beta^{(n-2)},x_{n-1}\big)-\dfrac{x_{n-2}-\beta^{(n-2)}(t)}{1+|x_{n-2}-\beta^{(n-2)}(t)|}, \\ \qquad x_{n-2}>\beta^{(n-2)}(t),\\ f_{n-3}(t,\boldsymbol{x}), \qquad \alpha^{(n-2)}(t)\leqslant x_{n-2}\leqslant\beta^{(n-2)}(t),\\ f_{n-3}\big(t,x_0,\cdots,\alpha^{(n-2)}(t),x_{n-1}\big)+\dfrac{x_{n-2}-\alpha^{(n-2)}(t)}{1+|y-\alpha^{(n-2)}(t)|}, \\ \qquad x_{n-2}<\alpha^{(n-2)}(t).\end{cases}$$

第一步 算子 T 是全连续的.

首先, $T:X\to X$ 有定义. 对任意的 $x\in X$, 直接计算, 得

$$(Tx)^{(i)}(t)=\sum_{k=i}^{n-3}\frac{A_kt^{k-i}}{(k-i)!}+\frac{(aC+B)t^{n-2-i}}{(n-2-i)!}+\frac{Ct^{n-1-i}}{(n-1-i)!}$$
$$+\int_0^{+\infty}g_i(t,s)\phi(s)F\big(s,\boldsymbol{X}(s)\big)ds,\quad i=0,1,\cdots,n-1.$$

显然 $Tx\in C^{n-1}[0,+\infty)$. 进一步, 因为

$$\left|\int_0^{+\infty}\phi(s)F(s,\boldsymbol{X}(s))ds\right|\leqslant\int_0^{+\infty}\phi(s)\big(H_1\psi(s)+1\big)ds<+\infty,\tag{5.19}$$

其中 $H_1 = \max\limits_{0\leqslant s\leqslant |u|} h(s)$, 由 Lebesgue 控制收敛定理, 得

$$\begin{aligned}\lim_{t\to+\infty}\frac{(Tx)^{(i)}(t)}{v_i(t)} &= \lim_{t\to+\infty}\left(\sum_{k=i}^{n-3}\frac{A_k t^{k-i}}{(k-i)!v_i(t)} + \frac{(aC+B)t^{n-2-i}}{(n-2-i)!v_i(t)} + \frac{Ct^{n-1-i}}{(n-1-i)!v_i(t)}\right)\\ &\quad + \int_0^{+\infty}\lim_{t\to+\infty}\frac{g_i(t,s)}{v_i(t)}\phi(s)F(s,\boldsymbol{X}(s))ds\\ &= \frac{C}{(n-1-i)!} + \int_0^{+\infty}\frac{1}{(n-1-i)!}\phi(s)F(s,\boldsymbol{X}(s))ds\\ &< +\infty, \quad i=0,1,\cdots,n-1.\end{aligned}$$

所以 $Tx \in X$.

其次, $T: X \to X$ 是连续的. 任取 X 中的收敛序列 $x_m \to x(m\to+\infty)$, 则存在 $r_1 > 0$, 使得 $\sup\limits_{m\in\mathbb{N}} |x_m| \leqslant r_1$, 从而

$$\begin{aligned}|Tx_m - Tx|_i &= \sup_{t\in[0,+\infty)}\left|\frac{(Tx_m)^{(i)}(t)}{v_i(t)} - \frac{(Tx)^{(i)}(t)}{v_i(t)}\right|\\ &\leqslant \int_0^{+\infty}\sup_{0\leqslant t<+\infty}\frac{g_i(t,s)}{v_i(t)}\phi(s)\big|F(s,\boldsymbol{X}_m(s)) - F(s,\boldsymbol{X}(s))\big|ds\\ &\leqslant \int_0^{+\infty}K_i\phi(s)\big|F(s,\boldsymbol{X}_m(s)) - F(s,\boldsymbol{X}(s))\big|ds\\ &\to 0, \quad m\to+\infty, \quad i=0,1,\cdots,n-1.\end{aligned}$$

最后, $T: X \to X$ 是紧算子. 任取 X 中的有界集 B, 则存在常数 $r_2 > 0$, 使得对任意的 $x \in B$, 有 $|x| \leqslant r_1$. 对于 $i = 0,1,\cdots,n-1$, 因为

$$\begin{aligned}\sup_{t\in[0,+\infty)}\left|\frac{(Tx)^{(i)}(t)}{v_i(t)}\right| &\leqslant \sum_{k=i}^{n-3}\frac{|A_k|}{(k-i)!}\sup_{t\in[0,+\infty)}\left|\frac{t^{k-i}}{v_i(t)}\right|\\ &\quad + \frac{(aC+B)}{(n-2-i)!}\sup_{t\in[0,+\infty)}\left|\frac{t^{n-2-i}}{v_i(t)}\right|\\ &\quad + \frac{C}{(n-1-i)!}\sup_{t\in[0,+\infty)}\left|\frac{t^{n-1-i}}{v_i(t)}\right|\\ &\quad + \int_0^{+\infty}\sup_{t\in[0,+\infty)}\left|\frac{g_i(t,s)}{v_i(t)}\right|\phi(s)F(s,\boldsymbol{X}(s))ds\end{aligned}$$

$$\leqslant L_i + \int_0^{+\infty} K_i\phi(s)\big(H_2\psi(s)+1\big)ds$$
$$= r_{4,i} < +\infty,$$

其中

$$L_i = \sum_{k=i}^{n-3} \frac{|A_k|(n-1-k)}{(k-i)!(n-1-i)} \cdot \left(\frac{k-i}{n-1-k}\right)^{\frac{k-i}{n-1-i}} + \frac{(aC+B)}{(n-3-i)!} \cdot \left(\frac{1}{n-2-i}\right)^{\frac{1}{n-1-i}} + \frac{|C|}{(n-1-i)!}, \tag{5.20}$$

$H_2 = \max\limits_{0\leqslant s\leqslant r_2} h(s)$. 即 TB 一致有界. 与此同时, 对任意的 $T>0$, 当 t_1, $t_2 \in [0,T]$ 时, 有

$$\left|\frac{(Tx)^{(i)}(t_1)}{v_i(t_1)} - \frac{(Tx)^{(i)}(t_2)}{v_i(t_2)}\right|$$
$$\leqslant \left|\frac{(Tx)^{(i)}(t_1)-(Tx)^{(i)}(t_2)}{v_i(t_1)}\right| + \left|(Tx)^{(i)}(t_2)\left(\frac{1}{v_i(t_1)} - \frac{1}{v_i(t_2)}\right)\right|$$
$$\leqslant \sum_{k=i}^{n-3} \frac{|A_k|}{(k-i)!}|t_1^{k-i} - t_2^{k-i}| + \frac{|aC+B|}{(n-2-i)!}|t_1^{n-2-i} - t_2^{n-2-i}|$$
$$+ |C||t_1^{n-2-i} - t_2^{n-2-i}| + r_{4,i}|t_2^{n-1-i} - t_1|$$
$$+ \int_0^{+\infty} |g_i(t_1,s) - g_i(t_2,s)|q(s)(H_2\psi(s)+1)ds$$
$$\to 0(\text{与 } x \text{ 无关}), \quad \text{当 } t_1 \to t_2, \quad i = 0,1,\cdots,n-1.$$

所以 TB 等度连续. 进一步,

$$\left|\frac{(Tx)^i(t)}{v_i(t)} - \lim_{t\to+\infty}\frac{(Tx)^i(t)}{v_i(t)}\right|$$
$$\leqslant \left|\frac{l^{(i)}(t)}{v_i(t)} - \frac{C}{(n-1-i)!}\right|$$
$$+ \int_0^{+\infty} \left|\frac{g_i(t,s)}{v_i(t)} - \frac{1}{(n-1-i)!}\right| q(s)(H_2\psi(s)+1)ds$$
$$\to 0(\text{与 } x \text{ 无关}), \quad \text{当 } t \to +\infty, \quad i = 0,1,\cdots,n-1.$$

所以 TB 在无穷远处是等度收敛的. 由推广的 Arzelá-Ascoli 定理可知, TB 列紧. 综上所述, 算子 T 是全连续的.

第二步 若边值问题 (5.17)、(5.13) 有解 x, 那么 x 满足

$$\alpha^{(i)} \leqslant x^{(i)} \leqslant \beta^{(i)}, \quad i=0,1,\cdots,n-2.$$

首先用反证法证明 $x^{(n-2)} \leqslant \beta^{(n-2)}$. 如若不然, 令

$$\omega(t) = x^{(n-2)}(t) - \beta^{(n-2)}(t),$$

那么 $\sup\limits_{0\leqslant t<+\infty} \omega(t) > 0$. 由右边界条件和上解的定义, 可知 $\lim\limits_{t\to+\infty} \omega(t) < 0$. 下面分两种情况讨论.

情况 1 $\lim\limits_{t\to 0^+} \omega(t) = \sup\limits_{0\leqslant t<+\infty} \omega(t) > 0$.

在这种情况下, $\omega'(0^+) \leqslant 0$. 由左边界条件和上解的定义, 得

$$\begin{aligned}\omega'(0^+) &= x^{(n-1)}(0) - \beta^{(n-1)}(0)\\ &\geqslant \frac{1}{a}(x^{(n-2)}(0) - \beta^{(n-2)}(0)) = \frac{1}{a}\omega(0) > 0,\end{aligned}$$

这是一个矛盾, 所以 $\omega(t)$ 不可能在 0 点取得正上确界.

情况 2 存在 $t^* \in (0,+\infty)$, 使得 $\omega(t^*) = \sup\limits_{0\leqslant t<+\infty} \omega(t) > 0$.

在这种情况下, 有

$$\omega(t^*) > 0, \quad \omega'(t^*) = 0, \quad \omega''(t^*) \leqslant 0. \tag{5.21}$$

但另一方面, 由函数 F 和 f_{n-2} 的定义, 有

$$\begin{aligned}x^{(n)}(t^*) &= -\phi(t^*)F\big(t^*, x(t^*), \cdots, x^{(n-2)}(t^*), x^{(n-1)}(t^*)\big)\\ &= -\phi(t^*)f_{n-2}\big(t^*, x(t^*), \cdots, x^{(n-2)}(t^*), \beta^{(n-1)}(t^*)\big)\\ &= -\phi(t^*)f_{n-3}\big(t^*, x(t^*), \cdots, \beta^{(n-2)}(t^*), \beta^{(n-1)}(t^*)\big)\\ &\quad + \phi(t^*)\frac{x^{(n-2)}(t^*) - \beta^{(n-2)}(t^*)}{1+|x^{(n-2)}(t^*) - \beta^{(n-2)}(t^*)|},\end{aligned}$$

如果 $x^{(n-3)}(t^*) > \beta^{(n-3)}(t^*)$, 由函数 f_{n-3} 的定义, 上式变为

$$\begin{aligned}x^{(n)}(t^*) =& -\phi(t^*)f_{n-4}\big(t^*, x(t^*), \cdots, \beta^{(n-3)}(t^*), \beta^{(n-2)}(t^*), \beta^{(n-1)}(t^*)\big)\\ & + \phi(t^*)\frac{x^{(n-2)}(t^*) - \beta^{(n-2)}(t^*)}{1+|x^{(n-2)}(t^*) - \beta^{(n-2)}(t^*)|}.\end{aligned}$$

而如果 $x^{(n-3)}(t^*) \leqslant \beta^{(n-3)}(t^*)$, 由条件 (Q_3), 得

$$x^{(n)}(t^*) \geqslant -\phi(t^*)f_{n-4}\big(t^*, x(t^*), \cdots, \beta^{(n-3)}(t^*), \beta^{(n-2)}(t^*), \beta^{(n-1)}(t^*)\big) + \phi(t^*)\frac{x^{(n-2)}(t^*) - \beta^{(n-2)}(t^*)}{1 + |x^{(n-2)}(t^*) - \beta^{(n-2)}(t^*)|}.$$

如此继续下去, 如果 $x^{(i)}(t^*) > \beta^{(i)}(t^*)$ 或者 $x^{(i)}(t^*) \leqslant \beta^{(i)}(t^*)$, $i = n-4, n-5, \cdots, 1, 0$, 则得到不等式

$$x^{(n)}(t^*) \geqslant -\phi(t^*)f\big(t^*, \beta(t^*), \cdots, \beta^{(n-2)}(t^*), \beta^{(n-1)}(t^*)\big) + \phi(t^*)\frac{x^{(n-2)}(t^*) - \beta^{(n-2)}(t^*)}{1 + |x^{(n-2)}(t^*) - \beta^{(n-2)}(t^*)|}.$$

因此

$$\omega''(t^*) \geqslant \phi(t^*)\frac{x^{(n-2)}(t^*) - \beta^{(n-2)}(t^*)}{1 + |x^{(n-2)}(t^*) - \beta^{(n-2)}(t^*)|} > 0,$$

这与 (5.21) 式是一个矛盾. 因此, $x^{(n-2)}(t) \leqslant \beta^{(n-2)}(t)$, $t \in [0, +\infty)$.

同理可证 $x^{(n-2)} \geqslant \alpha^{(n-2)}$. 在不等式 $\alpha^{(n-2)} \leqslant x^{(n-2)} \leqslant \alpha^{(n-2)}$ 的两边, 分别从 0 到 t 作变上限积分, 并注意到

$$\alpha^{(i)}(0) \leqslant x^{(i)}(0) \leqslant \beta^{(i)}(0), \quad i = 0, 1, \cdots, n-3.$$

则有

$$\alpha^{(i)}(t) \leqslant x^{(i)}(t) \leqslant \beta^{(i)}(t), \quad t \in [0, +\infty),\ i = 0, 1, \cdots, n-2.$$

其余类似于定理 5.1, 可以证明算子 T 至少有一个不动点, 而这个不动点就是边值问题 (5.12)—(5.13) 的解. 证毕.

5.3.3 三个解的存在性

如果边值问题 (5.12)—(5.13) 有 n 对上下解, 满足

$$\alpha_1^{(i)} \leqslant \beta_1^{(i)} \leqslant \alpha_2^{(i)} \leqslant \beta_2^{(i)} \leqslant \cdots \leqslant \alpha_n^{(i)} \leqslant \beta_n^{(i)},$$

$i = 0, 1, \cdots, n-2$, 则当 f 满足定理 5.8 中的单调性和 Nagumo 条件时, 边值问题 (5.12)—(5.13) 有 n 个解. 下面将证明, 如果边值问题 (5.12)—(5.13) 有两对上下解, 它们之间存在特殊的序关系, 那么边值问题至少存在三个解.

定理 5.9 假设下列条件成立.

(Q_4) 边值问题 (5.12)—(5.13) 在 X 中有两对上下解 β_j, α_j, $j = 1, 2$, 且 α_2, β_1 是严格的下解和上解, 满足

$$\alpha_1^{(i)} \leqslant \alpha_2^{(i)} \leqslant \beta_2^{(i)}, \quad \alpha_1^{(i)} \leqslant \beta_1^{(i)} \leqslant \beta_2^{(i)}, \quad \alpha_2^{(i)} \not\leqslant \beta_1^{(i)}, \quad i = 0, 1, \cdots, n-2.$$

函数 f 关于 ϕ, α_1 和 β_2 满足 Nagumo 条件.

进一步假设条件 (Q_2) 和 (Q_3) 成立, 其中的 α 替换为 α_1, β 替换为 β_2. 那么边值问题 (5.12)—(5.13) 至少有三个解 x_1, x_2 和 x_3, 满足

$$\alpha_j^{(i)} \leqslant x_j^{(i)} \leqslant \beta_j^{(i)} \quad (j = 1, 2), \quad x_3^{(i)} \not\leqslant \beta_1^{(i)},\ x_3^{(i)} \not\geqslant \alpha_2^{(i)}$$

对所有 $i = 0, 1, \cdots, n-2$ 成立.

证明 仍记 $\boldsymbol{X}(t) = (x(t), x'(t), \cdots, x^{(n-1)}(t))$. 考虑辅助的二阶微分方程

$$-x^{(n)}(t) = q(t) F_1\big(t, \boldsymbol{X}(t)\big), \quad 0 < t < +\infty, \tag{5.22}$$

其中截断函数 F_1 如 (5.17) 中的 F 定义, 除了将 α 替换为 α_1, β 替换为 β_2. 定义算子 $T_1 : X \to X$

$$(T_1 u)(t) = l(t) + \int_0^{+\infty} G(t, s) \phi(s) F_1\big(s, \boldsymbol{X}(s)\big) ds.$$

那么 T_1 的不动点就是边值问题 (5.22)—(5.13) 的解. 下面证明 T 有三个不动点.

取

$$N > \left\{ \max_{0 \leqslant i \leqslant n-1} L_i + \max_{0 \leqslant i \leqslant n-1} K_i \int_0^{+\infty} \phi(s) \big(H_R \psi(s) + 1\big) ds, |\alpha_1|, |\beta_2| \right\},$$

其中 L_i 和 K_i 如 (5.20) 和 (5.15) 定义, $H_R = \max\limits_{0 \leqslant s \leqslant R} h(s)$. 令

$$\Omega = \{u \in X,\ |u| < N\}.$$

对任意的 $x \in \overline{\Omega}$, 有

$$\begin{aligned}
|T_1 x| &= \max_{0 \leqslant i \leqslant n-1} \left\{ \sup_{t \in [0, +\infty)} \left| \frac{(Tx)^{(i)}(t)}{v_i(t)} \right| \right\} \\
&\leqslant \max_{0 \leqslant i \leqslant n-1} \left\{ \sum_{k=i}^{n-3} \frac{|A_k|}{(k-i)!} \sup_{t \in [0, +\infty)} \left| \frac{t^{k-i}}{v_i(t)} \right| \right. \\
&\quad + \frac{(aC + B)}{(n-2-i)!} \sup_{t \in [0, +\infty)} \left| \frac{t^{n-2-i}}{v_i(t)} \right| + \frac{C}{(n-1-i)!} \sup_{t \in [0, +\infty)} \left| \frac{t^{n-1-i}}{v_i(t)} \right|
\end{aligned}$$

$$+\int_0^{+\infty}\sup_{t\in[0,+\infty)}\left|\frac{g_i(t,s)}{v_i(t)}\right|\phi(s)F_1(s,\boldsymbol{X}(s))ds\Big\}$$

$$\leqslant \max_{0\leqslant i\leqslant n-1}\left\{L_i+\int_0^{+\infty}K_i\phi(s)\big(H_R\psi(s)+1\big)ds\right\}<N,$$

因此 $T\Omega\subset\Omega$, 这意味着 $\deg(I-T_1,\Omega,0)=1$.

令

$$\Omega_{\alpha_2}=\left\{u\in\Omega,\ u^{(n-2)}(t)>\alpha_2^{(n-2)}(t),\ t\in[0,+\infty)\right\}$$

$$\Omega^{\beta_1}=\left\{u\in\Omega,\ u^{(n-2)}(t)<\beta_1^{(n-2)}(t),\ t\in[0,+\infty)\right\}.$$

因为 $\alpha_2^{(n-2)}\not\leqslant\beta_1^{(n-2)}$, $\alpha_1^{(n-2)}\leqslant\alpha_2^{(n-2)}\leqslant\beta_2^{(n-2)}$ 和 $\alpha_1^{(n-2)}\leqslant\beta_1^{(n-2)}\leqslant\beta_2^{(n-2)}$, 所以

$$\Omega_{\alpha_2}\neq\varnothing,\quad \Omega^{\beta_1}\neq\varnothing,\quad \Omega\setminus\overline{\Omega_{\alpha_2}\cup\Omega^{\beta_1}}\neq\varnothing,\quad \Omega_{\alpha_2}\cap\Omega^{\beta_1}=\varnothing.$$

又因为 α_2, β_1 是严格的下解和严格的上解, 算子 T_1 在 $\partial\Omega_{\alpha_2}\cup\partial\Omega^{\beta_1}$ 上不存在不动点, 所以

$$\begin{aligned}\deg(I-T_1,\Omega,0)=&\deg(I-T_1,\Omega\setminus\overline{\Omega_{\alpha_2}\cup\Omega^{\beta_1}},0)\\&+\deg(I-T_1,\Omega_{\alpha_2},0)+\deg(I-T_1,\Omega^{\beta_1},0).\end{aligned}$$

下面将证明

$$\deg(I-T_1,\Omega_{\alpha_2},0)=\deg(I-T_1,\Omega^{\beta_1},0)=1.$$

为此, 定义算子 $T_2:\ \overline{\Omega}\to\overline{\Omega}$ 为

$$(T_2x)(t)=l(t)+\int_0^{+\infty}G(t,s)\phi(s)F_2\big(s,\boldsymbol{X}(s)\big)ds,$$

其中 F_2 如 F_1 定义, 除了将 α_1 替换为 α_2. 类似于定理 5.1 第二步的证明可知, 若 x 是 T_2 的不动点, 那么 $\alpha_2^i\leqslant x^i\leqslant\beta_2^i$, $i=0,1,\cdots,n-2$. 因此 $\deg(I-T_2,\Omega\setminus\overline{\Omega_{\alpha_2}},0)=0$. 由 $T_2\overline{\Omega}\subset\Omega$ 和 Schauder 不动点定理, 得 $\deg(I-T_2,\Omega,0)=1$. 进一步

$$\begin{aligned}\deg(I-T_1,\Omega_{\alpha_2},0)=&\deg(I-T_2,\Omega_{\alpha_2},0)\\=&\deg(I-T_2,\Omega,0)+\deg(I-T_2,\Omega\setminus\overline{\Omega_{\alpha_2}},0)=1.\end{aligned}$$

同理 $\deg(I-T_1,\Omega^{\beta_1},0)=1$, 所以

$$\deg(I-T_1,\Omega\setminus\overline{\Omega_{\alpha_2}\cup\Omega^{\beta_1}},0)=-1.$$

最后, 由度的同伦不变性, 可知 T_1 至少有三个不动点 $x_1\in\Omega_{\alpha_2}$, $x_2\in\Omega^{\beta_1}$ 和 $x_3\in\Omega\setminus\overline{\Omega_{\alpha_2}\cup\Omega^{\beta_1}}$, 它们是边值问题 (5.22)—(5.13) 的解. 证毕.

5.3.4 例子

例 5.3 考虑二阶微分方程 Sturm-Liouville 边值问题

$$\begin{cases}x''(t)-\dfrac{1}{(1+t)^2}f(t,x(t),x'(t))=0, & 0<t<+\infty,\\ u(0)-3u'(0)=0, \quad u'(+\infty)=\dfrac{1}{2}.\end{cases} \tag{5.23}$$

其中 $f(t,u,v)=-3(v+1)\sqrt[3]{v\left(v-\dfrac{1}{3}\right)}-\left(v-\dfrac{1}{2}\right)$. 显然边值问题 (5.23) 是边值问题 (5.12)—(5.13) 的一个特例.

令

$$\phi(t)=\frac{1}{(1+t)^2},\quad a=3>0,\quad B=0,\quad C=\frac{1}{2}.$$

选取

$$\alpha_1(t)=-t-4,\quad \alpha_2(t)=\frac{t}{3},\quad t\in[0,+\infty).$$

那么 α_1, $\alpha_2\in C^2[0,+\infty)$, $\alpha_1'(t)=-1$, $\alpha_1''(t)=0$, $\alpha_2'(t)=\dfrac{1}{3}$, $\alpha_2''(t)=0$. 且

$$\begin{cases}\alpha_1''(t)+f(t,\alpha_1(t),\alpha_1'(t))=-\dfrac{-1-\dfrac{1}{2}}{(1+t)^2}>0, & t\in(0,+\infty),\\ \alpha_1(0)-3\alpha_1'(0)=-1<0, \quad \alpha_1'(+\infty)=-1<\dfrac{1}{2}\end{cases}$$

和

$$\begin{cases}\alpha_2''(t)+f(t,\alpha_2(t),\alpha_2'(t))=-\dfrac{\dfrac{1}{3}-\dfrac{1}{2}}{(1+t)^2}>0, & t\in(0,+\infty),\\ \alpha_2(0)-3\alpha_2'(0)=-1<0, \quad \alpha_2'(+\infty)=\dfrac{1}{3}<\dfrac{1}{2}\end{cases}$$

成立, 所以 α_1 和 α_2 是边值问题 (5.23) 的两个严格下解.

再取

$$\beta_1(t)=\begin{cases}-\dfrac{t}{4}, & 0\leqslant t\leqslant 1,\\ \dfrac{3}{4}t-1, & t>1.\end{cases}\qquad \beta_2(t)=t+4,\quad t\in[0,+\infty),$$

那么 $\beta_1\in C^2[0,1)\cup C^2(1,+\infty)$, $\beta_2\in C^2[0,+\infty)$, 且

$$\begin{cases}\beta_1''(t)+f(t,\beta_1(t),\beta_1'(t))=\dfrac{-\dfrac{9}{16}\cdot\sqrt[3]{\dfrac{7}{3}}+\dfrac{3}{4}}{(1+t)^2}<0, & t\in(0,1),\\ \beta_1''(t)+f(t,\beta_1(t),\beta_1'(t))=\dfrac{-\dfrac{21}{16}\cdot\sqrt[3]{5}-\dfrac{1}{4}}{(1+t)^2}<0, & t\in(1,+\infty),\\ \beta_1(0)-3\beta_1'(0)=\dfrac{3}{4}>0,\\ \beta_1'(+\infty)=\dfrac{3}{4}>\dfrac{1}{2}\end{cases}$$

和

$$\begin{cases}\beta_2''(t)+f(t,\beta_2(t),\beta_2'(t))=\dfrac{-12\cdot\sqrt[3]{\dfrac{2}{3}}-1}{2(1+t)^2}<0, & t\in(0,+\infty),\\ \beta_2(0)-3\beta_2'(0)=1>0,\\ \beta_2'(+\infty)=1>\dfrac{1}{2}\end{cases}$$

成立, 所以 β_1 和 β_2 是边值问题 (5.23) 的两个严格上解. 进一步

$$\alpha_1(t)\leqslant\alpha_2(t)\leqslant\beta_2(t),\quad \alpha_1(t)\leqslant\beta_1(t)\leqslant\beta_2(t),\quad \alpha_2(t)\nleqslant\beta_1(t),\quad t\in[0,+\infty),$$

而且令 $\psi(t)=1$, $h(t)=3(t+1)\sqrt[3]{t\left(t+\dfrac{1}{3}\right)}+\left(t+\dfrac{1}{2}\right)$, 那么对任意的 $(t,u,v)\in[0,+\infty)\times[-t-4,t+4]\times\mathbb{R}$, 有

$$|f(t,u,v)\leqslant\psi(t)h(|v|),$$

定理 5.9 的所有条件都成立, 所以边值问题 (5.23) 至少有三个解.

5.4 二阶差分方程两点边值问题

考虑二阶差分方程两点边值问题

$$\begin{cases} -\Delta^2 x_{k-1} = f\big(k, x_k, \Delta x_{k-1}\big), & k \in \mathbb{N}_+, \\ x_0 - a\Delta x_0 = B, \quad \Delta x_\infty = C, \end{cases} \tag{5.24}$$

其中 $a > 0$, B, $C \in \mathbb{R}$, $\Delta x_k = x_{k+1} - x_k$ 是向前差分, $\mathbb{N}_+ = \{1, 2, \cdots, +\infty\}$. $f : \mathbb{N} \times \mathbb{R}^2 \to \mathbb{R}$ 是连续函数, $\Delta x_\infty = \lim\limits_{k \to +\infty} \Delta x_k$. 这里说 f 是连续函数是指它将拓扑空间 $\mathbb{N} \times \mathbb{R}^2$ 连续映射到 $\mathbb{R}$. $\mathbb{N}$ 的拓扑是离散的.

本节将前面微分方程无穷边值问题的上下解理论推广到差分方程无穷边值问题中, 包括建立合适的 Banach 空间, 推广 Arzelá-Ascoli 定理 (部分结果在 2.1.5 小节已给出), 并给出边值问题 (5.24) 至少存在一个解和至少存在三个解的充分条件.

显然边值问题 (5.24) 的解是序列 $x = (x_0, x_1, \cdots, x_n, \cdots)$. 如果两个序列 $x = \{x_k\}_{k \in \mathbb{N}}$, $y = \{y_k\}_{k \in \mathbb{N}}$, 满足 $x_k \leqslant y_k$, $\forall k \in \mathbb{N}$, 那么记 $x \leqslant y$.

5.4.1 线性边值问题

考虑二阶线性差分方程两点边值问题

$$\begin{cases} -\Delta^2 x_{k-1} = f(k), & k \in \mathbb{N}_+, \\ x_0 - a\Delta x_0 = B, \quad \Delta x_\infty = C. \end{cases} \tag{5.25}$$

下面利用 Green 函数建立线性边值问题的可解性, 结论如下.

引理 5.10 假设 $\sum\limits_{k=1}^{+\infty} f(k) < +\infty$, 那么边值问题 (5.25) 有唯一的解, 且这个解可以表示为

$$x_k = aC + B + kC + \sum_{i=1}^{+\infty} G(k, i) f(i), \quad k \in \mathbb{N},$$

其中

$$G(k, i) = \begin{cases} a + i, & i \leqslant k, \\ a + k, & i > k. \end{cases} \tag{5.26}$$

证明 取边值问题 (5.25) 中方程的自变量 k 依次为 $1, 2, \cdots, k$, 有

$$\begin{aligned} &-(\Delta x_1 - \Delta x_0) = f(1), \\ &-(\Delta x_2 - \Delta x_1) = f(2), \\ &\cdots\cdots \\ &-(\Delta x_k - \Delta x_{k-1}) = f(k), \end{aligned}$$

将这 k 个不等式两边分别求和, 利用加减消去律, 得

$$\Delta x_k = \Delta x_0 - \sum_{i=1}^{k} f(i), \quad k \in \mathbb{N}_+.$$

由右边界条件, 得 $\Delta x_0 = C + \sum\limits_{i=1}^{+\infty} f(i)$, 从而

$$\Delta x_k = C + \sum_{i=k+1}^{+\infty} f(i), \quad k \in \mathbb{N}.$$

再将上式中的自变量 k 依次取 $0, 1, \cdots, k-1$, 有

$$x_1 - x_0 = C + \sum_{i=1}^{+\infty} f(i),$$

$$x_2 - x_1 = C + \sum_{i=2}^{+\infty} f(i),$$

$$\cdots\cdots$$

$$x_k - x_{k-1} = C + \sum_{i=k}^{+\infty} f(i),$$

两边分别求和, 得

$$x_k = x_0 + kC + \sum_{j=1}^{k} \sum_{i=j}^{+\infty} f(i), \quad k \in \mathbb{N}.$$

代入左边界条件, 得到

$$x_0 = aC + B + a\sum_{i=1}^{+\infty} f(i).$$

所以

$$\begin{aligned} x_k &= aC + B + a\sum_{i=1}^{+\infty} e_i + kC + \sum_{j=1}^{k} \sum_{i=j}^{+\infty} f(i) \\ &= aC + B + kC + \sum_{i=1}^{+\infty} G(k,i) f(i), \quad k \in \mathbb{N}. \end{aligned}$$

证毕.

注 5.2 二阶线性差分方程两点边值问题

$$\begin{cases} -\Delta^2 x_{k-1}=0, & k\in\mathbb{N}_+,\\ x_0-a\Delta x_0=0, & \Delta x_\infty=0 \end{cases}$$

的 Green 函数为 (5.26) 式.

5.4.2 上下解和 Nagumo 条件

令 S 表示序列空间. 若 $x\in S$, 那么 $x=\{x_k\}_{k\in\mathbb{N}}$. 考虑空间

$$S_\infty=\left\{x\in S:\ \lim_{k\to+\infty}\Delta x_k \text{ 存在}\right\},$$

赋予范数

$$|x|=\max\{|x|_1,\ |\Delta x|_\infty\},$$

其中 $\Delta x=\{\Delta x_k\}_{k\in\mathbb{N}}$, $|x|_1=\sup\limits_{k\in\mathbb{N}}\dfrac{|x_k|}{1+k}$, $|x|_\infty=\sup\limits_{k\in\mathbb{N}}|x_k|$.

因为 $\lim\limits_{k\to+\infty}\Delta x_k$ 存在, 所以 $\{\Delta x_k\}_{k\in\mathbb{N}}$ 有界, 记 $M=\sup\limits_{k\in\mathbb{N}}|\Delta x_k|$. 那么

$$\begin{aligned}\frac{|x_k|}{1+k}&=\frac{1}{1+k}\left|x_0+\sum_{i=0}^{k-1}\Delta x_i\right|\\ &\leqslant\frac{|x_0|}{1+k}+\frac{1}{1+k}\sum_{i=0}^{k-1}|\Delta x_i|\\ &\leqslant\frac{|x_0|}{1+k}+\frac{k}{1+k}M.\end{aligned}$$

也就是说 $\sup\limits_{k\in\mathbb{N}_0}\dfrac{|x_k|}{1+k}<+\infty$. 由定理 2.6 可知 $(S_\infty,|\cdot|)$ 是一个 Banach 空间.

定义算子 $T:S_\infty\to S$ 为

$$(Tx)_k=aC+B+kC+\sum_{i=1}^{+\infty}G(k,i)f(i,x_i,\Delta x_{i-1}),\quad k\in\mathbb{N},$$

那么 $x\in S_\infty$ 是边值问题 (5.24) 的解当且仅当 x 是算子 T 在 S_∞ 的不动点.

定义 5.6 如果 $\alpha\in S$ 满足

$$\begin{cases} -\Delta^2\alpha_{k-1}\leqslant f\big(k,\alpha_k,\Delta\alpha_{k-1}\big), & k\in\mathbb{N}_+,\\ \alpha_0-a\Delta\alpha_0\leqslant B, \quad \Delta\alpha_\infty<C, \end{cases}\tag{5.27}$$

那么称序列 α 为边值问题 (5.24) 的一个下解. 如果所有的不等式是严格的, 称 α 为严格下解. 将不等号的方向 “$\leqslant$”(或 “$<$”) 换为 “$\geqslant$”(或 “$>$”), 则称 α 为一个上解或者严格上解.

定义 5.7 已知 $f:\mathbb{N}\times\mathbb{R}^2\to\mathbb{R}$, α, $\beta\in S_\infty$, $\alpha\leqslant\beta$. 如果对任意的 $\alpha\leqslant x\leqslant\beta$, 存在非负函数 $\psi\in C[0,+\infty)$ 和正的单调非减函数 $h\in C[0,+\infty)$, 满足

$$\sum_{i=1}^{+\infty}\psi(i)<+\infty,\quad \int^{+\infty}\frac{s}{h(s)}ds=+\infty,$$

使得

$$|f(k,x,y)|\leqslant\psi(k)h(|y|),\quad k\in\mathbb{N},\ y\in\mathbb{R}.$$

那么称 f 关于 α 和 β 满足离散的 Bernstein-Nagumo 条件, 简称 f 满足 Nagumo 条件.

注 5.3 离散的 Bernstein-Nagumo 条件和连续的不同, 离散的对函数 h 的要求高, 除了正函数和连续函数的要求外, 还需要它是单调非减函数.

5.4.3 解的存在性

定理 5.11 假设下列条件成立.

(R_1) 边值问题 (5.24) 有一对上下解 α, $\beta\in S_\infty$, $\alpha\leqslant\beta$, 且 f 关于 α 和 β 满足离散的 Bernstein-Nagumo 条件.

(R_2) 对任意的 $k\in\mathbb{N},\alpha\leqslant x\leqslant\beta$, $f(k,x,y)$ 关于 $y\in\mathbb{R}$ 单调非增.

(R_3) 存在 $\gamma>1$ 使得 $\sup\limits_{k\in\mathbb{N}}(1+k)^\gamma\psi(k)<+\infty$, 其中 ψ 是 Nagumo 条件中的函数.

那么边值问题 (5.24) 至少存在一个解 $x\in S_\infty$, 满足

$$\alpha\leqslant x\leqslant\beta,\quad |\Delta x|_\infty\leqslant R,$$

其中 $R>0$ 是一个与解 x 无关的常数.

证明 分四步来完成证明.

第一步 定义辅助边值问题

令

$$R_0=\max\left\{\sup_{k\in\mathbb{N}}\frac{\beta_k-\alpha_0}{k},\ \sup_{k\in\mathbb{N}}\frac{\beta_0-\alpha_k}{k}\right\}.$$

取 $R>C$, 使得

$$\int_{R_0}^{R}\frac{s}{h(s)}ds>M_0\left(M_1+M_2\sum_{i=0}^{+\infty}\frac{(2+i)^\gamma-(1+i)^\gamma}{(2+i)^{\gamma-1}(1+i)^\gamma}\right),$$

其中

$$M_0=\sup_{k\in\mathbb{N}}(1+k)^{\gamma}\psi(k),$$

$$M_1=\sup_{k\in\mathbb{N}}\frac{\beta_k}{(1+k)^{\gamma}}-\inf_{k\in\mathbb{N}}\frac{\alpha_k}{(1+k)^{\gamma}},$$

$$M_2=\max\{|\alpha|,\ |\beta|\}.$$

考虑辅助边值问题

$$\begin{cases}-\Delta^2x_{k-1}=F_1\big(k,x_k,\Delta x_{k-1}\big), & k\in\mathbb{N}_+,\\ x_0-a\Delta x_0=B, \quad \Delta x_\infty=C,\end{cases}\tag{5.28}$$

函数 $F_0,\ F_1:\ \mathbb{N}\times\mathbb{R}^2\to\mathbb{R}$ 分别定义为

$$F_0(k,x,y)=\begin{cases}f\big(k,\alpha_k,y\big)+\dfrac{x-\alpha_k}{k^2(1+|x-\alpha_k|)}, & x<\alpha_k,\\ f(k,x,y), & \alpha_k\leqslant x\leqslant\beta_k,\\ f\big(k,\beta_k,y\big)-\dfrac{x-\beta_k}{k^2(1+|x-\beta_k|)}, & x>\beta_k\end{cases}$$

和

$$F_1(k,x,y)=\begin{cases}F_0\big(k,x,-R\big), & y<-R,\\ F_0(k,x,y), & -R\leqslant y\leqslant R,\\ F_0\big(k,x,R\big), & y>R.\end{cases}$$

显然, F_1 在 $\mathbb{N}\times\mathbb{R}^2$ 上是连续函数, 且对所有的 $k\in\mathbb{N},x,y\in\mathbb{R}$, 有

$$|F_1(k,x,y)|\leqslant\psi(k)h(R)+\frac{1}{k^2}.$$

第二步 若边值问题 (5.28) 有解 x, 且 $\alpha\leqslant x\leqslant\beta$, 那么 $|\Delta x|_\infty\leqslant R$.

首先说明 $|\Delta x_k|>R_0$ 对所有的 $k\in\mathbb{N}$ 不成立. 否则, 不失一般性, 假设对任意的 $k\in\mathbb{N}$, 有 $\Delta x_k>R_0$, 那么

$$\frac{\beta_k-\alpha_0}{k}\geqslant\frac{x_k-x_0}{k}=\frac{1}{k}\sum_{i=0}^{k-1}\Delta x_i>\eta\geqslant\frac{\beta_k-\alpha_0}{k},$$

这是一个矛盾. 所以存在 $k_1\in\mathbb{N}$ 使得 $|\Delta x_{k_1}|\leqslant R_0$.

如果对所有的 $k\in\mathbb{N}$, 不等式 $|\Delta x_k|\leqslant R_0$ 成立, 那么取 R 为 R_0 即可结束证明.

如果存在某个 k 使得 $|\Delta x_k| > R_0$, 那么 $|\Delta x_k| \leqslant R$. 用反证法, 不失一般性, 假设存在 $k_2 \in \mathbb{N}_0$, 不仅使得 $\Delta x_{k_2} > R_0$, 而且 $\Delta x_{k_2} > R$, 即存在 $k_1, k_2 \in \mathbb{N}_0$ 使得

$$0 \leqslant \Delta x_{k_1} \leqslant R_0 < R < \Delta x_{k_2}, \quad R_0 \leqslant \Delta x_k \leqslant R, \quad k_1 < k < k_2.$$

这里说明一点, k_1, k_2 有可能是相邻两个整数, 此时上式第二个不等式自然成立. 将集合 $I = \{i \in \mathbb{N}_0 : k_1 < i \leqslant k_2\}$ 分成两部分, 令 $I_1 = \{i : k_1 < i \leqslant k_2, \Delta x_i > \Delta x_{i-1}\}$, $I_2 = I \setminus I_1$, 那么

$$\begin{aligned}
\int_{R_0}^{R} \frac{s}{h(s)} ds &\leqslant \int_{\Delta x_{k_1}}^{\Delta x_{k_2}} \frac{s}{h(s)} ds = \sum_{i \in I_1} \int_{\Delta x_{i-1}}^{\Delta x_i} \frac{s}{h(s)} ds - \sum_{j \in I_2} \int_{\Delta x_j}^{\Delta x_{j-1}} \frac{s}{h(s)} ds \\
&\leqslant \sum_{i \in I_1} \frac{1}{h(\Delta x_{i-1})} \int_{\Delta x_{i-1}}^{\Delta x_i} s ds - \sum_{j \in I_2} \frac{1}{h(\Delta x_{j-1})} \int_{\Delta x_j}^{\Delta x_{j-1}} s ds \\
&= \sum_{i=k_1+1}^{k_2} \frac{(\Delta x_i + \Delta x_{i-1})}{2} \frac{\Delta^2 x_{i-1}}{h(\Delta x_{i-1})} \\
&\leqslant \sum_{i=k_1+1}^{k_2} \frac{(\Delta x_i + \Delta x_{i-1})}{2} \psi(i) \leqslant \frac{M_1}{2} \left(\sum_{i=k_1+1}^{k_2} \frac{\Delta x_i}{(1+i)^\gamma} + \sum_{i=k_1}^{k_2-1} \frac{\Delta x_i}{(1+i)^\gamma} \right) \\
&\leqslant \frac{M_1}{2} \left(\frac{x_{k_2+1}}{(2+k_2)^\gamma} + \frac{x_{k_2}}{(1+k_2)^\gamma} - \frac{x_{k_1+1}}{(2+k_1)^\gamma} - \frac{x_{k_1}}{(1+k_1)^\gamma} \right) \\
&\quad + M_1 \sup_{k \in \mathbb{N}} \frac{x_{k+1}}{2+k} \sum_{i=0}^{+\infty} \frac{(2+i)^\gamma - (1+i)^\gamma}{(2+i)^{\gamma-1}(1+i)^\gamma} \\
&\leqslant M_1 \left(\sup_{k \in \mathbb{N}} \frac{\beta_k}{(1+k)^\gamma} - \inf_{k \in \mathbb{N}} \frac{\alpha_k}{(1+k)^\gamma} + M_2 \sum_{i=0}^{+\infty} \frac{(2+i)^\gamma - (1+i)^\gamma}{(2+i)^{\gamma-1}(1+i)^\gamma} \right),
\end{aligned}$$

这是一个矛盾. 所以 $\Delta x_k \leqslant R$, $k \in \mathbb{N}$. 这里说明一下, 级数

$$\sum_{i=0}^{+\infty} \frac{(2+i)^\gamma - (1+i)^\gamma}{(2+i)^{\gamma-1}(1+i)^\gamma}$$

是收敛的. 同理可证当 $\Delta x_k \leqslant -R_0 \leqslant 0$ 时, 有 $-R \leqslant \Delta x_k \leqslant 0$. 因此 $|\Delta x|_\infty \leqslant R$.

总之, 边值问题 (5.28) 有上下解之间的解 x, 那么 $|\Delta x|_\infty \leqslant R$.

第三步　若边值问题 (5.28) 有解 x, 那么 $\alpha \leqslant x \leqslant \beta$.

采用反证法. 假设 $x \leqslant \beta$ 不成立, 即 $x_k - \beta_k$ 在某个 $k \in \mathbb{N}$ 中取到正的最大值. 因为 $\lim\limits_{k\to+\infty} \Delta(x_k - \beta_k) < 0$, 所以正的最大值不可能在无穷远处取到. 下面分两种情况讨论.

情况 1 $x_0 - \beta_0 = \sup\limits_{k\in\mathbb{N}_0}(x_k - \beta_k) > 0$.

在这种情况下, 有 $\Delta(x_0 - \beta_0) \leqslant 0$. 但由左边界条件和上解的定义, 有

$$x_0 - a\Delta x_0 - (\beta_0 - a\Delta\beta_0) = (x_0 - \beta_0) - a\Delta(x_0 - \beta_0) < 0,$$

即 $\Delta(x_0 - \beta_0) > x_0 - \beta_0 > 0$, 这是一个矛盾. 所以正的最大值不可能在 0 点取到.

情况 2 存在 $k^* \in \mathbb{N}_0$, 使得 $x_{k^*} - \beta_{k^*} = \sup\limits_{k\in\mathbb{N}_0}(x_k - \beta_k) > 0$.

在这种情况下, 有

$$\Delta(x_{k^*-1} - \beta_{k^*-1}) \geqslant 0, \quad \Delta(x_{k^*} - \beta_{k^*}) \leqslant 0, \quad \Delta^2(x_{k^*-1} - \beta_{k^*-1}) \leqslant 0.$$

但另一方面, 由函数 F_1 和上解 β 的定义, 有

$$\begin{aligned}
-\Delta^2 x_{k^*-1} &= F_1\big(k^*, x_{k^*}, \Delta x_{k^*-1}\big)\\
&= f\big(k^*, \beta_{k^*}, \Delta x_{k^*-1}\big) - \frac{x_{k^*} - \beta_{k^*}}{k^{*2}(1 + |x_{k^*} - \beta_{k^*}|)}\\
&\leqslant -\Delta^2\beta_{k^*-1} - \frac{x_{k^*} - \beta_{k^*}}{k^{*2}(1 + |x_{k^*} - \beta_{k^*}|)} < -\Delta^2\beta_{k^*-1},
\end{aligned}$$

这也是一个矛盾. 因此 $x_k \leqslant \beta_k$ 对所有的 $k \in \mathbb{N}$ 都成立.

同理可证 $x \geqslant \alpha$. 总之, 只要边值问题 (5.28) 有解, 那么解就在上下解之间.

第四步 边值问题 (5.28) 至少一个解 x, 它也是边值问题 (5.24) 的解.

定义算子 $T_1\colon\ S_\infty \to S$ 为

$$(T_1x)_k = aC + B + kC + \sum_{i=1}^{+\infty} G(k,i)F_1\big(i, x_i, \Delta x_{i-1}\big), \quad k \in \mathbb{N}.$$

那么 $T_1\colon\ S_\infty \to S_\infty$ 是全连续算子. 事实上, 任取 $x \in S_\infty$, 因为

$$\left|\sum_{i=1}^{+\infty} G(k,i)F_1(i, x_i, \Delta x_{i-1})\right| \leqslant (a+k)\sum_{i=1}^{+\infty}\left(\psi(i)h(R) + \frac{1}{i^2}\right) < +\infty$$

对所有的 $k \in \mathbb{N}$ 成立, 所以

$$\begin{aligned}\lim_{k\to+\infty}\Delta(T_1x)_k &= \lim_{k\to+\infty}\big((T_1x)_{k+1}-(T_1x)_k\big)\\ &= C+\sum_{i=1}^{+\infty}\lim_{k\to+\infty}\Delta G(k,i)F_1\big(i,x_i,\Delta x_{i-1}\big)\\ &= C,\end{aligned}$$

这里 $\Delta G(k,i)=G(k+1,i)-G(k,i)$, 所以 $T_1S_\infty\subset S_\infty$. 其次, 任取 S_∞ 空间中的收敛序列 $x^{(m)}\to x(m\to+\infty)$, 那么有

$$\begin{aligned}|T_1x^{(m)}-T_1x|_1 &= \sup_{k\in\mathbb{N}}\left|\frac{(T_1x^{(m)})_k}{1+k}-\frac{(T_1x)_k}{1+k}\right|\\ &\leqslant \sup_{k\in\mathbb{N}}\sum_{i=1}^{+\infty}\frac{G(k,i)}{1+k}\left|F_1\big(i,x_i^{(m)},\Delta x_{i-1}^{(m)}\big)-F_1\big(i,x_i,\Delta x_{i-1}\big)\right|\\ &\leqslant \max\{a,1\}\sum_{i=1}^{+\infty}\left|F_1\big(i,x_i^{(m)},\Delta x_{i-1}^{(m)}\big)-F_1\big(i,x_i,\Delta x_{i-1}\big)\right|\\ &\to 0,\quad 当\ m\to+\infty\end{aligned}$$

和

$$\begin{aligned}&|\Delta(T_1x^{(m)})-\Delta(T_1x)|_\infty\\ &=\sup_{k\in\mathbb{N}_0}\left|\sum_{i=1}^{+\infty}\Delta G(k,i)\left(F_1\big(i,x_i^{(m)},\Delta x_{i-1}^{(m)}\big)-F_1\big(i,x_i,\Delta x_{i-1}\big)\right)\right|\\ &\leqslant\sum_{i=1}^{+\infty}\left|F_1\big(i,x_i^{(m)},\Delta x_{i-1}^{(m)}\big)-F_1\big(i,x_i,\Delta x_{i-1}\big)\right|\\ &\quad\to 0,\quad 当\ m\to+\infty.\end{aligned}$$

所以算子 T_1 是连续的. 最后证明 T_1 是紧算子. 任取 S_∞ 空间中的有界集 B, 则存在常数 $r>0$, 使得对任意的 $x\in B$, 有 $|x|\leqslant r$. 因为

$$\begin{aligned}|T_1x|_1 &= \sup_{k\in\mathbb{N}}\left|\frac{aC+B+Ck}{1+k}+\sum_{i=1}^{+\infty}\frac{G(k,i)}{1+k}F_1\big(i,x_i,\Delta x_{i-1}\big)\right|,\\ &\leqslant \max\{|aC+B|,|C|\}+\max\{a,1\}\sum_{i=1}^{+\infty}\left(h(r)\psi(i)+\frac{1}{i^2}\right)\end{aligned}$$

和

$$|\Delta(T_1x)|_\infty = \sup_{k\in\mathbb{N}_0}\left|C+\sum_{i=1}^{+\infty}\Delta G(k,i)F_1\big(i,x_i,\Delta x_{i-1}\big)\right|$$
$$\leqslant |C|+\sum_{i=1}^{+\infty}\left|F_1\big(i,x_i,\Delta x_{i-1}\big)\right|$$
$$\leqslant |C|+\sum_{i=1}^{+\infty}\left(h(r)\psi(i)+\frac{1}{i^2}\right).$$

所以, T_1B 一致有界, 又

$$\left|\frac{(T_1x)_k}{1+k}-\lim_{k\to\infty}\frac{(T_1x)_k}{1+k}\right|$$
$$=\left|\frac{aC+B+Ck}{1+k}-C+\sum_{i=1}^{+\infty}\left(\frac{G(k,i)}{1+k}-1\right)F_1\big(i,x_i,\Delta x_{i-1}\big)\right|$$
$$\leqslant\left|\frac{aC+B+Ck}{1+k}-C\right|+\sum_{i=1}^{+\infty}\left|\frac{G(k,i)}{1+k}-1\right|\left(h(r)\psi(i)+\frac{1}{i^2}\right)$$
$$\to 0(\text{与 } x \text{ 无关}),\quad \text{当 } k\to+\infty$$

和

$$\left|\Delta(T_1x)_k-\lim_{k\to\infty}\Delta(T_1x)_k\right|=\left|\sum_{i=1}^{+\infty}\Delta G(k,i)F_1\big(i,x_i,\Delta x_{i-1}\big)\right|$$
$$\leqslant\sum_{i=1}^{+\infty}|\Delta G(k,i)|\left(h(r)\psi(i)+\frac{1}{i^2}\right)$$
$$\to 0(\text{与 } x \text{ 无关}),\quad \text{当 } k\to+\infty$$

成立. 由定理 2.8 可知 T_1B 列紧. 从而 T_1 是紧算子. 因此 $T_1: S_\infty\to S_\infty$ 是全连续算子.

取 $N_1>\max\{L_1,\ |\alpha|,\ |\beta|\}$, 其中

$$L_1=\max\{|aC+B|,|C|\}+\max\{a,1\}\sum_{i=1}^{+\infty}\left(\psi(i)h(R)+\frac{1}{i^2}\right). \tag{5.29}$$

令 $\Omega_1=\{x\in S_\infty,\ |x|<N_1\}$, 那么对任意的 $x\in\overline{\Omega}_1$, $|T_1x|<N_1$, 即 $T_1\overline{\Omega}_1\subset\Omega_1$, 所以 Schauder 不动点定理保证算子 T_1 在 S_∞ 中至少有一个不动点, 这就是边值问题 (5.28) 的解. 再由第二步和第三步可知, 它也是边值问题 (5.24) 的解.

5.4.4 三个解的存在性

定理 5.12 假设下列条件成立.

(R_4) 边值问题 (5.24) 在 S_∞ 中有两对上下解 $\beta^{(j)}$, $\alpha^{(j)}$, $j=1,2$, $\alpha^{(2)}$, $\beta^{(1)}$ 是严格的下解和上解, 满足

$$\alpha^{(1)} \leqslant \alpha^{(2)} \leqslant \beta^{(2)}, \quad \alpha^{(1)} \leqslant \beta^{(1)} \leqslant \beta^{(2)}, \quad \alpha^{(2)} \nleqslant \beta^{(1)}.$$

且 f 关于 α 和 β 满足离散的 Bernstein-Nagumo 条件.

进一步假设条件 (R_2) 和 (R_3) 成立, 其中 α 替换为 $\alpha^{(1)}$, β 替换为 $\beta^{(2)}$. 那么边值问题 (5.24) 至少有三个解 $x^{(1)}$, $x^{(2)}$ 和 $x^{(3)}$, 满足

$$\alpha^{(j)} \leqslant x^{(j)} \leqslant \beta^{(j)} (j=1,2), \quad x^{(3)} \nleqslant \beta^{(1)} \quad 和 \quad x^{(3)} \ngeqslant \alpha^{(2)}.$$

证明 考虑截断的二阶差分方程两点边值问题

$$\begin{cases} -\Delta^2 x_{k-1} = F_2\big(k, x_k, \Delta x_{k-1}\big), & k \in \mathbb{N}_+, \\ x_0 - a\Delta x_0 = B, \quad \Delta x_\infty = C. \end{cases} \tag{5.30}$$

其中函数 F_2 如 F_1 定义, 除了将 α, β 分别替换为 $\alpha^{(1)}$, $\beta^{(2)}$.

定义算子 $T_2 : S_\infty \to S_\infty$ 为

$$(T_2 x)_k = aC + B + kC + \sum_{i=1}^{+\infty} G(k,i) F_2\big(i, x_i, \Delta x_{i-1}\big), \quad k \in \mathbb{N}.$$

同理可证 T_2 是全连续算子, 且 T_2 的不动点就是边值问题 (5.30) 的解.

令 $N_2 > \max\{L_2, |\alpha^{(1)}|, |\beta^{(2)}|\}$, 其中 L_2 与公式 (5.29) 中的 L_1 的定义一样, 除了将 R 和 R_0 中的 α, β 分别替换为 $\alpha^{(1)}$, $\beta^{(2)}$. 令

$$\begin{aligned} \Omega_2 &= \{x \in S_\infty, \ |x| < N_2\}, \\ \Omega_{\alpha^{(2)}} &= \left\{x \in \Omega_2, \ x_k > \alpha_k^{(2)}, \ k \in \mathbb{N}\right\}, \\ \Omega^{\beta^{(1)}} &= \left\{x \in \Omega_2, \ x_k < \beta_k^{(1)}, \ k \in \mathbb{N}\right\}. \end{aligned}$$

类似于定理 5.9, 可以证明

$$\begin{aligned} &\deg(I - T_2, \Omega_2, 0) = 1, \quad \deg(I - T_2, \Omega_{\alpha^{(2)}}, 0) = 1, \\ &\deg(I - T_2, \Omega_2 \setminus \overline{\Omega_{\alpha^{(2)}} \cup \Omega^{\beta^{(1)}}}, 0) = -1. \end{aligned}$$

所以 T_2 有三个不动点 $u_1 \in \Omega_{\alpha^{(2)}}$, $u_2 \in \Omega^{\beta^{(1)}}$ 和 $u_3 \in \Omega_2 \setminus \overline{\Omega_{\alpha^{(2)}} \cup \Omega^{\beta^{(1)}}}$, 且它们都是边值问题 (5.24) 的解.

5.4.5 例子

例 5.4 考虑二阶差分方程两点边值问题

$$\begin{cases} \Delta^2 x_{k-1} - \dfrac{\Delta x_k^3}{1+k^2} = 0, \quad k \in \mathbb{N}_+, \\ x_0 - 3\Delta x_0 = 0, \quad \Delta x_\infty = \dfrac{1}{2}. \end{cases} \tag{5.31}$$

令 $\alpha_k = -k-4,\ \beta_k = k+4,\ k \in \mathbb{N}$. 那么 α 和 β 是 (5.31) 的一对下解和上解. 记 $f(k,x,y) = -\dfrac{y^3}{1+k^2}$, 那么对任意的 $(k,x,y) \in \mathbb{N} \times [-k-4, k+4] \times [-1,1]$, $f(k,x,y)$ 是有界函数且关于 y 单调递减. 取 $\psi(k) = \dfrac{1}{(1+k)^2}$, $h(k) = 1$, 那么可以验证 f 满足 Nagumo 条件. 因此 (5.31) 至少存在一个解.

第 6 章　对角延拓原理与无穷边值问题

本章采用延拓思想研究无穷边值问题. 首先利用不动点理论, 特别是非线性抉择原理和不等式技巧, 首先证明特定截断的有限边值问题存在解, 然后采用对角延拓的方法, 将一族有限边值问题的解延拓到 $[0,+\infty)$ 上, 得到无穷边值问题的解.

6.1　二阶微分方程两点边值问题

考虑半无穷区间上二阶常微分方程两点边值问题

$$\begin{cases} x''(t)+\phi(t)f(t,x,x')=0, \quad 0<t<+\infty, \\ x(0)=0, \quad x'(+\infty)=0, \end{cases} \tag{6.1}$$

其中 $\phi:(0,+\infty)\to(0,+\infty)$ 是连续的, $f:[0,+\infty)^3\to[0,+\infty)$ 是连续的, 且当 $t\in[0,+\infty)$, $u>0$, $v>0$ 时, $f(t,u,v)>0$.

本节利用非线性抉择原理和延拓思想给出边值问题 (6.1) 正解存在的充分条件. 如果 x 满足边值问题 (6.1), 且 $x(t)>0$, $t\in(0,+\infty)$, 那么称 x 为边值问题 (6.1) 的正解.

6.1.1　正解的存在性

任取 $n\in\mathbb{N}_+=\{1,2,\cdots\}$. 考虑有限区间上二阶常微分方程两点边值问题

$$\begin{cases} u''(t)+\phi(t)f(t,u,u')=0, \quad 0<t<n, \\ u(0)=a\geqslant 0, \quad u'(n)=b\geqslant 0 \end{cases} \tag{6.2}$$

和辅助边值问题

$$\begin{cases} u''(t)+\lambda\phi(t)f(t,u,u')=0, \quad 0<t<n, \\ u(0)=a, \quad u'(n)=b, \end{cases} \tag{6.3$_\lambda$}$$

其中 $0<\lambda<1$. 下面给出边值问题 (6.2) 和 (6.1) 正解存在的充分条件.

引理 6.1　假设 $\phi\in C^1(0,n)\cap L^1[0,n]$. 如果存在常数 $M>a+bn$, 使得边值问题 $(6.3)_\lambda$ 的任意解 u 都满足 $|u|\neq M$. 那么边值问题 (6.2) 至少存在一个正解 u, 且满足 $|u|\leqslant M$.

定理 6.2 假设下列条件成立:

(S_1) $\phi \in I\!L^1[0,+\infty)$;

(S_2) 存在非负单调非减函数 $\omega \in C(0,+\infty)$, 使得

$$f(t,u,v) \leqslant \omega(\max\{u,v\}), \quad (t,u,v) \in [0,+\infty) \times (0,+\infty)^2;$$

(S_3) $\sup\limits_{c\in(0,+\infty)} \dfrac{c}{\omega(c)d} > 1$, 其中 $d = \max\left\{\displaystyle\int_0^\infty \phi(s)ds, \int_0^\infty s\phi(s)ds\right\}$;

(S_4) 对任意的 $H > 0$, 存在正函数 $\psi_H \in C[0,+\infty)$ 和非负常数 $\gamma \in [0,1)$, 使得

$$f(t,u,v) \geqslant \psi_H(t)v^\gamma, \quad (t,u,v) \in [0,+\infty) \times [0,H]^2.$$

那么边值问题 (6.1) 至少存在一个正解.

证明 分四步来完成证明.

第一步 构造有限边值问题.

任取 $n \in \mathbb{N} \setminus \{0\}$, 考虑有限区间上二阶常微分方程两点边值问题

$$\begin{cases} x''(t) + \phi(t)f(t,x,x') = 0, \quad 0 < t < n, \\ x(0) = 0, \quad x'(n) = 0, \end{cases} \tag{6.3}$$

为了确定边值问题 (6.3) 有正解, 继续构造含有参变量的有限边值问题. 由条件 (S_3) 可知, 存在 $M > 0$, 使得 $M(\omega(M)d)^{-1} > 1$. 取 $0 < \varepsilon < M$, 使得

$$\frac{M}{\omega(M)d + 2\varepsilon} > 1. \tag{6.4}$$

并取满足 $\dfrac{n}{n_0} \leqslant \varepsilon$ 的正整数 n_0, 定义辅助边值问题

$$\begin{cases} x''(t) + \phi(t)f^*(t,x,x') = 0, \quad 0 < t < n, \\ x(0) = \dfrac{1}{m}, \quad x'(n) = \dfrac{1}{m}, \end{cases} \tag*{$(6.5)^m$}$$

其中 $m \in \{n_0, n_0+1, n_0+2, \cdots\}$,

$$f^*(t,u,v) = \begin{cases} f\left(t, \dfrac{1}{m}, \dfrac{1}{m}\right), & u \leqslant \dfrac{1}{m}, \quad v \leqslant \dfrac{1}{m}, \\ f\left(t, \dfrac{1}{m}, v\right), & u \leqslant \dfrac{1}{m}, \quad v \geqslant \dfrac{1}{m}, \\ f\left(t, u, \dfrac{1}{m}\right), & u \geqslant \dfrac{1}{m}, \quad v \leqslant \dfrac{1}{m}, \\ f(t,u,v), & u \geqslant \dfrac{1}{m}, \quad v \geqslant \dfrac{1}{m}. \end{cases}$$

第二步 有限边值问题 (6.3) 有正解.

首先利用引理 6.1 证明 $(6.5)^m$ 有解. 为此考虑边值问题

$$\begin{cases} x''(t)+\lambda\phi(t)f^*(t,x,x')=0, \quad 0<t<n, \\ x(0)=\dfrac{1}{m}, \quad x'(n)=\dfrac{1}{m}, \end{cases} \tag{6.6}_\lambda^m$$

其中 $0<\lambda<1$. 假设 $x\in C^1[0,n]$ 是边值问题 $(6.6)_\lambda^m$ 的解, 那么由条件 (S_2) 可知, 对任意的 $t\in[0,T]$, 有

$$\begin{aligned} x'(t)=&\int_t^n -x''(s)ds+x'(n)=\frac{1}{m}+\int_t^n \lambda\phi(s)f^*(s,x,x')ds \\ \leqslant&\varepsilon+\omega(|x|)\int_t^n \phi(s)ds, \\ x(t)=&(1+t)\frac{1}{m}+\int_0^t \lambda s\phi(s)f^*(s,x,x')ds+t\int_t^n \lambda\phi(s)f^*(s,x,x')ds \\ \leqslant&2\varepsilon+\omega(|x|)+\int_0^n s\phi(s)ds, \end{aligned}$$

所以 $|x|\leqslant 2\varepsilon+\omega(|x|)d$. 由 ε 和 M 的选取可知, $M>\dfrac{1+n}{m}$ 且 $|x|\neq M$, 所以 $(6.5)^m$ 有解 $x_{n,m}\in C^1[0,n]$, 且 $x_{n,m}$ 满足

$$\frac{1}{m}\leqslant x_{n,m}(t)\leqslant M, \quad \frac{1}{m}\leqslant x'_{n,m}(t)\leqslant M, \quad t\in[0,n].$$

下面讨论 $(6.5)^m$ 解族的极限. 由条件 (S_4) 可知, 存在正的连续函数 ψ_M 和非负常数 $\gamma\in[0,1)$, 使得

$$-x''_{n,m}(t)=\phi(t)f(t,x_{n,m},x'_{n,m})\geqslant \phi(t)\psi_M(t)\left(x'_{n,m}\right)^\gamma, \quad t\in[0,n].$$

上式两边同除 $\left(x'_{n,m}\right)^\gamma$, 然后从 t 到 n 积分, 再从 0 到 t 积分, 得 $x_{n,m}(t)\geqslant a_n(t)$, $t\in[0,n]$, 其中

$$a_n(t)=\int_0^t\left((1-\gamma)\int_\tau^n \phi(s)\psi_M(s)ds\right)^{1/(1-\gamma)}d\tau,$$

这个记号后面还会用到. 可以验证 $\{x_{n,m}, m=1,2,\cdots,+\infty\}$ 有收敛子列, 即存在 $N^0\subset\{n_0,\ n_0+1,\ \cdots\}$ 以及 $x_n\in C^1[0,n]$, 使得 $x_{n,m}\to x_n(m\to+\infty,\ m\in N^0)$, 且

$$0 < x_n(t) \leqslant M, \quad 0 \leqslant x_n'(t) \leqslant M, \quad x_n(t) \geqslant a_n(t), \quad t \in (0,n]. \tag{6.7}$$

因为 $x_{n,m}$ 是边值问题 $(6.5)^m$ 的解, 故

$$x_{n,m}(t) = (1+t)\frac{1}{m} + \int_0^t s\phi(s)f(s,x_{n,m},x_{n,m}')ds + t\int_t^n \phi(s)f(s,x_{n,m},x_{n,m}')ds, \quad t \in [0,n].$$

由 Lebesgue 控制收敛定理, 有

$$x_n(t) = \int_0^t s\phi(s)f(s,x_n,x_n')ds + t\int_t^n \phi(s)f(s,x_n,x_n')ds, \quad t \in [0,n].$$

从而 x_n 是边值问题 (6.3) 的正解. 与此同时, 有

$$x_n'(t) = \int_t^n \phi(s)f(s,x_n,x_n')ds \leqslant \omega(M)\int_t^n \phi(s)ds \leqslant \omega(M)\int_t^\infty \phi(s)ds, \quad t \in [0,n]. \tag{6.8}$$

第三步 利用对角延拓原理构造边值问题 (6.1) 的解.

对任意的 $n \in \mathbb{N}_+$, 设 $x_n(t)$ 是 (6.3) 的一个正解. 令

$$y_n(t) = \begin{cases} x_n(t), & t \in [0,n], \\ x_n(n), & t \in (n,+\infty). \end{cases}$$

那么 $0 < y_n(t) \leqslant M$, $0 \leqslant y_n'(t) \leqslant M$, $t \in (0,+\infty)$. 由 (6.7) 式可知, $y_n(t) \geqslant a_n(t)$, $t \in [0,n]$. 与此同时, 由 y_n 的定义, 结合 (6.8) 式可知, 对任意 s, $t \in [0,+\infty)$, 有

$$|y_n'(t) - y_n'(s)| \leqslant \omega(M)\left|\int_s^t \phi(\tau)d\tau\right|.$$

故 $\{y_n,\ n \in \mathbb{N}_+\}$ 一致有界且等度连续, 由 Arzelá-Ascoli 定理, $\{y_n|_{[0,k]},\ n \in \mathbb{N}_+,\ n \geqslant k\}$ 在 $C^1[0,k]$ 上列紧, 其中 $y_n|_{[0,k]}$ 表示 y_n 在区间 $[0,k]$ 上的截断函数, $k > 0$ 为任一正整数.

下面利用函数族 y_n 来构造 (6.1) 的解.

(1) 取第一个区间 $T_1 = [0,1]$, 考虑函数族 $\{y_n|_{T_1},\ n \in \mathbb{N}_+\}$, 它在 $C^1(T_1)$ 上列紧, 从而有指标集 $N^1 \subset \mathbb{N}_+$ 以及函数 $z_1 \in C^1(T_1)$, 使得 $y_n|_{T_1} \to z_1(n \to +\infty,\ n \in N^1)$, 且 $z_1(t) \geqslant a_1(t)$, $t \in T_1$ 成立.

(2) 取第二个区间 $T_2=[0,2]$, 考虑函数族 $\{y_n|_{T_2},\ n\in N^1\setminus\{1\}\}$, 即指标集 $N^1\setminus\{1\}$ 上函数族从区间 T_1 延拓到区间 T_2, 它在 $C^1(T_2)$ 上列紧, 从而有指标集 $N^2\subset N^1\setminus\{1\}$ 以及函数 $z_2\in C^1(T_2)$, 使得 $y_n|_{T_2}\to z_2(n\to+\infty,\ n\in N^2)$. 且 $z_2(t)\geqslant a_2(t),\ t\in T_2$ 和 $z_2(t)=z_1(t),\ t\in T_1$ 成立.

(3) 如此继续, 取第 k 个区间 $T_k=[0,k]$, 考虑函数族 $\{y_n|_{T_k},\ n\in N^{k-1}\setminus\{k-1\}\}$, 即指标集 $N^{k-1}\setminus\{k-1\}$ 上函数族从区间 T_{k-1} 延拓到区间 T_k, 它在 $C^1(T_k)$ 上列紧, 从而有指标集 $N^k\subset N^{k-1}\setminus\{k-1\}$ 以及函数 $z_k\in C^1(T_k)$, 使得 $y_n|_{T_k}\to z_k(n\to+\infty,\ n\in N^k)$, 且 $z_k(t)\geqslant a_k(t),\ t\in T_k$ 和 $z_k(t)=z_{k-1}(t),\ t\in T_{k-1}$ 成立. 如此再继续直到无穷.

(4) 对任意的 $t\in[0,+\infty)$, 取 $k\in N_+$ 使得 $k\geqslant t$, 令 $x(t)=z_k(t)$, 则 x 为边值问题 (6.1) 的正解.

第四步 验证第三步构造的 x 是边值问题 (6.1) 的正解.

显然 $x\in C^1[0,+\infty)$, 且 $x(t)>0,\ t\in(0,+\infty)$. 对任意的 $t\in[0,+\infty)$, 取正整数 k, 使得 $k\geqslant t$. 当 $n\in N^k, t\in[0,k]$ 时, 有

$$y_n(t)=ty_n'(k)+\int_0^t s\phi(s)f(s,y_n,y_n')ds+t\int_t^k\phi(s)f(s,y_n,y_n')ds.$$

令 $n\to+\infty(n\in N^k)$, 注意到 $n\geqslant k\geqslant t$, 有

$$z_k(t)=tz_k'(k)+\int_0^t s\phi(s)f(s,z_k,z_k')ds+t\int_t^k\phi(s)f(s,z_k,z_k')ds,$$

从而

$$x(t)=tz_k'(k)+\int_0^t s\phi(s)f(s,x,x')ds+t\int_t^k\phi(s)f(s,x,x')ds.$$

所以 $x\in C^2(0,+\infty)$, 且 $x''(t)+\phi(t)f(t,x,x')=0,\ t\in(0,+\infty)$, $x(0)=0$. 进一步, 由 (6.7) 和 (6.8) 可知, $\lim\limits_{t\to+\infty}x'(t)=0$. 所以函数 x 是边值问题 (6.1) 的正解. 证毕.

6.1.2 例子

例 6.1 考虑半无穷区间上二阶微分方程两点边值问题

$$\begin{cases}x''(t)+e^{-t}(x')^\beta=0, & 0<t<+\infty,\\ x(0)=0, & x'(+\infty)=0,\end{cases}\tag{6.9}$$

其中 $0\leqslant\beta<1$ 为任意实数.

记 $\phi(t)=e^{-t}, f(t,u,v)=v^\beta$. 通过直接计算, 得

$$\int_0^{\infty} \phi(s)ds = 1, \quad \int_0^{\infty} s\phi(s) = 1, \quad d = 1.$$

故条件 (S_1) 成立. 令

$$\omega(r) = r^{\beta}, \quad r \in [0, +\infty),$$
$$\psi_H(t) = 1, \quad t \in [0, +\infty),$$

则 ω 是一个非负单调非减的连续函数, $\psi_H(t)$ 是一正的连续函数, 且有

$$f(t, u, v) \leqslant \omega(\max\{u, v\}), \quad f(t, u, v) \geqslant \psi(t)v^{\beta}.$$

即条件 (S_2) 和 (S_4) 成立. 又因为

$$\lim_{r \to +\infty} \frac{r}{r^{\beta} d} = +\infty,$$

故一定存在 $c \in (0, +\infty)$, 使得 $c(\omega(c)d)^{-1} > 1$. 由定理 6.2 可知, 边值问题 (6.9) 至少存在一个正解.

例 6.2 考虑半无穷区间上二阶微分方程两点边值问题

$$\begin{cases} x''(t) + \mu e^{-t}(x^{\alpha} + \eta_0)((x')^{\beta} + \eta_1) = 0, & 0 < t < +\infty, \\ x(0) = 0, \quad x'(+\infty) = 0, \end{cases} \tag{6.10}$$

其中 $\mu > 0, \alpha \geqslant 0, 0 \leqslant \beta < 1, \eta_0 > 0, \eta_1 \geqslant 0$ 为任意实数.

令

$$\phi(t) = \mu e^{-t}, \quad t \in [0, +\infty),$$
$$f(t, u, v) = (u^{\alpha} + \eta_0)(v^{\beta} + \eta_1), \quad (t, u, v) \in [0, +\infty^3),$$
$$\omega(r) = (r^{\alpha} + \eta_0)(r^{\beta} + \eta_1), \quad r \in [0, +\infty),$$
$$\psi_H(t) = \eta_0, \quad t \in [0, +\infty),$$

通过直接计算, 得

$$\int_0^{+\infty} \phi(s)ds = \mu, \quad \int_0^{+\infty} s\phi(s) = \mu, \quad d = \mu,$$
$$f(t, u, v) \leqslant \omega(\max\{u, v\}),$$
$$f(t, u, v) \geqslant \psi(t)v^{\beta}.$$

且 ω 是一个非负单调非减的连续函数, $\psi_H(t)$ 是一正的连续函数, 所以条件 (S_1), (S_2) 和 (S_4) 成立. 又因为

$$\sup_{c\in(0,+\infty)}\frac{c}{\omega(c)d}=\frac{1}{\mu}\sup_{c\in(0,+\infty)}\frac{c}{(c^{\alpha}+\eta_0)(c^{\beta}+\eta_1)},$$

所以, 当

$$\mu<\sup_{c\in(0,+\infty)}\frac{c}{(c^{\alpha}+\eta_0)(c^{\beta}+\eta_1)}$$

时, 边值问题 (6.10) 至少存在一个正解.

6.2　二阶微分方程三点边值问题

考虑半无穷区间上二阶常微分方程三点边值问题

$$\begin{cases}x''(t)+\phi(t)f(t,x,x')=0, \quad 0<t<+\infty,\\ x(0)=\alpha x(\eta), \quad x'(+\infty)=0,\end{cases}\tag{6.11}$$

其中 $\alpha>0$, $\eta>0$, $\phi:(0,+\infty)\to(0,+\infty)$ 是连续的, $f:[0,+\infty)\times(0,+\infty)\times[0,+\infty)\to[0,+\infty)$ 是连续的, 即允许 $\phi(t)$ 在 $t=0$ 有奇性, $f(t,u,v)$ 在 $u=0$ 处有奇性.

如果 x 满足边值问题 (6.11), 且 $x(t)>0$, $t\in[0,+\infty)$, 那么称 x 为边值问题 (6.11) 的正解. 这里正解的定义比 6.1 节的要严, 要求函数 x 在 $t=0$ 处也是正的. 这一节不仅仅将 6.1 节的结论推广到三点边值问题中, 而且对 f 在 $u=0$ 处的奇性也进行了处理.

6.2.1　正解的不存在性

定理 6.3　假设 $\alpha>1$, 那么边值问题 (6.11) 不存在正解.

证明　假设 x 是边值问题 (6.11) 的一个正解, 那么 $x\in C^1[0,+\infty)\cap C^2(0,+\infty)$. 因为 ϕ 和 f 是非负函数, 所以 $x''(t)\leqslant 0$, 又 $x'(+\infty)=0$, 得 x 在区间 $[0,+\infty)$ 上是单调非减函数. 进一步, 若 $x(\eta)=0$, 则由左边界条件, 得 $x(t)\equiv 0, t\in[0,\eta]$, 这与 x 是正解矛盾; 若 $x(\eta)>0$, 则由 $\alpha>1$ 和左边界条件, 得 $x(0)>x(\eta)$, 这与 x 是单调非减函数矛盾. 所以 $\alpha>1$ 时, 边值问题 (6.11) 没有正解.

定理 6.4　假设 $\alpha=1$, 如果对任意的常数 $c>0$, $f(t,c,0)\equiv 0, t\in[0,+\infty)$ 不成立, 那么边值问题 (6.11) 没有正解.

证明　由定理 6.3 证明可知, 若 x 是 (6.11) 的一个正解, 那么 x 是单调非减函数. 再由边界 $x(0)=x(\eta)$, 可知 x 是一个正常数. 若存在 $c>0$, 使得

$f(t,c,0)\equiv 0, t\in[0,+\infty)$, 那么边值问题 (6.11) 有正常数解 $x=c, c>0$, 否则无正解.

定理 6.5 设 $0<\alpha<1$, 边值问题 (6.11) 没有正常数解.

当 $\alpha=1$ 时, 边值问题 (6.11) 是共振情况, 不再讨论. 下面考虑 $0<\alpha<1$ 时正解的存在性.

6.2.2 有限边值问题正解的存在性

取 $T>\eta$ 为任意实数. 定义 Banach 空间 $X=C^1[0,T]$, 并赋予范数 $|u|=\max\{|u|_T,|u'|_T\}$, $|u|_T=\sup\limits_{0\leqslant t\leqslant T}|u(t)|$.

考虑有限区间上二阶常微分方程三点边值问题

$$\begin{cases}u''(t)+\phi(t)f(t,u,u')=0, & 0<t<T,\\ u(0)=\alpha u(\eta)+a, & u'(T)=b\end{cases}\tag{6.12}$$

和辅助边值问题

$$\begin{cases}u''(t)+\lambda\phi(t)f(t,u,u')=0, & 0<t<T,\\ u(0)=\alpha u(\eta)+a, & u'(T)=b,\end{cases}\tag*{$(6.13)_\lambda$}$$

其中 a, $b\geqslant 0$, $0<\lambda<1$ 为任意实数. 下面给出边值问题 (6.12) 正解存在的充分条件.

引理 6.6 假设 $\phi\in C^1(0,T]\cap L^1[0,T]$. 进一步假设对任意的 $H>0$, 存在正函数 $\psi_H\in C[0,T]$ 和非负常数 $\gamma\in[0,1)$, 使得

$$f(t,u,v)\geqslant\psi_H(t)v^\gamma,\quad (t,u,v)\in[0,T]\times(0,H]\times[0,H].$$

如果存在常数 $M>\max\left\{\dfrac{a}{1-\alpha}+\left(\dfrac{\alpha\eta}{1-\alpha}+T\right)b,\ b\right\}$, 使得边值问题 $(6.13)_\lambda$ 的任意解 u 都满足 $|u|\neq M$. 那么边值问题 (6.12) 至少存在一个正解 u, 且满足 $|u|\leqslant M$.

证明 任取 $\delta>0$, 考虑边值问题

$$\begin{cases}u''(t)+\phi(t)f(t,u,u')=0, & 0<t<T,\\ u(0)=\alpha u(\eta)+a+\delta, & u'(T)=b\end{cases}\tag*{$(6.14)^\delta$}$$

和

$$\begin{cases}u''(t)+\lambda\phi(t)f(t,u,u')=0, & 0<t<T,\\ u(0)=\alpha u(\eta)+a+\delta, & u'(T)=b.\end{cases}\tag*{$(6.15)^\delta_\lambda$}$$

首先证明边值问题 $(6.14)^\delta$ 至少存在一个解. 为此取 X 中子集

$$C=\left\{x\in X:\ x(t)\geqslant\frac{\delta}{1-\alpha},\ t\in[0,T]\right\}$$

和开集 $\Omega=\{x\in C:\ |x|<M_\delta\}$, 其中, $M_\delta:=M+\dfrac{\delta}{1-\alpha}$. 定义算子 $S_\delta:\overline{\Omega}\to X$ 为

$$\begin{aligned}(S_\delta u)(t)=&\frac{a+\delta}{1-\alpha}+\left(\frac{\alpha\eta}{1-\alpha}+t\right)b+\frac{\alpha}{1-\alpha}\int_0^\eta\int_\tau^T\phi(s)f(s,u,u')dsd\tau\\&+\int_0^t\int_\tau^T\phi(s)f(s,u,u')dsd\tau,\quad t\in[0,T].\end{aligned}$$

可以验证 S_δ 是一个全连续算子, 且 S_δ 的不动点就是边值问题 $(6.14)^\delta$ 的解. 令 $\omega(t)=\dfrac{a+\delta}{1-\alpha}+\left(\dfrac{\alpha\eta}{1-\alpha}+t\right)b$, 则 $w\in\Omega$. 如果 $(6.15)_\lambda^\delta$ 有解 u, 那么 $u=(1-\lambda)\omega+\lambda S_\delta u$. 由假设可知, 当 $u\in\partial\Omega$ 时, $u\neq(1-\lambda)\omega+\lambda S_\delta u$, 故由非线性抉择原理, S_δ 在 $\overline{\Omega}$ 内有不动点, 不妨记为 u_δ, 则

$$\begin{aligned}u_\delta(t)=&\frac{a+\delta}{1-\alpha}+\left(\frac{\alpha\eta}{1-\alpha}+t\right)b+\frac{\alpha}{1-\alpha}\int_0^\eta\int_\tau^T\phi(s)f(s,u,u')dsd\tau\\&+\int_0^t\int_\tau^T\phi(s)f(s,u,u')dsd\tau,\quad t\in[0,T].\end{aligned}\tag{6.16}$$

下面利用边值问题 $(6.14)^\delta$ 解族, 构造边值问题 (6.12) 的正解. 不妨取 $\delta=\dfrac{1}{n},n=1,2,\cdots$, 那么 $|u_\delta|\leqslant M_\delta\leqslant M+\dfrac{1}{1-\alpha}$. 同时, 对任意的 $t,s\in[0,T]$, 因为

$$\begin{aligned}|u_\delta'(t)-u_\delta'(s)|&=\left|\int_t^s\phi(\tau)f\big(\tau,u_\delta(\tau),u_\delta'(\tau)\big)d\tau\right|\\&\leqslant N\left|\int_t^s\phi(\tau)d\tau\right|\to0(\text{与 }u_\delta\text{ 无关}),\quad \text{当 }t\to s\end{aligned}$$

和

$$\begin{aligned}|u_\delta(t)-u_\delta(s)|&=\left|\int_s^t u_\delta'(\tau)d\tau\right|\leqslant\left(M+\frac{1}{1-\alpha}\right)|t-s|\\&\to0(\text{与 }u_\delta\text{ 无关}),\quad \text{当 }t\to s,\end{aligned}$$

这里

$$N=\max\left\{f(t,u,v):t\in[0,T],\ u\in\left[\frac{\delta}{1-\alpha},M_\delta\right],\ v\in[0,M_\delta]\right\},$$

所以 u_δ 一致有界且等度连续, 从而它有收敛子列, 不妨仍记为它本身, 即 $u_\delta \to u_0(\delta \to 0)$. 又

$$-u_\delta''(t) = \phi(t) f(t, u_\delta, u_\delta') \geqslant \phi(t)\psi_{M_\delta}(t)(u_\delta')^\gamma,$$

在上式两边同除 $(u_\delta')^\gamma$, 先从 t 到 T, 再从 0 到 t 积分, 得

$$u_\delta(t) \geqslant \int_0^t \left((1-\gamma)\int_\tau^T \phi(s)\psi_{M_\delta}(s)ds\right)^{1/(1-\gamma)} d\tau, \quad t \geqslant 0.$$

两边分别求极限, 令 $\delta \to 0$, 则有

$$u_0(t) \geqslant \int_0^t \left((1-\gamma)\int_\tau^T \phi(s)\psi_M(s)ds\right)^{1/(1-\gamma)} d\tau, \quad t \geqslant 0.$$

即 $u_0(t) > 0,\ t \in (0, T]$. 再由左边界条件可知 $u(0) > 0$. 在 (6.16) 两边取极限, 利用 ϕ 和 f 的连续性, 得

$$u_0(t) = \frac{a}{1-\alpha} + \left(\frac{\alpha\eta}{1-\alpha} + t\right) b + \frac{\alpha}{1-\alpha}\int_0^\eta \int_\tau^T \phi(s) f(s, u_0, u_0') ds d\tau$$
$$+ \int_0^t \int_\tau^T \phi(s) f(s, u_0, u_0') ds d\tau, \quad t \in [0, T].$$

由此得出 u_0 是边值问题 (6.12) 的解, 显然 $|u_0| \leqslant M$. 证毕.

6.2.3 无穷边值问题正解的存在性

定理 6.7 假设下列条件成立:

(U_1) $\phi \in I\!L^1[0, +\infty)$;

(U_2) 存在正单调非减函数 $\omega \in C(0, +\infty)$, 使得

$$f(t, u, v) \leqslant \omega(\max\{u, v\}), \quad t \geqslant 0,\ u > 0,\ v \geqslant 0;$$

(U_3) $\sup\limits_{c \in (0, +\infty)} \dfrac{c}{\omega(c) d} > 1$, 其中

$$d = \max\left\{\int_0^\infty \phi(s)ds,\ \frac{\alpha}{1-\alpha}\left(\int_0^\eta s\phi(s)ds + \eta\int_\eta^\infty \phi(s)ds\right) + \int_0^\infty s\phi(s)ds\right\};$$

(U_4) 对任意的 $H > 0$, 存在正函数 $\psi_H \in C[0, +\infty)$ 和非负常数 $\gamma \in [0, 1)$, 使得

$$f(t, u, v) \geqslant \psi_H(t) v^\gamma, \quad (t, u, v) \in [0, +\infty) \times (0, H] \times [0, H].$$

那么边值问题 (6.11) 至少有一个正解.

证明 令 $N_\eta = \{[\eta]+1,\ [\eta]+2,\ \cdots\}$, 其中 $[\cdot]$ 表示取整函数. 考虑有限区间上二阶微分方程三点边值问题

$$\begin{cases} x''(t) + \phi(t) f(t, x, x') = 0, \quad 0 < t < n, \\ x(0) = \alpha x(\eta), \quad x'(n) = 0, \end{cases} \tag{6.17}$$

其中 $n \in N_\eta$. 并由条件 (U_3) 可知, 存在 $M > 0$, 使得 $M(\omega(M)d)^{-1} > 1$. 取 $0 < \varepsilon < M$, 使得

$$\frac{M}{\omega(M)d + \varepsilon} > 1. \tag{6.18}$$

并取满足 $\left(\dfrac{\alpha\eta}{1-\alpha} + n\right)\dfrac{1}{n_0} \leqslant \varepsilon$ 的正整数 n_0. 定义辅助边值问题

$$\begin{cases} x''(t) + \phi(t) f^*(t, x, x') = 0, \quad 0 < t < n, \\ x(0) = \alpha x(\eta), \quad x'(n) = \dfrac{1}{m}, \end{cases} \tag*{$(6.19)^m$}$$

其中 $m \in \{n_0, n_0+1, n_0+2, \cdots\}$,

$$f^*(t,u,v) = \begin{cases} f\left(t, \dfrac{\alpha\eta}{m(1-\alpha)}, \dfrac{1}{m}\right), & u \leqslant \dfrac{\alpha\eta}{m(1-\alpha)}, \quad v \leqslant \dfrac{1}{m}, \\ f\left(t, \dfrac{\alpha\eta}{m(1-\alpha)}, v\right), & u \leqslant \dfrac{\alpha\eta}{m(1-\alpha)}, \quad v \geqslant \dfrac{1}{m}, \\ f\left(t, u, \dfrac{1}{m}\right), & u \geqslant \dfrac{\alpha\eta}{m(1-\alpha)}, \quad v \leqslant \dfrac{1}{m}, \\ f(t,u,v), & u \geqslant \dfrac{\alpha\eta}{m(1-\alpha)}, \quad v \geqslant \dfrac{1}{m}. \end{cases}$$

下面利用引理 6.6 证明 $(6.19)^m$ 有解. 为此考虑边值问题

$$\begin{cases} x''(t) + \lambda\phi(t) f^*(t, x, x') = 0, \quad 0 < t < n, \\ x(0) = \alpha x(\eta), \quad x'(n) = \dfrac{1}{m}, \end{cases} \tag*{$(6.20)_\lambda^m$}$$

其中 $0 < \lambda < 1$. 假设 $x \in C^1[0,n]$ 是边值问题 $(6.20)_\lambda^m$ 的解, 那么由条件 (U_2) 可

知, 对任意的 $t\in[0,T]$, 有

$$
\begin{aligned}
x'(t)&=\int_t^n -x''(s)ds+x'(n)=\frac{1}{m}+\int_t^n\lambda\phi(s)f^*(s,x,x')ds\\
&\leqslant\varepsilon+\omega(|x|)\int_t^n\phi(s)ds,\\
x(t)&=\left(\frac{\alpha\eta}{1-\alpha}+t\right)\frac{1}{m}+\frac{\alpha}{1-\alpha}\int_0^\eta\int_\tau^n\lambda\phi(s)f^*(s,x,x')dsd\tau\\
&\quad+\int_0^t\int_\tau^n\lambda\phi(s)f^*(s,x,x')dsd\tau\\
&\leqslant\varepsilon+\omega(|x|)\left[\frac{\alpha}{1-\alpha}\left(\int_0^\eta s\phi(s)ds+\eta\int_\eta^n\phi(s)ds\right)+\int_0^n s\phi(s)ds\right],
\end{aligned}
$$

所以 $|x|\leqslant\varepsilon+\omega(|x|)d$. 由 ε 和 M 的选取可知, $M>\left(\dfrac{\alpha\eta}{1-\alpha+n}\right)\dfrac{1}{m}>\dfrac{1}{m}$ 且 $|x|\neq M$, 所以 $(6.19)^m$ 有解 $x_{n,m}\in C^1[0,n]$, 且 $x_{n,m}$ 满足

$$
\frac{\alpha\eta}{m(1-\alpha)}\leqslant x_{n,m}(t)\leqslant M,\quad \frac{1}{m}\leqslant x'_{n,m}(t)\leqslant M,\quad t\in[0,n].
$$

类似于定理 6.2 的第二步, 可以证明边值问题 $(6.19)^m$ 解族 $\{x_{n,m}\}_{m=n_0}^{+\infty}$ 有收敛子列, 即存在 $N^0\subset\{n_0,\ n_0+1,\ \cdots\}$ 以及 $x_n\in C^1[0,n]$, 使得 $x_{n,m}\to x_n(m\to+\infty,\ m\in N^0)$, 且

$$
\begin{aligned}
&0<x_n(t)\leqslant M,\quad 0\leqslant x'_n(t)\leqslant M,\\
&x_n(t)\geqslant\int_0^t\left((1-\gamma)\int_\tau^n\phi(s)\psi_M(s)ds\right)^{1/(1-\gamma)}d\tau,\quad t\in[0,n].
\end{aligned}\tag{6.21}
$$

因为 $x_{n,m}$ 是边值问题 $(6.19)^m$ 的解, 所以

$$
\begin{aligned}
x_{n,m}(t)&=\left(\frac{\alpha\eta}{1-\alpha}+t\right)\frac{1}{m}+\frac{\alpha}{1-\alpha}\left(\int_0^\eta s\phi(s)f(s,x_{n,m},x'_{n,m})ds\right.\\
&\quad\left.+\eta\int_\eta^n\phi(s)f(s,x_{n,m},x'_{n,m})ds\right)+\int_0^t s\phi(s)f(s,x_{n,m},x'_{n,m})ds\\
&\quad+t\int_t^n\phi(s)f(s,x_{n,m},x'_{n,m})ds,\quad t\in[0,n].
\end{aligned}
$$

在上式两边分别令 $m\to+\infty$, 由 Lebesgue 控制收敛定理, 有

$$x_n(t) = \frac{\alpha}{1-\alpha}\left(\int_0^\eta s\phi(s)f(s,x_n,x_n')ds + \eta\int_\eta^n \phi(s)f(s,x_n,x_n')ds\right)$$
$$+\int_0^t s\phi(s)f(s,x_n,x_n')ds + t\int_t^n \phi(s)f(s,x_n,x_n')ds, \quad t\in[0,n].$$

从而 x_n 是边值问题 (6.17) 的正解. 与此同时,

$$\begin{aligned} x_n'(t) &= \int_t^n \phi(s)f(s,x_n,x_n')ds \leqslant \omega(M)\int_t^n \phi(s)ds \\ &\leqslant \omega(M)\int_t^\infty \phi(s)ds, \quad t\in[0,n]. \end{aligned} \tag{6.22}$$

对任意的 $n\in N_\eta$, 令

$$y_n(t) = \begin{cases} x_n(t), & t\in[0,n], \\ x_n(n), & t\in(n,+\infty). \end{cases}$$

类似于定理 6.2 的第三步, 可以证明解族 $y_n(t)$ 有子序列 (不妨记为 $n\in N^k$) 在区间 $T_k=[0,[\eta]+k]$ 上有对角延拓极限 $z_k(t)$, 且 $z_k(t)\geqslant a_k(t)$, $t\in T_k$ 和 $z_k(t)=z_{k-1}(t)$, $t\in T_{k-1}$.

对任意的 $t\in[0,+\infty)$, 取 $k\in\mathbb{N}\setminus\{0\}$ 使得 $[\eta]+k\geqslant t$, 令 $x(t)=z_k(t)$, 则 x 为边值问题 (6.17) 的正解. 显然 $x\in C^1[0,+\infty)$, 且 $x(t)>0$, $t\in[0,+\infty)$. 对任意的 $t\in[0,+\infty)$, 取正整数 k, 使得 $[\eta]+k\geqslant t$. 当 $n\in N^k, t\in[0,[\eta]+k]$ 时, 有

$$y_n(t) = \left(\frac{\alpha t}{1-\alpha}+t\right)y_n'([\eta]+k)$$
$$+\frac{\alpha}{1-\alpha}\left(\int_0^\eta s\phi(s)f(s,y_n,y_n')ds + \eta\int_\eta^{[\eta]+k}\phi(s)f(s,y_n,y_n')ds\right)$$
$$+\int_0^t s\phi(s)f(s,y_n,y_n')ds + t\int_t^{[\eta]+k}\phi(s)f(s,y_n,y_n')ds.$$

令 $n\to+\infty(n\in N^k)$, 注意到 $n\geqslant[\eta]+k\geqslant t$, 有

$$z_k(t) = \left(\frac{\alpha t}{1-\alpha}+t\right)z_k'([\eta]+k) + \frac{\alpha}{1-\alpha}\left(\int_0^\eta s\phi(s)f(s,z_k,z_k')ds\right.$$
$$\left.+\eta\int_\eta^{[\eta]+k}\phi(s)f(s,z_k,z_k')ds\right) + \int_0^t s\phi(s)f(s,z_k,z_k')ds$$

$$+t\int_t^{[\eta]+k}\phi(s)f(s,z_k,z_k')ds,\quad t\in[0,[\eta]+k].$$

从而

$$\begin{aligned}x(t)=&\left(\frac{\alpha t}{1-\alpha}+t\right)z_k'([\eta]+k)+\frac{\alpha}{1-\alpha}\left(\int_0^\eta s\phi(s)f(s,x,x')ds\right.\\&\left.+\eta\int_\eta^{[\eta]+k}\phi(s)f(s,x,x')ds\right)+\int_0^t s\phi(s)f(s,x,x')ds\\&+t\int_t^{[\eta]+k}\phi(s)f(s,x,x')ds.\end{aligned}$$

所以 $x\in C^2(0,+\infty)$, 且 $x''(t)+\phi(t)f(t,x,x')=0$, $t\in(0,+\infty)$, $x(0)=\alpha x(\eta)$. 进一步由 (6.21) 和 (6.22) 可得 $z_k'([\eta]+k)\to 0$, $t\to+\infty$, 从而 $x'(+\infty)=0$, 即 x 是边值问题 (6.11) 的正解. 证毕.

6.2.4 唯一性

定理 6.8 假设条件 (U_1)—(U_4) 成立. 进一步假设下列条件成立.

(U_5) 存在非负函数 $p\in L^1[0,+\infty)$, $q\in L^1[0,+\infty)$, 使得

$$|f(t,u_1,v_1)-f(t,u_2,v_2)|\leqslant p(t)|u_1-u_2|+q(t)|v_1-v_2|$$

对所有的 $t\in[0,+\infty),u_i\in(0,+\infty),v_i\in[0,+\infty),i=1,2$ 成立.

如果

$$\iota=\int_0^{+\infty}\phi(s)\left(sp(s)+\frac{\alpha\eta}{1-\alpha}p(s)+q(s)\right)ds<1.$$

那么边值问题 (6.11) 存在唯一的正解.

证明 假设边值问题 (6.11) 存在两个正解 x_1, x_2, 那么由

$$\begin{aligned}|x_1(t)-x_2(t)|&=\left|\int_0^t(x_1'-x_2')ds+\frac{\alpha}{1-\alpha}\int_0^\eta(x_1'-x_2')ds\right|\\&\leqslant\left(t+\frac{\alpha\eta}{1-\alpha}\right)|x_1'-x_2'|_\infty,\quad t\in[0,+\infty)\end{aligned}$$

可推出

$$
\begin{aligned}
|x_1'(t)-x_2'(t)| &\leqslant \int_0^{\infty}\phi(s)|f(s,x_1,x_1')-f(s,x_2,x_2')|ds\\
&\leqslant \int_0^{\infty}\phi(s)(p(s)|x_1-x_2|+q(s)|x_1'-x_2'|)ds\\
&\leqslant \iota|x_1'-x_2'|_\infty,\quad t\in[0,+\infty).
\end{aligned}
$$

因为 $\iota<1$, 所以 $|x_1'-x_2'|_\infty=0$, 也即 $x_1\equiv x_2$, 所以边值问题 (6.11) 有且仅有一个正解. 证毕.

6.2.5 例子

例 6.3 考虑半无穷区间上二阶常微分方程三点边值问题

$$
\begin{cases}
x''(t)+e^{-\beta t}f\big(t,x(t),x'(t)\big)=0, & 0<t<+\infty,\\
x(0)=\alpha x(1), \quad x'(+\infty)=0,
\end{cases}
\tag{6.23}
$$

其中 $0<\alpha<1$, $\beta>0$ 为任意实数, $f(t,u,v)=\ln(1+|u|)+e^{-t}u^{-\frac{2}{3}}+(1+u^{\frac{1}{5}})v^{\frac{1}{5}}$.

记 $\phi(t)=e^{-\beta t}$. 通过直接计算, 得

$$
\int_0^{\infty}\phi(s)ds=\frac{1}{\beta},\quad \int_0^{\infty}s\phi(s)=\frac{1}{\beta^2},
$$

$$
\int_0^1\int_\tau^{\infty}\phi(s)ds=\left(\frac{1}{\beta^2}-\frac{1}{\beta^2}e^{-\beta}\right),
$$

$$
d=\max\left\{\frac{1}{\beta},\ \frac{\alpha}{\beta^2(1-\alpha)}(2-e^{-\beta})\right\}.
$$

故条件 (U_1) 成立. 令

$$
\begin{aligned}
&\omega(r)=\ln(1+r)+r^{-\frac{2}{3}}+(1+r^{\frac{1}{5}})r^{\frac{1}{5}},\quad r\in[0,+\infty),\\
&\psi_H(t)=\phi(t),\quad t\in[0,+\infty),
\end{aligned}
$$

则 ω 是一个非负且单调非减的连续函数, $\psi_H(t)$ 是一正的连续函数, 且有

$$
f(t,u,v)\leqslant\omega(\max\{u,v\}),\quad f(t,u,v)\geqslant\psi(t)v^{\frac{1}{5}}.
$$

即条件 (U_2) 和 (U_4) 成立. 又因为

$$
\lim_{r\to+\infty}\frac{r}{\left(\ln(1+r)+r^{-\frac{2}{3}}+(1+r^{\frac{1}{5}})r^{\frac{1}{5}}\right)d}=+\infty,
$$

故一定存在 $c\in(0,+\infty)$, 使得 $c(\omega(c)d)^{-1}>1$. 由定理 6.7 可知, 边值问题 (6.23) 至少存在一个正解.

6.3 Fréchet 空间中的不动点定理及应用

本节讨论半无穷区间上二阶常微分方程组两点边值问题

$$\begin{cases} x''(t)+m^2x'=f(t,x), & \text{a.e. } 0<t<+\infty, \\ x(0)=a, \quad x(+\infty)=0 \end{cases} \tag{6.24}$$

和

$$\begin{cases} x''(t)-m^2x=f(t,x), & \text{a.e. } 0<t<+\infty, \\ x(0)=a, \quad x(+\infty)=0, \end{cases} \tag{6.25}$$

其中 $x\in\mathbb{R}^N$, $f:[0,+\infty)\times\mathbb{R}^N\to\mathbb{R}^N$, $m\neq 0$ 是一个常数, $a\in\mathbb{R}^N$ 是一个常向量.

本节将利用 Fréchet 空间中的 Furi-Pera 不动点定理给出边值问题 (6.24) 和 (6.25) 有解的充分条件, 这些条件与上两节部分结论的条件类似, 所以将结果放到此处. 下面介绍出 Furi-Pera 不动点定理.

Furi-Pera 不动点定理 假设 Q 是 Fréchet 空间 E 的闭凸子集, $0\in Q$, $T:Q\to E$ 是全连续算子. 如果下列条件成立:

(Q_0) 如果 $\{(x_j,\lambda_j)\}_{j=1}^{\infty}$ 是 $\partial Q\times[0,1]$ 中收敛于 (x,λ) 的序列, 且 $x=\lambda T(x)$, $0\leqslant\lambda<1$, 那么当 j 充分大时, $\lambda_j T(x_j)\in Q$.

那么 T 在 Q 中有不动点.

这一节的结论适用于微分方程组, 这与之前讨论的单个方程有所不同. 与此同时, 本节要求非线性项 f 是一类特殊的 Carathéodory 函数. 记 $\mathbb{E}L^1[0,+\infty)$ 和 $\mathbb{E}L^{*1}[0,+\infty)$ 分别表示为

$$\mathbb{E}L^1[0,+\infty)=\left\{u\in L^1[0,+\infty):\lim_{t\to+\infty}e^{-m^2t}\int_0^t e^{m^2s}u(s)ds=0\right\},$$

$$\mathbb{E}L^{*1}[0,+\infty)=\left\{u\in L^1[0,+\infty):\lim_{t\to+\infty}e^{mt}\int_t^{+\infty}e^{-ms}u(s)ds=0\right\}.$$

定义 6.1 已知 $f:[0,+\infty)\times\mathbb{R}^N\to\mathbb{R}^N$. 如果下列条件成立:

(1) 对任意的 $x\in\mathbb{R}^N$, $t\mapsto f(t,x)$ 在 $[0,+\infty)$ 上是可测的;

(2) 对几乎所有的 $t\in[0,+\infty)$, $x\mapsto f(t,x)$ 在 $\mathbb{R}^N$ 上是连续的;

(3) 对任意的 $r>0$, 存在 $\psi_r\in\mathbb{E}L^1[0,+\infty)$, 使得当 $|x|\leqslant r$ 时, 有

$$|f(t,x)|\leqslant\psi_r(t), \quad \text{a.e. } t\in[0,+\infty).$$

那么称 f 是 $\mathbb{E}$L-Carathéodory 函数.

在定义 6.1 中, 如果 $\psi_r\in\mathbb{E}L^{*1}[0,+\infty)$, 则称 f 是 $\mathbb{E}$L*-Carathéodory 函数.

6.3.1 线性边值问题

引理 6.9 假设 $v \in EL^1[0,+\infty)$, 那么二阶线性微分方程两点边值问题

$$\begin{cases} x''(t) + m^2 x' = v(t), \quad \text{a.e. } 0 < t < +\infty, \\ x(0) = a, \quad x(+\infty) = 0 \end{cases}$$

有唯一解, 可以表示为

$$x(t) = ae^{-m^2 t} - \int_0^{+\infty} G(t,s)v(s)ds,$$

其中 $G(t,s)$ 定义为

$$G(t,s) = \frac{e^{-m^2 t}}{m^2} \begin{cases} e^{m^2 s} - 1, & 0 \leqslant s \leqslant t < +\infty, \\ e^{m^2 t} - 1, & 0 \leqslant t \leqslant s < +\infty. \end{cases} \tag{6.26}$$

证明 在方程两边分别乘以 $e^{m^2 t}$, 并从 0 到 t 积分, 得

$$\int_0^t (e^{m^2 s} x'(s))' ds = \int_0^t e^{m^2 s} v(s) ds,$$

直接计算左侧积分, 有

$$x'(t) = c_1 e^{-m^2 t} + e^{-m^2 t} \int_0^t e^{m^2 s} v(s) ds,$$

其中 $c_1 = \lim\limits_{t \to 0} e^{m^2 t} x'(t)$. 再从 t 到 $+\infty$ 积分, 将边界条件 $x(+\infty) = 0$ 代入, 得

$$\begin{aligned} -x(t) &= \int_t^{+\infty} c_1 e^{-m^2 \tau} d\tau + \int_t^{+\infty} e^{-m^2 \tau} \int_0^{\tau} e^{m^2 s} v(s) ds d\tau \\ &= \frac{c_1}{m^2} e^{-m^2 t} + \int_0^t e^{m^2 s} v(s) \int_t^{+\infty} e^{-m^2 \tau} d\tau ds \\ &\quad + \int_t^{+\infty} e^{m^2 s} v(s) \int_s^{+\infty} e^{-m^2 \tau} d\tau ds \\ &= \frac{c_1}{m^2} e^{-m^2 t} + \frac{1}{m^2} e^{-m^2 t} \int_0^t e^{m^2 s} v(s) ds + \frac{1}{m^2} \int_t^{+\infty} v(s) ds, \end{aligned}$$

由边界条件 $x(0)=a$, 得 $c_1=-m^2a-\int_0^{+\infty}v(s)ds$, 从而

$$\begin{aligned}x(t)&=ae^{-m^2t}+\frac{1}{m^2}e^{-m^2t}\int_0^{+\infty}v(s)ds-\frac{1}{m^2}e^{-m^2t}\int_0^{t}e^{m^2s}v(s)ds\\&\quad-\frac{1}{m^2}\int_t^{+\infty}v(s)ds\\&=ae^{-m^2t}-\int_0^{+\infty}G(t,s)v(s)ds.\end{aligned}$$

证毕.

引理 6.10 (6.26) 式定义的 $G(t,s)$ 是非负的连续有界函数, 且

$$0\leqslant G(t,s)\leqslant\frac{1}{m^2}.$$

引理 6.11 假设 $v\in \mathbb{E}L^{*1}[0,+\infty)$, 那么二阶线性微分系统两点边值问题

$$\begin{cases}x''(t)-m^2x=v(t), & \text{a.e. } 0<t<+\infty,\\x(0)=a, \quad x(+\infty)=0\end{cases}$$

有唯一解, 可以表示为

$$\begin{aligned}x(t)&=ae^{-mt}+\frac{e^{-mt}}{2m}\int_0^{+\infty}e^{-ms}v(s)ds\\&\quad-\frac{e^{mt}}{2m}\int_t^{+\infty}e^{-ms}v(s)ds-\frac{e^{-mt}}{2m}\int_0^{t}e^{ms}v(s)ds.\end{aligned}$$

6.3.2 空间与算子

考虑映 $[0,+\infty)$ 到 $\mathbb{R}^N$ 的连续函数空间 $C[0,+\infty)$. 对任意的 $m\in\mathbb{N}_+$, 定义

$$|x|_m=\sup_{t\in[0,t_m]}|x(t)|,$$

其中 $t_m\to+\infty(m\to+\infty)$. 定义半范数

$$|x|=\sum_{m=1}^{+\infty}\frac{1}{2^m}\cdot\frac{|x|_m}{1+|x|_m},$$

那么 $(C[0,+\infty),|\cdot|)$ 构成 Fréchet 空间, 简记为 E. 记 $BC[0,+\infty)$ 表示映 $[0,+\infty)$ 到 $\mathbb{R}^N$ 的连续有界函数空间, 赋予范数 $|x|_\infty=\sup\limits_{t\in[0,+\infty)}|x(t)|$.

定义算子 $T:Q\to E$ 为

$$Tx(t)=ae^{-m^2t}-\int_0^{+\infty}G(t,s)f(s,x(s))ds,\quad t\in[0,+\infty). \tag{6.27}$$

其中, Q 是 $BC[0,+\infty)$ 的有界子集. 容易验证算子 T 的不动点就是边值问题 (6.24) 的解. 利用不动点定理, 需要算子 T 是全连续的, 下面分析它的全连续性.

引理 6.12 假设 f 是 EL-Carathéodory 函数, 那么 T 是全连续算子.

证明 显然 $T:Q\to E$ 有定义. 下面讨论 T 的连续性. 在 Q 中任取收敛序列 $x_n\to x(n\to+\infty)$, 因为 Q 是有界集, f 是 EL-Carathéodory 函数, 所以

$$f(t,x_n(t))\to f(t,x(t))\to 0(n\to+\infty),\quad \text{a.e. } t\in[0,+\infty),$$

且存在 $\psi_M\in EL^1[0,+\infty)$, 使得

$$|f(t,x_n(t))|\leqslant\psi_M(t),\quad |f(t,x(t))|\leqslant\psi_M(t),\quad \text{a.e. } t\in[0,+\infty).$$

注意到

$$\begin{aligned}|Tx_n-Tx|_m&=\sup_{t\in[0,t_m]}|Tx_n(t)-Tx(t)|\\&=\sup_{t\in[0,t_m]}\left|\int_0^{+\infty}G(t,s)(f(s,x_n(s))-f(s,x(s)))ds\right|\\&\leqslant\frac{1}{m^2}\int_0^{+\infty}|f(s,x_n(s))-f(s,x(s))|ds.\end{aligned}$$

由 Lebesgue 控制收敛定理, 可得 $Tx_k(t)\to Tx(t)(n\to+\infty)$ 在 $t\in[0,t_m]$ 上一致成立, 所以 T 是连续的.

下面讨论 T 的紧性. 任取 $x\in Q$, 那么存在 $M>0$, 使得 $|x|_\infty\leqslant M$, 且

$$|Tx(t)|\leqslant|a|+\frac{1}{m^2}\int_0^{+\infty}\psi_M(s)ds,\quad t\in[0,t_m].$$

与此同时, 对任意的 $t_1,t_2\in[0,t_m]$, 不妨设 $t_1<t_2$, 那么

$$\begin{aligned}&|Tx(t_1)-Tx(t_2)|\\=&\left|a(e^{-m^2t_1}-e^{-m^2t_2})+\int_0^{+\infty}(G(t_1,s)-G(t_2,s))f(s,x(s))ds\right|\end{aligned}$$

$$\leqslant |a|\left|e^{-m^2t_1}-e^{-m^2t_2}\right|+\int_0^{+\infty}|G(t_1,s)-G(t_2,s)|\psi_M(s)ds$$

$$\to 0(\text{与 } x \text{ 无关}),\quad \text{当 } t_1\to t_2.$$

即 T 在 $[0,t_m]$ 上一致有界且等度连续, 所以 TQ 在 E 中列紧. 综上可知 T 是一个全连续算子.

6.3.3 解的存在性

首先考虑边值问题 (6.24) 解的存在性, 为此考虑辅助边值问题

$$\begin{cases}x''(t)+m^2x'=\lambda f(t,x), & \text{a.e. } 0<t<+\infty,\\ x(0)=a, \quad x(+\infty)=0,\end{cases} \tag{6.28}$$

其中 $0\leqslant\lambda<1$.

定理 6.13 假设 f 是 $\mathbb{L}$-Carathéodory 函数, 如果存在 $M>|a|$, 使得 (6.28) 的任一解都满足 $|x|_\infty<M$, 那么边值问题 (6.24) 至少有一个解.

证明 考虑 Fréchet 空间 E 中的有界闭凸集 Q 为

$$Q=\{x\in BC([0,+\infty),\mathbb{R}^N):|x|_\infty\leqslant M+1:=M_1\}.$$

并在其上定义算子 T 如 (6.27) 式所示, 那么 T 是全连续算子. 在 ∂Q 和 $[0,1]$ 中分别取收敛序列 x_j 和 λ_j, 满足

$$x_j\to x,\quad \lambda_j\to\lambda\in[0,1)(j\to+\infty),\quad x=\lambda Tx.$$

任取 $x\in Q$, 则有

$$|Tx(t)|=\left|ae^{-m^2t}+\int_0^{+\infty}G(t,s)f(s,x(s))ds\right|$$

$$\leqslant |a|e^{-m^2t}+\int_0^{+\infty}G(t,s)\psi_M(s)ds$$

$$\to 0(\text{与 } x \text{ 无关}),\quad \text{当 } t\to+\infty.$$

所以存在 $t^*\geqslant 0$, 使得 $t\in[t^*,+\infty)$ 时, 有

$$|Tx_j(t)|\leqslant M_1. \tag{6.29}$$

而当 $t\in[0,t^*]$ 时, 由算子 T 的连续性和区间 $[0,t^*]$ 的紧性, 可知 $Tx_j\to Tx(j\to+\infty)$. 注意到 $\lambda_j\to\lambda\in[0,1)(j\to+\infty)$, 所以 $\lambda_jTx_j\to\lambda Tx(j\to+\infty)$ 在 $[0,t^*]$ 上一致收敛. 从而存在 $j^*\in\mathbb{N}_+$, 使得 $j\geqslant j^*$ 时, 有

$$|\lambda_j Tx_j(t) - \lambda Tx(t)| \leqslant 1, \quad t \in [0, t^*].$$

又因为 $x = \lambda Tx$, 由已知条件可知 $|x|_\infty \leqslant M$,

$$|\lambda_j Tx_j(t)| \leqslant |\lambda Tx(t)| + 1 \leqslant M_1, \quad t \in [0, T]. \tag{6.30}$$

联合 (6.29) 和 (6.30) 式可知, 当 $j \geqslant j^*$ 时, $\lambda_j Tx_j \in Q$. 到此 Furi-Pera 不动点定理的条件都成立, 所以边值问题 (6.24) 至少有一个解. 证毕.

同理, 对于边值问题 (6.25), 考虑辅助边值问题

$$\begin{cases} x''(t) - m^2 x' = f(t, x), & \text{a.e. } 0 < t < +\infty, \\ x(0) = a, \quad x(+\infty) = 0, \end{cases} \tag{6.31}$$

那么边值问题 (6.25) 可解性的充分条件如下.

定理 6.14　假设 $f : [0, +\infty) \times \mathbb{R}^N \to \mathbb{R}^N$ 是 EL*-Carathéodory 函数. 如果存在 $M > |a|$, 使得 (6.31) 的任一解都满足 $|x|_\infty < M$, 那么边值问题 (6.25) 至少有一个解.

6.3.4　例子

本节给出两个例子, 具体介绍定理 6.13 和定理 6.14 的条件如何验证.

例 6.4　考虑半无穷区间上二阶微分方程两点边值问题

$$\begin{cases} x''(t) + m^2 x' = f(t, x), & \text{a.e. } 0 < t < +\infty, \\ x(0) = 0, \quad x(+\infty) = 0, \end{cases} \tag{6.32}$$

其中 $m \neq 0$ 是一个常数, $x \in \mathbb{R}$, $f : [0, +\infty) \times \mathbb{R} \to \mathbb{R}$ 是 EL-Carathéodory 函数. 进一步假设存在 $M > 0$, 当 $|x| > M$ 时, $xf(t, x) > 0$ 对所有的 $t \in [0, +\infty)$ 成立, 那么边值问题 (6.32) 至少有一个解.

考虑辅助边值问题

$$\begin{cases} x''(t) + m^2 x' = \lambda f(t, x), & \text{a.e. } 0 < t < +\infty, \\ x(0) = 0, \quad x(+\infty) = 0, \end{cases} \tag{6.33}$$

其中 $0 \leqslant \lambda < 1$. 如果 $\lambda = 0$, 则边值问题 (6.33) 仅有零解. 如果 $0 < \lambda < 1$, 则 (6.33) 的任一解 x 都满足 $|x|_\infty \leqslant M$. 用反证法证明, 如果不然, 那么存在 $t_0 \in [0, +\infty)$, 使得

$$|x(t_0)| > M.$$

不妨取 $t_0 \in (0,+\infty)$, 使得 $|x(t_0)| = \sup\limits_{t\in[0,+\infty)} |x(t)|$, 则有 $x'(t_0)=0$. 这时

$$x(t_0)x''(t_0) = x(t_0)(x''(t_0) + m^2 x'(t_0)) = \lambda x(t_0) f(t_0, x(t_0)) > 0,$$

这与 $|x(t_0)|$ 是最大值矛盾. 由定理 6.13 可知边值问题 (6.32) 至少有一个解.

例 6.5 考虑半无穷区间上二阶微分方程两点边值问题

$$\begin{cases} x''(t) - m^2 x = f(t,x), & \text{a.e. } 0 < \mathrm{t} < +\infty, \\ x(0) = 0, \quad x(+\infty) = 0, \end{cases} \tag{6.34}$$

其中 $m \neq 0$ 是一个常数, $x \in \mathbb{R}$, $f : [0,+\infty) \times \mathbb{R} \to \mathbb{R}$ 是 EL*-Carathéodory 函数. 如果存在 $M > 0$, 当 $|x| > M$ 时, $xf(t,x) > 0$ 对所有的 $t \in [0,+\infty)$ 成立, 那么边值问题 (6.34) 至少有一个解.

考虑辅助边值问题

$$\begin{cases} x''(t) - m^2 x = \lambda f(t,x), & \text{a.e. } 0 < t < +\infty, \\ x(0) = 0, \quad x(+\infty) = 0, \end{cases} \tag{6.35}$$

其中 $0 \leqslant \lambda < 1$. 如果 $\lambda = 0$, 则边值问题 (6.35) 仅有零解. 如果 $0 < \lambda < 1$, 则 (6.35) 的任一解 x 都满足 $|x|_\infty \leqslant M$. 同理用反证法证明, 如果不然, 那么存在 $t_0 \in [0,+\infty)$, 使得

$$|x(t_0)| > M_0.$$

不妨取 $t_0 \in (0,+\infty)$, 使得 $|x(t_0)| = \sup\limits_{t\in[0,+\infty)} |x(t)|$, 则有 $x'(t_0)=0$. 这时

$$x(t_0)x''(t_0) = m^2 x^2(t_0) + \lambda x(t_0) f(t_0, x(t_0)) > 0,$$

与 $|x(t_0)|$ 是最大值矛盾. 由定理 6.14 可知边值问题 (6.34) 至少有一个解.

第 7 章 极值原理与微分系统边值问题

本章采用临界点理论中的极值原理研究微分系统边值问题, 包括无穷边值问题、p-Laplace 系统次调和解和离散系统的反周期解. 通过建立合适的 Sobolev 空间, 将边值问题的解转换为能量泛函的临界点, 借助不等式技巧, 研究泛函的极值, 给出边值问题解存在的充分条件.

7.1 二阶微分系统两点无穷边值问题

考虑半无穷区间上二阶微分系统两点边值问题

$$\begin{cases} \ddot{u}(t) = \nabla F(t, u(t)), \quad \text{a.e. } t \in [0, +\infty), \\ u(0) = 0, \quad \dot{u}(+\infty) = 0, \end{cases} \tag{7.1}$$

其中 $u = (u_1, u_2, \cdots, u_N)^{\mathrm{T}} : [0, +\infty) \to \mathbb{R}^N$, N 是一个正整数, $\dot{u}$ 表示 u 的弱导数, $F : [0, +\infty) \times \mathbb{R}^N \to \mathbb{R}$, $\nabla F(t, u)$ 表示 F 关于 u 的梯度. 不特殊说明外, 本节总假设:

(1) 对任意的 $u \in \mathbb{R}^N$, $F(t, u)$ 关于 t 可测;

(2) 对几乎所有的 $t \in [0, +\infty)$, $F(t, u)$ 关于 u 连续可微.

7.1.1 推广的 Sobolev 空间

对于欧几里得空间 $\mathbb{R}^N$, 取欧氏距离范数 $|\cdot|$. 记 $L^2[0, +\infty)$ 表示映 $[0, +\infty)$ 到 $\mathbb{R}^N$ 的二次可积函数空间, 取范数 $|\cdot|_{L^2}$ 为

$$|u|_{L^2} = \left(\int_0^{+\infty} |u(t)|^2 dt \right)^{1/2}.$$

为了建立适用无穷边值问题的 Sobolev 空间, 考虑集合

$$W = \left\{ u : [0, +\infty) \to \mathbb{R}^N \text{绝对连续}, \ u(0) = 0, \ \dot{u} \in L^2[0, +\infty) \right\}.$$

对于定义在有限区间 $[0, T]$ 上的向量函数 u, 若 $\bar{u} = \dfrac{1}{T} \displaystyle\int_0^T u(t) dt = 0$, $\dot{u} \in L^2[0, T]$, 则 $u \in L^2[0, T]$. 但这个结论对于无穷区间或半无穷区间上的函数并不成

立. 为此引入一类特殊的函数集合

$$\mathfrak{H}=\left\{\begin{array}{l} h:[0,+\infty)\to(0,+\infty)\text{连续有界, 且存在函数}H\text{和正数}\beta,\text{使得} \\ \dot{H}(t)=h(t),\ H^2(t)\leqslant\beta h(t),\ \text{a.e. } t\in[0,+\infty), \\ \lim\limits_{t\to+\infty}H(t)|u(t)|^2=0,\quad\forall u\in W \end{array}\right\}$$

注 7.1 如果 $h\in\mathfrak{H}$, 那么 $h\in L^1[0,+\infty)$.

例 7.1 下列函数属于集合 $\mathfrak{H}$:

$$h_1(t)=e^{-\alpha t},\quad h_2(t)=\frac{1}{(t+\alpha)^n},\quad \alpha>0,\ n>2.$$

解 显然定义在 $[0,+\infty)$ 上的 $h_1(t),h_2(t)$ 是正连续有界函数, 分别取它们的一个原函数为

$$H_1(t)=-\frac{1}{\alpha}e^{-\alpha t},\quad H_2(t)=-\frac{1}{(n-1)(t+\alpha)^{1-n}},$$

那么当 $\beta\geqslant\dfrac{1}{\alpha^2}$ 时, $H_1^2(t)\leqslant\beta h_1(t)$. 而当 $\beta\geqslant\dfrac{\alpha}{(1-n)^2}$ 时, $H_2^2(t)\leqslant\beta h_2(t)$. 对任意的 $u\in W$, 因为 $|u(t)|\leqslant\sqrt{t}|\dot{u}|_{L^2}$, 所以 $\lim\limits_{t\to+\infty}H_i(t)|u(t)|^2=0,\ i=1,2$. 所以这两类函数属于集合 $\mathfrak{H}$. 常数 β 的取值不唯一, 可以灵活选择.

下面利用集合 $\mathfrak{H}$ 定义 Sobolev 空间. 任取 $h\in\mathfrak{H}$, 考虑函数空间 W_h 为

$$W_h=\left\{u\in W:\ \int_0^{+\infty}h(t)|u(t)|^2dt<+\infty\right\},$$

并赋予范数

$$|u|=\left(\int_0^{+\infty}(h(t)|u(t)|^2+|\dot{u}(t)|^2)dt\right)^{\frac{1}{2}}.$$

为了证明 $(W_h,|\cdot|)$ 是一个 Banach 空间, 首先建立下面的不等式, 即推广的 Wirtinger 不等式.

引理 7.1 若 $u\in W_h$, 那么

$$\int_0^{+\infty}h(t)|u(t)|^2dt\leqslant4\beta\int_0^{+\infty}|\dot{u}(t)|^2dt. \tag{7.2}$$

证明　利用 $\mathfrak{H}$ 中函数的性质, 结合分部积分法和 Hölder 不等式, 得

$$\begin{aligned}\int_0^{+\infty} h(t)|u(t)|^2dt &= \int_0^{+\infty} |u(t)|^2\dot{H}(t)dt \\ &= -2\int_0^{+\infty} H(t)(u(t),\dot{u}(t))dt \\ &\leqslant 2\sqrt{\beta}\int_0^{+\infty} \sqrt{h(t)}(u(t),\dot{u}(t))dt \\ &\leqslant 2\sqrt{\beta}\left(\int_0^{+\infty} h(t)|u(t)|^2dt\right)^{1/2}|\dot{u}|_{L^2}.\end{aligned}$$

从而 (7.2) 式成立. 证毕.

引理 7.2　$(W_h,|\cdot|)$ 是一个 Banach 空间.

证明　只讨论 W_h 的完备性. 在 W_h 中任取柯西列 $\{u_n, n=1,2,\cdots\}$, 以后简记为 (u_n). 由空间 $L^2[0,+\infty)$ 的完备性, 存在 $v_0,w_0\in L^2[0,+\infty)$, 使得当 $n\to+\infty$ 时, $v_n=\sqrt{h}u_n\to v_0$, $\dot{u}_n\to w_0$. 由引理 7.1, 得

$$\begin{aligned}0 &\leqslant \int_0^{+\infty} h(t)\left|u_n(t)-\int_0^t w_0(s)ds\right|^2dt \\ &\leqslant 4\beta\int_0^{+\infty} |\dot{u}_n(t)-w_0(t)|^2dt\to 0,\quad n\to+\infty,\end{aligned}$$

所以

$$v_0(t)=\sqrt{h(t)}\int_0^t w_0(s)ds,\quad \text{a.e. } t\in[0,+\infty).$$

令 $u_0=v_0/\sqrt{h}$, 那么 $\dot{u}_0=w_0$. 因此 $u_0\in W_h$, 且当 $n\to+\infty$ 时, 有 $u_n\to u_0$. 证毕.

在 W_h 上定义内积为

$$((u,v))=\left(\int_0^{+\infty} (h(t)(u(t),v(t))+(\dot{u}(t),\dot{v}(t)))dt\right)^{\frac{1}{2}},$$

可以验证 W_h 是自反的 Banach 空间.

记 $C[0,+\infty)$ 表示映 $[0,+\infty)$ 到 $\mathbb{R}^N$ 的连续函数空间, 考虑

$$C_h=\left\{x\in C[0,+\infty),\ \sup_{0\leqslant t<+\infty} h(t)|x(t)|^2<+\infty\right\},$$

赋予范数 $|\cdot|_\infty$ 为

$$|x|_\infty = \sup_{0\leqslant t<+\infty} \sqrt{h(t)}\big|x(t)\big|.$$

那么 $\big(C_h, |\cdot|_\infty\big)$ 是一个 Banach 空间. 下面证明 W_h 紧嵌入 C_h.

引理 7.3 $W_h \hookrightarrow C_h$.

证明 显然, 如果 $u\in W_h$, 那么 $u\in C_h$. 下面证明 W_h 中的任意收敛列在 C_h 中收敛. 用反证法. 如若不然, 则存在 W_h 中的收敛列 $u_n\to u(n\to+\infty)$, 它在 C_h 中不收敛, 即存在 $\varepsilon_0>0$, 对任意的 $N>0$, 存在 $n>N$, 使得

$$|u_n-u|_\infty > \varepsilon_0.$$

分两种情况讨论.

情况 1 $\lim\limits_{t\to+\infty} h(t)\big|u_n(t)-u(t)\big|^2 = |u_n-u|_\infty$.

在这种情况下, 存在 $T>0$, 使得

$$h(t)\big|u_n(t)-u(t)\big|^2 > \varepsilon_0^2, \quad t\geqslant T.$$

但另一方面,

$$\begin{aligned}\int_0^{+\infty} h(t)\big|u_n(t)-u(t)\big|^2dt &\geqslant \int_T^{+\infty} h(t)\big|u_n(t)-u(t)\big|^2dt\\ &\geqslant \lim_{b\to+\infty}\varepsilon_0^2(b-T)\\ &= +\infty(\text{与 } n \text{ 无关}),\end{aligned}$$

这与 u_n 在 W_h 中收敛于 u 矛盾. 所以情况 1 不成立.

情况 2 存在 $t_0\in[0,+\infty)$, 使得

$$h(t_0)\big|u_n(t_0)-u(t_0)\big|^2 = |u_n-u|_\infty.$$

因为 u_n 和 u 是连续的, 所以存在 $\delta>0$, 使得

$$h(t)\big|u_n(t)-u(t)\big|^2 > \varepsilon_0^2, \quad t\in(t_0-\delta, t_0+\delta), \quad t_0\neq 0.$$
$$h(t)\big|u_n(t)-u(t)\big|^2 > \varepsilon_0^2, \quad t\in[0,\delta), \quad t_0=0.$$

但另一方面, 不妨考虑 $t_0\neq 0$, 有

$$\begin{aligned}\int_0^{+\infty} h(t)\big|u_n(t)-u(t)\big|^2dt &\geqslant \int_{t_0-\delta}^{t_0+\delta} h(t)\big|u_n(t)-u(t)\big|^2dt\\ &\geqslant 2\varepsilon_0^2\delta > 0(\text{与 } n \text{ 无关}).\end{aligned}$$

这同样与 u_n 在 W_h 中收敛于 u 矛盾, 所以情况 2 不成立.

综上, W_h 中的收敛列一定在 C_h 中收敛. 所以 $W_h \hookrightarrow C_h$.

注 7.2 经典 Sobolev 空间是推广 Sobolev 空间 W_h 的子集, 即

$$W^{1,2}=\left\{u\in W:\ \int_0^{+\infty}|u(t)|^2dt<+\infty\right\}\subset W_h.$$

引理 7.4 设 $u,\ v\in L^2[0,+\infty)$. 如果对任意的 $f\in W^{1,2}$, 有

$$\int_0^{+\infty}(u(t),\dot f(t))dt=-\int_0^{+\infty}(v(t),f(t))dt,$$

那么 $\dot u=v$ 在 $[0,+\infty)$ 上几乎处处成立.

证明 不失一般性, 设 $N=1$. 令 $\omega(t)=\displaystyle\int_0^t v(s)ds$, 那么 $\dot\omega(t)=v(t)$, a.e. $t\in[0,+\infty)$, 且对任意的 $f\in W^{1,2}$, 有

$$\begin{aligned}\int_0^{+\infty}(\omega(t),\dot f(t))dt&=\int_0^{+\infty}\int_0^t(v(s),\dot f(t))dsdt\\&=\int_0^{+\infty}\int_s^{+\infty}(v(s),\dot f(t))dtds\\&=-\int_0^{+\infty}(v(s),f(s))ds.\end{aligned}$$

因此

$$\int_0^{+\infty}(u(t)-\omega(t),\dot f(t))dt=0. \tag{7.3}$$

情况 1 取 $\xi\in(0,1]$, 定义函数

$$f(t)=\begin{cases}t/\xi, & 0\leqslant t\leqslant\xi,\\ 1, & \xi\leqslant t\leqslant 1,\\ -(t-1-\varepsilon)/\varepsilon, & 1\leqslant t\leqslant 1+\varepsilon,\\ 0, & 1+\varepsilon\leqslant t<+\infty,\end{cases}$$

其中 $\varepsilon>0$ 充分小. 直接计算, 得

$$\dot f(t)=\begin{cases}1/\xi, & 0\leqslant t<\xi,\\ 0, & \xi<t<1,\\ -1/\varepsilon, & 1<t<1+\varepsilon,\\ 0, & 1+\varepsilon<t<+\infty.\end{cases}$$

可以验证 $f \in W^{1,2}$. 由 (7.3) 式, 得

$$\int_0^{\xi}(u(t)-\omega(t))dt=\xi\frac{1}{\varepsilon}\int_1^{1+\varepsilon}(u(t)-\omega(t))dt.$$

进一步, 上式两边分别关于 ξ 求导, 有

$$u(\xi)-\omega(\xi)=\frac{1}{\varepsilon}\int_1^{1+\varepsilon}(u(t)-\omega(t))dt.$$

因此, $\dot{u}=\dot{\omega}$ 在 $[0,1]$ 上几乎处处成立.

情况 2 取 $\xi \in [1,+\infty)$, 令

$$f(t)=\begin{cases}-(t-\xi)/\xi^2, & 0\leqslant t\leqslant \xi,\\ 0, & \xi\leqslant t<+\infty.\end{cases}$$

同理有

$$\frac{1}{\xi^2}\int_0^{\xi}(u(t)-\omega(t))dt=0,$$

这意味着 $\dot{u}=\dot{\omega}$ 在 $(1,+\infty)$ 上几乎处处成立.

综上, $\dot{u}=v$ 在 $[0,+\infty)$ 上几乎处处成立. 证毕.

引理 7.5 如果函数列 (u_n) 在 W_h 中弱收敛于 u, 那么对任意的 $T\in(0,+\infty)$, 函数列 (u_n) 在 $[0,T]$ 上一致收敛于 u.

注 7.3 因为空间 W_h 自反, 所以 W_h 中任意有界序列 (u_n) 弱紧. 不妨仍用 (u_n) 表示它的弱收敛的子列, 极限为 $u\in W_h$. 因为弱极限是唯一的, 所以 (u_n) 在 $[0,T]$ 上一致收敛于 u.

7.1.2 解的存在性

定理 7.6 假设下列条件成立.

(V_1) 存在 $h\in\mathfrak{H}$, 其中 $\beta<1/8$, 使得

$$F(t,u)\geqslant -h(t)|u|^2$$

对几乎所有的 $t\in[0,+\infty)$ 和所有的 $u\in\mathbb{R}^N$ 成立.

(V_2) 存在正函数 $a\in C[0,+\infty)$, $b\in L^1[0,+\infty)$, $c\in L^2[0,+\infty)$, 使得

$$|F(t,u)|\leqslant a(\sqrt{h}|u|)b(t),\quad |\nabla F(t,u)|\leqslant \sqrt{h}a(\sqrt{h}|u|)c(t)$$

对几乎所有的 $t\in[0,+\infty)$ 和所有的 $u\in\mathbb{R}^N$ 成立.

那么边值问题 (7.1) 至少有一个解.

证明 考虑自反 Banach 空间 W_h, 并定义泛函 $\varphi: W_h \to \mathbb{R}$ 为

$$\varphi(u) = \int_0^{+\infty} \left(\frac{1}{2}|\dot{u}|^2 + F(t, u(t)) \right) dt.$$

条件 (V_2) 保证 φ 在 W_h 上有定义. 下面分四步证明 φ 有临界点, 且它就是边值问题 (7.1) 的解.

第一步 泛函 φ 连续可微.

事实上, 对任意的 $u, v \in W_h$, 由 Hölder 不等式, 得

$$\begin{aligned}
|(\nabla F(t,u), v)| &\leqslant \left| \frac{1}{\sqrt{h}} \nabla F(t,u) \right| |\sqrt{h} v| \\
&\leqslant a(\sqrt{h}|u|) c(t) |\sqrt{h} v| \\
&\leqslant a_0 c(t) |\sqrt{h} v|, \quad t \in [0, +\infty),
\end{aligned}$$

其中 $a_0 = \max\{a(r),\ 0 \leqslant r \leqslant |u|_\infty\}$. 因为 $c \in L^2[0, +\infty)$, $\sqrt{h} v \in L^2[0, +\infty)$, 所以

$$|(\nabla F(t,u), v)| \leqslant d(t) \in L^1[0, +\infty).$$

利用莱布尼茨公式, 得

$$\begin{aligned}
&\lim_{\lambda \to 0} \frac{\varphi(u + \lambda v) - \varphi(u)}{\lambda} \\
&= \lim_{\lambda \to 0} \int_0^{+\infty} \left((\dot{u}, \dot{v}) + \frac{1}{2}\lambda |\dot{v}|^2 + \frac{F(t, u + \lambda v) - F(t,u)}{\lambda} \right) dt \\
&= \int_0^{+\infty} ((\dot{u}, \dot{v}) + (\nabla F(t,u), v))\, dt.
\end{aligned}$$

注意到

$$\begin{aligned}
&\int_0^{+\infty} ((\dot{u}, \dot{v}) + (\nabla F(t,u), v))\, dt \\
&\leqslant |\dot{u}|_{L^2} |\dot{v}|_{L^2} + \left(\int_0^{+\infty} \left| \frac{1}{\sqrt{h}} \nabla F(t,u) \right|^2 dt \right)^{\frac{1}{2}} |\sqrt{h} v|_{L^2} \\
&\leqslant 2 \max\{|\dot{u}|_{L^2},\ a_0 |c|_{L^2}\} |v|,
\end{aligned}$$

所以泛函 φ 在 u 处有方向导数, 记为 $D\varphi(u)$, 且

$$\langle D\varphi(u), v \rangle = \int_0^{+\infty} ((\dot{u}, \dot{v}) + (\nabla F(t,u), v))\, dt.$$

进一步, 对任意的 u_1, $u_2 \in W_h$ 和 $v \in W_h$, 由

$$\begin{aligned}
&\langle D\varphi(u_1) - D\varphi(u_2), v\rangle \\
&= \int_0^{+\infty} ((\dot{u}_1 - \dot{u}_2, \dot{v}) + (\nabla F(t, u_1) - \nabla F(t, u_2), v))\, dt \\
&\leqslant |\dot{u}_1 - \dot{u}_2|_{L^2} |\dot{v}|_{L^2} + \left| \frac{1}{\sqrt{h}} (\nabla F(t, u_1) - \nabla F(t, u_2)) \right|_{L^2} |\sqrt{h} v|_{L^2} \\
&\to 0, \quad 当\ u_1 \to u_2
\end{aligned}$$

可推出 $D\varphi$ 在 W_h 中连续, 从而泛函 φ 连续可微, 且有

$$\langle \varphi'(u), v\rangle = \int_0^{+\infty} ((\dot{u}, \dot{v}) + (\nabla F(t, u), v))\, dt. \tag{7.4}$$

第二步 泛函 φ 弱下半连续性.

令

$$\varphi_1(u) = \frac{1}{2} \int_0^{+\infty} |\dot{u}|^2 dt, \quad \varphi_2(u) = \int_0^{+\infty} F(t, u) dt.$$

因为 φ_1 是凸连续, 所以 φ_1 弱下半连续. 对于 φ_2, 在空间 W_h 中任取弱收敛序列 $u_n \rightharpoonup u (n \to +\infty)$, 那么由引理 7.5 可知, $u_n \to u$ 在 $[0, T]$ 上一致成立. 由 Fatou 引理, 有

$$\begin{aligned}
\liminf_{n\to+\infty} \varphi_2(u_n) &= \liminf_{n\to+\infty} \lim_{T\to+\infty} \int_0^T F(t, u_n) dt \\
&\geqslant \lim_{T\to+\infty} \int_0^T \liminf_{n\to+\infty} F(t, u_n) dt \\
&= \int_0^{+\infty} F(t, u) dt = \varphi_2(u).
\end{aligned}$$

所以 φ_2 是弱下半连续. 从而 φ 是弱下半连续的.

第三步 泛函 φ 至少有一个临界点.

由条件 (V_1) 和引理 7.1, 得

$$\begin{aligned}
\varphi(u) &\geqslant \frac{1}{2} \int_0^{+\infty} |\dot{u}|^2 dt - \int_0^{+\infty} h(t)|u|^2 dt \\
&\geqslant \left(\frac{1}{2} - 4\beta\right) \int_0^{+\infty} |\dot{u}|^2 dt.
\end{aligned} \tag{7.5}$$

这个不等式暗示着 φ 有一个有界极小化序列. 否则, 如果 φ 的极小化序列 (u_n) 无界, 不妨仍用 (u_n) 表示它的一个无界子列, 那么

$$\int_0^{+\infty} |\dot{u}_n(t)|^2 dt \to +\infty, \quad n \to +\infty.$$

而由不等式 (7.5), 得 $\varphi(u_n) \to +\infty (n \to +\infty)$, 这与 (u_n) 是极小化子序列矛盾. 所以 φ 的极小化序列是有界的. 由极值原理, 泛函 φ 在 W_h 中取到局部极小值, 不妨记为 $u_0 \in W_h$, u_0 就是 φ 的临界点.

第四步　泛函 φ 的临界点是边值问题 (7.1) 的解.

因为 φ 连续可微, 所以 $\varphi'(u_0) = 0$, 即

$$0 = \langle \varphi'(u_0), v \rangle = \int_0^{+\infty} [(\dot{u}_0, \dot{v}) + (\nabla F(t, u_0), v)] dt, \quad \forall\, v \in W_h.$$

由引理 7.4, 得 $\ddot{u}_0 = \nabla F(t, u_0)$ 在 $t \in [0, +\infty)$ 上几乎处处成立. 注意到 $u \in W_h$, 故 $u(0) = 0$, $\dot{u}(+\infty) = 0$. 因此 u_0 是边值问题 (7.1) 的解. 证毕.

7.1.3　例子

例 7.2　考虑半无穷区间上二阶线性微分方程组两点边值问题

$$\begin{cases} \ddot{u}(t) = g(t), \quad \text{a.e. } t \in [0, +\infty), \\ u(0) = 0, \quad \dot{u}(+\infty) = 0, \end{cases} \tag{7.6}$$

其中 $g : [0, +\infty) \to \mathbb{R}^N$. 若存在 $h \in \mathfrak{H}$ 和 $c \in L^2[0, +\infty)$, 使得

$$|g(t)| \leqslant \sqrt{h(t)} c(t), \tag{7.7}$$

那么令

$$\varphi(u) = \int_0^{+\infty} \left(\frac{1}{2} |\dot{u}|^2 + (g(t), u(t)) \right) dt.$$

类似于定理 7.6 可知, φ 有定义, 连续可微且弱下半连续. 进一步

$$\begin{aligned} \varphi(u) &= \int_0^{+\infty} \left(\frac{1}{2} |\dot{u}|^2 + \left(\frac{g(t)}{\sqrt{h(t)}}, \sqrt{h(t)} u(t) \right) \right) dt \\ &\geqslant \frac{1}{2} \int_0^{+\infty} |\dot{u}|^2 dt - \left(\int_0^{+\infty} \frac{g^2(t)}{h(t)} dt \right)^{\frac{1}{2}} \left(\int_0^{+\infty} h(t) |u(t)|^2 dt \right)^{\frac{1}{2}}. \end{aligned}$$

结合引理 7.1 可知, 当 $|u| \to +\infty$ 时, $\varphi(u) \to +\infty$. 所以 φ 的极小化序列有界. 由此可知条件 (7.7) 是边值问题 (7.6) 存在一个解的一个充分条件. 事实上当 $g \in L^1[0, +\infty)$ 时, 直接计算可知

$$u(t) = -\int_0^t \int_s^\infty g(\tau)d\tau ds,$$

就是边值问题 (7.6) 的解.

例 7.3 考虑半无穷区间上二阶非线性微分方程组两点边值问题

$$\begin{cases} \ddot{u}_1(t) = -e^{-\alpha_1 t}u_1 + e^{-\alpha_2 t}\sin 2u_1, & \text{a.e. } t \in [0, +\infty), \\ \ddot{u}_2(t) = -e^{-\alpha_1 t}u_2, \quad \text{a.e. } t \in [0, +\infty), \\ u_i(0) = 0, \quad \dot{u}_i(+\infty) = 0, \quad i = 1, 2. \end{cases} \tag{7.8}$$

其中 $\alpha_2 > \alpha_1 > 3$.

记 $u = (u_1, u_2)^{\mathrm{T}}$, 令

$$F(t,u) = -\frac{1}{2}e^{-\alpha_1 t}(u_1^2 + u_2^2) + e^{-\alpha_2 t}\sin^2 u_1,$$

$$h(t) = e^{-3t}, \quad \beta = \frac{1}{9},$$

$$a(t) = t^2, \quad b(t) = e^{(-\alpha_2+\alpha_1)t}, \quad c(t) = e^{-\frac{1}{2}\alpha_1 t} + 4e^{-(\alpha_1-3)t},$$

其中 $t \in [0, +\infty)$, 那么 $h \in \mathfrak{H}$, $a \in C[0, +\infty)$, $b \in L^1[0, +\infty)$, $c \in L^2[0, +\infty)$. 进一步,

$$F(t,u) \geqslant -\frac{1}{2}e^{-\alpha_1 t}(u_1^2 + u_2^2) \geqslant -h(t)|u|^2,$$

$$\begin{aligned} |F(t,u)| &\leqslant \max\left\{\frac{1}{2}e^{-\alpha_1 t}(u_1^2 + u_2^2), e^{-\alpha_2 t}\sin^2 u_1\right\} \\ &\leqslant e^{-\alpha_1 t}(u_1^2 + u_2^2) = a(\sqrt{h}|u|)b(t), \end{aligned}$$

$$\begin{aligned} |\nabla F(t,u)| &= \sqrt{e^{-2\alpha_1 t}(u_1^2 + u_2^2) - 2e^{-(\alpha_1+\alpha_2)t}u_1 \sin 2u_1 + e^{-2\alpha_2 t}\sin^2 2u_1} \\ &\leqslant (e^{-2\alpha_1 t} + 4e^{-2\alpha_2 t})|u| \leqslant \sqrt{h}a(\sqrt{h}|u|)c(t). \end{aligned}$$

定理 7.6 中所有条件都成立, 所以边值问题 (7.8) 至少有一个解.

7.2 具有 p-Laplace 算子的微分系统的次调和解

考虑具有 p-Laplace 算子的二阶微分系统

$$\frac{d}{dt}\Phi_p(\dot{x}(t)) + \nabla F(t, x(t)) = 0, \quad \text{a.e. } t \in \mathbb{R}, \tag{7.9}$$

其中 $\Phi_p(x)=|x|^{p-2}x$, $p>1$, $x=(x_1,x_2,\cdots,x_N)$, $|\cdot|$ 表示 $\mathbb{R}^N$ 中的欧氏距离, $F:\mathbb{R}\times\mathbb{R}^N\to\mathbb{R}$. 不特殊说明外, 本节总假设:

(1) 对任意的 $x\in\mathbb{R}^N$, $F(t,x)$ 关于 t 是可测和 T-周期的;

(2) 对几乎所有的 $t\in\mathbb{R}$, $F(t,x)$ 关于 x 是连续可微和凸的.

当 $p=2$, 具有 p-Laplace 算子的微分系统 (7.9) 变为二阶常微分系统

$$\ddot{x}(t)+\nabla F(t,x(t))=0,\quad \text{a.e. } t\in\mathbb{R}. \tag{7.10}$$

因为 F 关于 t 是 T-周期的, 自然要去寻找微分系统 (7.9) 和 (7.10) 的 T-周期解. 与此同时, 函数 F 也是 kT-周期的, $k\in\mathbb{N}_+$, 所以会寻找 kT-周期解. 当 kT-周期解中的 $k=1$, 称之为调和解或 T-周期解, 即 $x(t+T)=x(t)$, $t\in\mathbb{R}$. 当 $k\geqslant 2$ 时, 称之为次调和解. 次调和解就是最小的周期比 T 严格大的 kT-周期解. 显然, 系统 (7.9) 定义在区间 $[0,kT]$ 上, 若有解满足周期边界条件 $x(0)=x(kT)$ 和 $\dot{x}(0)=\dot{x}(kT)$, 则可以 kT-周期延拓到 $\mathbb{R}$ 上, 成为 kT-周期解.

下面通过 Clark 对偶极小化原理讨论系统 (7.9) 在 $[0,kT]$ 上的周期边值问题, 给出周期解和次调和解存在的充分条件.

7.2.1 哈密顿系统和能量泛函

先给出本节用到的常见范数, 分别为

$$|x|=\sqrt{\sum_{i=1}^{N}|x_i|^2},\quad |x|_{L^p}=\left(\int_0^{kT}|x(t)|^p dt\right)^{\frac{1}{p}},\quad |x|_\infty=\max_{t\in[0,kT]}|x(t)|.$$

下面将二阶微分系统转换为一阶系统. 令 $u_1=x$, $\alpha u_2=\Phi_p(\dot{x})$, 那么微分系统 (7.9) 转换为

$$\begin{cases}\dot{u}_1=\Phi_q\big(\alpha u_2(t)\big),\\ \dot{u}_2=-\dfrac{1}{\alpha}\nabla F\big(t,u_1(t)\big),\end{cases} \tag{7.11}$$

其中 $\alpha>0$ 是一个参数. 记 $u=(u_1,u_2)\in\mathbb{R}^{2N}$. 定义 $H_i:[0,kT]\times\mathbb{R}^N\to\mathbb{R}, i=1,2$ 和 $H:[0,kT]\times\mathbb{R}^{2N}\to\mathbb{R}$ 分别为

$$H_1(t,u_1)=\frac{1}{\alpha}F(t,u_1),\quad H_2(t,u_2)=\frac{\alpha^{q-1}}{q}|u_2|^q,$$

$$H(t,u)=H_1(t,u_1)+H_2(t,u_2),$$

定义 $J=\begin{pmatrix}0_N & I_N\\ -I_N & 0_N\end{pmatrix}$, 它是一个反对称矩阵, 满足 $J^2=-I_{2N}$ 和 $(Ju,v)=$

$-(u, Jv)$, $u, v \in \mathbb{R}^{2N}$. 这样微分系统 (7.11) 可以表示为哈密顿系统

$$J\dot{u}(t) + \nabla H\big(t, u(t)\big) = 0. \tag{7.12}$$

考虑将哈密顿系统的周期解对应于某个能量泛函的临界点, 需要定义合适的函数空间. 为此取整数 $k \geqslant 1$, 记 $L^p[0, kT]$ 表示映 $[0, kT]$ 到 $\mathbb{R}^N$ 的 p 次可积函数空间. 考虑 Sobolev 空间

$$W_{kT}^{1,p} = \left\{x : [0, kT] \to \mathbb{R}^N,\ x \in L^p[0, kT],\ \dot{x} \in L^p[0, kT],\ x(0) = x(kT)\right\},$$

赋予范数为

$$|x|_{W_{kT}^{1,p}} = \left(\int_0^{kT} |x(t)|^p dt + \int_0^{kT} |\dot{x}(t)|^p dt\right)^{\frac{1}{p}}.$$

同时记 $C^\infty[0, kT]$ 表示映 $[0, kT]$ 到 $\mathbb{R}^N$ 的无穷次连续可微函数空间, 考虑

$$C_{kT}^\infty = \left\{x \in C^\infty[0, kT],\ x(0) = x(kT)\right\},$$

赋予范数 $|x|_\infty$. 定义函数空间 X 和 Y 为

$$X = \left\{u = (u_1, u_2) : [0, kT] \to \mathbb{R}^{2N},\ u_1 \in W_{kT}^{1,p},\ u_2 \in W_{kT}^{1,q}\right\},$$
$$Y = \left\{v = (v_1, v_2) : [0, kT] \to \mathbb{R}^{2N},\ v_1 \in W_{kT}^{1,q},\ v_2 \in W_{kT}^{1,p}\right\}.$$

并分别赋予范数 $|u|_X = |u_1|_{W_{kT}^{1,p}} + |u_2|_{W_{kT}^{1,q}}$ 和 $|v|_Y = |v_1|_{W_{kT}^{1,q}} + |v_2|_{W_{kT}^{1,p}}$. 常数 q 是 p 的对偶数. 可以证明 X 和 Y 是自反的 Banach 空间, 且 X 的共轭空间为 Y.

对任意的 $h = (h_1, h_2) \in L^1([0, kT], \mathbb{R}^{2N})$, 定义函数 h 的中值为

$$\bar{h} = (\bar{h}_1, \bar{h}_2), \quad \bar{h}_i = \frac{1}{kT}\int_0^{kT} h_i(t)dt, \quad i = 1, 2.$$

定义 Y 的子空间 $\tilde{Y}$ 为

$$\tilde{Y} = \{v \in Y :\ \bar{v} = 0\}.$$

引理 7.7 任取 $u \in W_{kT}^{1,p}$(或 $W_{kT}^{1,q}$), 如果 $\bar{u} = 0$, 那么

$$|u|_{L^p} \leqslant kT|\dot{u}|_{L^p} \quad (\text{或} |u|_{L^q} \leqslant kT|\dot{u}|_{L^q}).$$

注 7.4 如果序列在 $W_{kT}^{1,p}$ 或 $W_{kT}^{1,q}$ 中弱收敛, 那么它在 C_{kT}^∞ 中一致收敛.

引理 7.8 对任意的 $u \in X$, 有

$$\int_0^{kT} \big(J\dot{u}(t), u(t)\big)dt \geqslant -\frac{2kT}{p}|\dot{u}_1|_{L^p}^p - \frac{2kT}{q}|\dot{u}_2|_{L^q}^q.$$

对任意的 $v \in Y$, 有

$$\int_0^{kT} \big(J\dot{v}(t), v(t)\big)dt \geqslant -\frac{2kT}{q}|\dot{v}_1|_{L^q}^q - \frac{2kT}{p}|\dot{v}_2|_{L^p}^p.$$

证明 记 $u = (u_1, u_2)$, $u_1 \in W_{kT}^{1,p}$, $u_2 \in W_{kT}^{1,q}$, 并记 $\tilde{u}_i = u_i - \bar{u}_i$, $i = 1, 2$, 那么由 Cauchy-Schwarz 不等式和引理 7.7, 有

$$\begin{aligned}
\int_0^{kT} \big(J\dot{u}(t), u(t)\big)dt &= \int_0^{kT} \Big(\big(\dot{u}_2(t), u_1(t)\big) - \big(\dot{u}_1(t), u_2(t)\big)\Big)dt \\
&= \int_0^{kT} \Big(\big(\dot{u}_2(t), \tilde{u}_1(t)\big) - \big(\dot{u}_1(t), \tilde{u}_2(t)\big)\Big)dt \\
&\geqslant -|\dot{u}_2|_{L^q}|\tilde{u}_1|_{L^p} - |\dot{u}_1|_{L^p}|\tilde{u}_2|_{L^q} \\
&\geqslant -2kT|\dot{u}_1|_{L^p}|\dot{u}_2|_{L^q} \\
&\geqslant -\frac{2kT}{p}|\dot{u}_1|_{L^p}^p - \frac{2kT}{q}|\dot{u}_2|_{L^q}^q.
\end{aligned}$$

另一部分同理可得. 证毕.

定义泛函 $\psi : X \to \mathbb{R}$ 为

$$\psi(u) = \int_0^{kT} \left(-\frac{1}{2}\big(J\dot{u}(t), u(t)\big) - H\big(t, u(t)\big)\right) dt, \tag{7.13}$$

其中 $(\cdot, \cdot)$ 表示 $\mathbb{R}^{2N}$ 中的内积. 可以证明泛函 ψ 的临界点就是 (7.12) 的 kT-周期解. 由引理 7.8 可知, 泛函 ψ 的第一项的下界是不确定的, 需要建立对偶泛函来研究哈密顿系统 (7.12) 周期解的存在性.

7.2.2 Fenchel 变换和对偶原理

任取 $t \in [0, +\infty)$, 设函数 $H(t, \cdot) \in \Gamma_0(\mathbb{R}^{2N})$, 则它的 Fenchel 变换为

$$H^*(t, v) = \sup_{u \in \mathbb{R}^{2N}} \big((v, u) - H(t, u)\big), \quad v \in \mathbb{R}^{2N}. \tag{7.14}$$

类似地定义 $F(t, \cdot) \in \Gamma_0(\mathbb{R}^N)$ 的 Fenchel 变换为

$$F^*(t, v_1) = \sup_{x \in \mathbb{R}^N} \big((v_1, x) - F(t, x)\big), \quad v_1 \in \mathbb{R}^N.$$

与此同时, $F(t,v)$ 在 $v\in\mathbb{R}^N$ 处的次微分定义为

$$\partial F(t,v)=\{x\in\mathbb{R}^N: F(t,\omega)\geqslant F(t,v)+(x,\omega-v),\ \forall\omega\in\mathbb{R}^N\}.$$

引理 7.9 假设下列条件成立.

(A_0) 存在正常数 α, δ 和正函数 β, $\gamma\in L^q[0,kT]$, 使得

$$\frac{\delta}{p}|x|^p-\beta(t)\leqslant F(t,x)\leqslant\frac{\alpha}{p}|x|^p+\gamma(t)$$

对几乎所有的 $t\in[0,kT]$ 和所有的 $x\in\mathbb{R}^N$ 成立.

那么 $F(t,x)$ 的 Fenchel 变换 $F^*(t,v_1)$ 关于 v_1 连续可微, 且有

$$\frac{1}{q}\alpha^{-\frac{q}{p}}|v_1|^q-\gamma(t)\leqslant F^*(t,v_1)\leqslant\frac{1}{q}\delta^{-\frac{q}{p}}|v_1|^q+\beta(t),$$

$$|\nabla F^*(t,v_1)|\leqslant\left(\frac{p}{\delta}\big(|v_1|+\beta(t)+\gamma(t)\big)+1\right)^{q-1}$$

对几乎所有的 $t\in[0,kT]$ 和所有的 $v_1\in\mathbb{R}^N$ 成立.

由函数 H_2 的定义和引理 7.9, 有下面结论.

推论 7.10 $H_2^*(t,v_2)=\dfrac{1}{p\alpha}|v_2|^p$.

因为 $H^*(t,v)=\dfrac{1}{\alpha}F^*(t,v_1)+H_2^*(t,v_2)$, 所以当 F 满足条件 (A_0) 时, 对几乎所有的 $t\in[0,kT]$, $H^*(t,v)$ 关于 v 连续可微, 且

$$H^*(t,v)=(v,u)-H(t,u)\Leftrightarrow v=\nabla H(t,u)\Leftrightarrow u=\nabla H^*(t,v).\tag{7.15}$$

令 $v=-Ju$, 那么能量泛函 (7.13) 等价于

$$\begin{aligned}\psi(u)&=\int_0^{kT}\left(-\frac{1}{2}\big(J\dot{u}(t),u(t)\big)-H\big(t,u(t)\big)\right)dt\\&=\int_0^{kT}\left(\frac{1}{2}\big(\dot{v}(t),u(t)\big)-H\big(t,u(t)\big)\right)dt\\&=\int_0^{kT}\left(-\frac{1}{2}\big(\dot{v}(t),u(t)\big)+\big(\dot{v}(t),u(t)\big)-H\big(t,u(t)\big)\right)dt\\&=\int_0^{kT}\left(\frac{1}{2}\big(J\dot{v}(t),v(t)\big)+H^*\big(t,\dot{v}(t)\big)\right)dt.\end{aligned}$$

因此在 Y 上定义 ψ 的对偶泛函为

$$\mathcal{X}(v)=\int_0^{kT}\left(\frac{1}{2}\big(J\dot{v}(t),v(t)\big)+H^*\big(t,\dot{v}(t)\big)\right)dt.\tag{7.16}$$

事实上, 对偶泛函 $\mathcal{X}$ 在空间 Y 上的临界点就是系统 (7.12) 的解, 且 $\mathcal{X}(v+c)=\mathcal{X}(v)$, 所以在空间 $\tilde{Y}$ 上寻找 $\mathcal{X}$ 的临界点即可. 类似于定理 7.6 中的部分证明, 有对偶泛函如下几个结论.

引理 7.11　假设条件 (A_0) 成立, 那么 $\mathcal{X}$ 在 $\tilde{Y}$ 上连续可微, 且对任意的 $h\in\tilde{Y}$, 有

$$\langle\mathcal{X}'(v),h\rangle=\int_0^{kT}\left(\frac{1}{2}\big(J\dot{v}(t),h(t)\big)+\big(\nabla H^*(t,\dot{v}(t))-\frac{1}{2}Jv(t),\dot{h}(t)\big)\right)dt. \quad (7.17)$$

引理 7.12　假设条件 (A_0) 成立, $v\in\tilde{Y}$ 是 $\mathcal{X}$ 的临界点, 那么函数 $u(t)=\nabla H^*(t,\dot{v}(t))$ 是微分系统 (7.12) 在 X 中的 kT-周期解.

7.2.3　kT-周期解的存在性

定理 7.13　假设下列条件成立.

(A_1) 存在 $l\in L^{pq}[0,kT]$, 使得

$$F(t,x)\geqslant(l(t),\Phi_p(x))$$

对几乎所有的 $t\in[0,kT]$ 和所有的 $x\in\mathbb{R}^N$ 成立.

(A_2) 存在 $\alpha\in(0,(kT)^{-\max\{p,q\}/q})$, $\gamma\in L^{\max\{p,q\}}([0,kT],\mathbb{R})$, 使得

$$F(t,x)\leqslant\frac{\alpha^2}{p}|x|^p+\gamma(t)$$

对几乎所有的 $t\in[0,kT]$ 和所有的 $x\in\mathbb{R}^N$ 成立.

(A_3) 当 $x\in\mathbb{R}^N,|x|\to+\infty$, 有 $\displaystyle\int_0^{kT}F(t,x)dt\to+\infty$.

那么哈密顿系统 (7.12) 至少有一个解 $u=(u_1,u_2)\in X$, 使得 u_1 是微分系统 (7.9) 的 kT-周期解, 且

$$v(t)=-J\left[u(t)-\frac{1}{kT}\int_0^{kT}u(s)ds\right]$$

是对偶泛函 (7.16) 的极小值.

证明　取 $\varepsilon_0>0$ 满足

$$0<\alpha+\varepsilon_0<\min\left\{(kT)^{1-p},(kT)^{-1}\right\}.$$

对任意的 $0<\varepsilon<\varepsilon_0$, 令

$$H_{1\varepsilon}(t,u_1)=H_1(t,u_1)+\frac{\varepsilon}{p}|u_1|^p.$$

显然, 对几乎所有的 $t \in [0, kT]$, 函数 $H_{1\varepsilon}(t, u_1)$ 关于 u_1 是严格凸且连续可微的. 由条件 (A_1) 和 (A_2), 可知

$$-\frac{1}{\alpha}|l(t)||u_1|^{p-1} + \frac{\varepsilon}{p}|u_1|^p \leqslant H_{1\varepsilon}(t, u_1) \leqslant \frac{\alpha+\varepsilon}{p}|u_1|^p + \frac{1}{\alpha}\gamma(t).$$

因为函数 $g(s) = \frac{\varepsilon}{2p}s^p - \frac{1}{\alpha}|l(t)|s^{p-1}, s > 0$ 在 $s = \frac{2}{\alpha\varepsilon}(p-1)|l(t)|$ 处取到最小值, 所以

$$-\frac{1}{\alpha p}\left(\frac{2(p-1)}{\alpha\varepsilon}\right)^{p-1}|l(t)|^p + \frac{\varepsilon}{2p}|u_1|^p \leqslant H_{1\varepsilon}(t, u_1) \leqslant \frac{\alpha+\varepsilon}{p}|u_1|^p + \frac{1}{\alpha}\gamma(t).$$

令 $H_\varepsilon(t, u) = H_{1\varepsilon}(t, u_1) + H_2(t, u_2)$, 则 $H_\varepsilon^*(t, v) = H_{1\varepsilon}^*(t, v_1) + H_2^*(t, v_2)$, 其中 $v = (v_1, v_2) \in Y$. 由引理 7.11 和引理 7.12 可知, 扰动的对偶泛函

$$\mathcal{X}_\varepsilon(v) = \int_0^{kT} \left(\frac{1}{2}\big(J\dot{v}(t), v(t)\big) + H_\varepsilon^*\big(t, \dot{v}(t)\big)\right) dt \tag{7.18}$$

在 $\tilde{Y}$ 上连续可微, 且如果 $v_\varepsilon \in \tilde{Y}$ 是 $\mathcal{X}_\varepsilon$ 的一个临界点, 那么 $u_\varepsilon(t) = \nabla H_\varepsilon^*\big(t, \dot{v}_\varepsilon(t)\big)$ 是扰动哈密顿系统

$$\begin{cases} J\dot{u}(t) + \nabla H_\varepsilon\big(t, u(t)\big) = 0, \\ u(0) = u(kT) \end{cases} \tag{7.19}$$

的解. 换言之

$$\begin{cases} \dot{u}_{1\varepsilon}(t) - \Phi_q\big(\alpha u_{2\varepsilon}(t)\big) = 0, \\ \dot{u}_{2\varepsilon}(t) + \varepsilon\Phi_p\big(u_{1\varepsilon}(t)\big) + \frac{1}{\alpha}\nabla F\big(t, u_{1\varepsilon}(t)\big) = 0, \\ u_\varepsilon(0) = u_\varepsilon(kT), \end{cases} \tag{7.20}$$

其中 $u_\varepsilon = (u_{1\varepsilon}, u_{2\varepsilon}) \in X$.

由引理 7.9, 有

$$H_\varepsilon^*\big(t, \dot{v}(t)\big) \geqslant \frac{1}{q}(\alpha+\varepsilon)^{-q/p}|\dot{v}_1(t)|^q + \frac{1}{p}\alpha^{-1}|\dot{v}_2(t)|^p - \frac{1}{\alpha}\gamma(t),$$

结合公式 (7.18) 和引理 7.8, 得

$$\mathcal{X}_\varepsilon(v) \geqslant \frac{1}{q}\left((\alpha+\varepsilon)^{-q/p} - kT\right)\int_0^{kT} |\dot{v}_1(t)|^q dt$$

$$
\begin{aligned}
&+\frac{1}{p}\left(\alpha^{-1}-kT\right)\int_0^{kT}|\dot{v}_2(t)|^p dt-\int_0^{kT}\frac{1}{\alpha}\gamma(t)dt\\
&\geqslant \delta_{10}|\dot{v}_1|_{L^q}^q+\delta_{20}|\dot{v}_2|_{L^p}^p-\gamma_0,
\end{aligned}
\tag{7.21}
$$

其中 $\delta_{10}>0$, $\delta_{20}>0$. (7.21) 式和引理 7.7 保证扰动泛函 $\mathcal{X}_\varepsilon$ 在 $\tilde{Y}$ 上的极小化序列是有界的. 显然, $\mathcal{X}_\varepsilon$ 的第一项是弱连续的. 由 H_ε 的连续性和 H_ε^* 的定义可知, $\mathcal{X}_\varepsilon$ 的第二项在 $\tilde{Y}$ 上是弱下半连续的, 所以 $\mathcal{X}_\varepsilon$ 是弱下半连续的, 这意味着 $\mathcal{X}_\varepsilon$ 在 $\tilde{Y}$ 中可取到极小值, 不妨记为 $v_\varepsilon\in\tilde{Y}$. 那么扰动系统 (7.19) 有一个解为 $u_\varepsilon=\nabla H_\varepsilon^*(t,\dot{v}_\varepsilon(t))$.

下面对 u_ε 进行上界估计. 因为

$$
|\nabla H_1(t,u_1)|\leqslant\left(p\alpha^{-\frac{q}{p}}\left(|u_1|+|l(t)||u_1|^{p-1}+\gamma(t)\right)\right)^{p-1}+1,
$$

所以, 对任意的 $u_1\in\mathbb{R}^N$, $\nabla H_1(t,u_1)\in L^q[0,kT]$. 定义函数

$$
\bar{H}_1:\mathbb{R}^N\to\mathbb{R},\quad u_1\to\int_0^{kT}H_1(t,u_1)dt,
$$

那么它是连续可微的. 由条件 (A_3), 函数 $\bar{H}_1$ 有极小值, 不妨记为 $\bar{u}_1\in\mathbb{R}^N$, 则

$$
\int_0^{kT}\nabla H_1(t,\bar{u}_1)dt=0.
$$

因为 $\nabla H_2(t,u_2)=\Phi_p(\alpha u_2)$, 且有

$$
\int_0^{kT}\nabla H_2(t,0)dt=0.
$$

令 $\bar{u}=(\bar{u}_1,0)\in\mathbb{R}^{2N}$, 那么 $\dot{v}(t)=\nabla H(t,\bar{u})$ 在 $\tilde{Y}$ 中有唯一的解, 不妨记为 ω. 利用对偶运算的性质, 得

$$
H^*(t,\dot{\omega})=(\dot{\omega},\bar{u})-H(t,\bar{u}),
$$

且 $H^*(\cdot,\dot{\omega}(\cdot))\in L^1[0,kT]$. 因为 $H(t,\bar{u})\leqslant H_\varepsilon(t,\bar{u})$, 所以 $H_\varepsilon^*(t,\dot{\omega})\leqslant H^*(t,\dot{\omega})$. 由 (7.21) 式, 得

$$
\delta_{10}|\dot{v}_{1\varepsilon}|_{L^q}^q+\delta_{20}|\dot{v}_{2\varepsilon}|_{L^p}^p-\gamma_0\leqslant\mathcal{X}_\varepsilon(v_\varepsilon)\leqslant\mathcal{X}_\varepsilon(\omega)\leqslant\mathcal{X}(\omega)=c_1<+\infty.
$$

再由引理 7.7, 有 $|v_\varepsilon|_Y\leqslant c_2$, 其中 c_1 和 c_2 是与 ε 无关的正常数, 以及后面的 c_3, c_4, c_5 也都是与 ε 无关的正常数. 由 $\dot{u}_\varepsilon=J\dot{v}_\varepsilon$, 得

$$
|\dot{u}_{1\varepsilon}|_{L^p}+|\dot{u}_{2\varepsilon}|_{L^q}=|\dot{v}_{1\varepsilon}|_{L^q}+|\dot{v}_{2\varepsilon}|_{L^p}\leqslant|v_\varepsilon|_Y\leqslant c_2,
$$

注意到 $\int_0^{kT}\tilde{u}_\varepsilon(t)dt=0$, 也就是

$$|\tilde{u}_\varepsilon(t)|\leqslant\left|\int_0^{kT}\dot{\tilde{u}}_\varepsilon(t)dt\right|\leqslant(kT)^{1/q}|\dot{\tilde{u}}_{1\varepsilon}|_{L^p}+(kT)^{1/p}|\dot{\tilde{u}}_{2\varepsilon}|_{L^q},$$

可推出 $|\tilde{u}_\varepsilon|_X\leqslant c_3$.

与此同时, $F(t,\cdot)$ 是凸的, 所以有

$$\begin{aligned}H(t,\bar{u}_\varepsilon/2)&\leqslant\frac{1}{2}H\big(t,u_\varepsilon(t)\big)+\frac{1}{2}H\big(t,-\tilde{u}_\varepsilon(t)\big)\\&\leqslant\frac{1}{2}H\big(t,u_\varepsilon(t)\big)-\frac{1}{2}H(t,0)+\frac{1}{2}H(t,0)+\frac{\alpha}{2p}|\tilde{u}_{1\varepsilon}(t)|^p\\&\quad+\frac{1}{2\alpha}\gamma(t)+\frac{\alpha^{q-1}}{2q}|\tilde{u}_{2\varepsilon}(t)|^q\\&\leqslant\frac{1}{2}\big(\nabla H\big(t,u_\varepsilon(t)\big),u_\varepsilon(t)\big)+\frac{\alpha}{2p}|\tilde{u}_{1\varepsilon}(t)|^p+\frac{\alpha^{q-1}}{2q}|\tilde{u}_{2\varepsilon}(t)|^q+\frac{1}{\alpha}\gamma(t)\\&=\frac{1}{2}\left(-J\dot{u}_\varepsilon(t),u_\varepsilon(t)\right)-\varepsilon\big(\Phi_p(u_{1\varepsilon}(t)),u_{1\varepsilon}(t)\big)+\frac{\alpha}{2p}|\tilde{u}_{1\varepsilon}(t)|^p\\&\quad+\frac{\alpha^{q-1}}{2q}|\tilde{u}_{2\varepsilon}(t)|^q+\frac{1}{\alpha}\gamma(t).\end{aligned}$$

因此

$$\begin{aligned}&\int_0^{kT}F(t,\bar{u}_\varepsilon/2)dt\\\leqslant&\int_0^{kT}\frac{1}{2}\left(-J\dot{u}_\varepsilon(t),u_\varepsilon(t)\right)dt+\frac{\alpha}{2p}|\tilde{u}_\varepsilon|_{L^p}^p+\frac{\alpha^{q-1}}{2q}|\tilde{u}_{2\varepsilon}|_{L^q}^q+\gamma_0\\\leqslant&\frac{1}{2}|\tilde{u}_{1\varepsilon}|_{L^p}|\dot{\tilde{u}}_{2\varepsilon}|_{L^q}+\frac{1}{2}|\dot{\tilde{u}}_{1\varepsilon}|_{L^p}|\tilde{u}_{2\varepsilon}|_{L^q}+\frac{\alpha}{2p}|\tilde{u}_\varepsilon|_{L^p}^p+\frac{\alpha^{q-1}}{2q}|\tilde{u}_{2\varepsilon}|_{L^q}^q+\gamma_0\\\leqslant&c_4.\end{aligned}$$

结合条件 (A_3) 可知, $|\bar{u}_\varepsilon|$ 是有界的. 综上可知

$$|u_\varepsilon|_X\leqslant|\bar{u}_\varepsilon|_X+|\tilde{u}_\varepsilon|_X\leqslant c_5.$$

因为 (u_ε) 有界, 所以它弱列紧, 即存在序列 $\varepsilon_n\in(0,\varepsilon_0)$, $\varepsilon_n\to0(n\to+\infty)$ 和函数 $u\in X$, 使得

$$u_{\varepsilon_n}\rightharpoonup u,\quad n\to+\infty.$$

因为 $\dot{v}_\varepsilon = -J\dot{u}_\varepsilon$, 所以 $v_\varepsilon(t) = -J\big(u_\varepsilon(t) - \bar{u}_\varepsilon\big)$. 系统 (7.20) 的积分形式为

$$\begin{cases} u_{1\varepsilon_n}(t) - u_{1\varepsilon_n}(0) - \displaystyle\int_0^t \Phi_q(\alpha u_{2\varepsilon_n}(s))ds = 0, \\ u_{2\varepsilon_n}(t) - u_{2\varepsilon_n}(0) + \varepsilon_n \displaystyle\int_0^t \Phi_p(\alpha u_{1\varepsilon_n}(s))ds + \int_0^t \frac{1}{\alpha}\nabla F(s, u_{1\varepsilon_n}(s))ds = 0. \end{cases}$$

注意到 v_{ε_n} 弱收敛于 $v(t) = -J(u(t) - \bar{u})$, u_{ε_n} 在 C_{kT}^∞ 中一致收敛于 u, 在方程组两边取极限, 令 $n \to +\infty$, 则有

$$\begin{cases} u_1(t) - u_1(0) - \displaystyle\int_0^t \Phi_q(\alpha u_2(s))ds = 0, \\ u_2(t) - u_{2\varepsilon_n}(0) + \dfrac{1}{\alpha}\displaystyle\int_0^t \nabla F(s, u_1(s))ds = 0. \end{cases}$$

所以 u 是哈密顿系统 (7.12) 在 X 中的解.

最后说明函数 $v = -J(u(t) - \bar{u})$ 是泛函 $\mathcal{X}$ 在 $\tilde{Y}$ 中的极小值. 因为 v_{ε_n} 是 $\mathcal{X}_{\varepsilon_n}$ 的极小值, 且 $H_{\varepsilon_n}^*(t,v) \leqslant H^*(t,v)$, 所以

$$\mathcal{X}_{\varepsilon_n}(v_{\varepsilon_n}) \leqslant \mathcal{X}_{\varepsilon_n}(h) \leqslant \mathcal{X}(h), \quad \forall h \in \tilde{Y}.$$

注意到函数 u_{ε_n} 和 $\dot{v}_{\varepsilon_n}$ 是对偶的, 所以有

$$\begin{aligned} \mathcal{X}_{\varepsilon_n}(v_{\varepsilon_n}) &= \int_0^{kT} \left(\frac{1}{2}\big(J\dot{v}_{\varepsilon_n}(s), v_{\varepsilon_n}(s)\big) + \big(\dot{v}_{\varepsilon_n}(s), u_{\varepsilon_n}(s)\big) - H_{\varepsilon_n}\big(s, u_{\varepsilon_n}(s)\big)\right) ds \\ &= \int_0^{kT} \left(\frac{1}{2}\big(J\dot{v}_{\varepsilon_n}(s), v_{\varepsilon_n}(s)\big) + \big(u_{\varepsilon_n}(s), \dot{v}_{\varepsilon_n}(s)\big)\right. \\ &\qquad \left. -H\big(s, u_{\varepsilon_n}(s)\big) - \frac{\varepsilon_n}{p}|u_{1\varepsilon_n}(s)|^p\right) ds. \end{aligned}$$

又因为, 当 v_{ε_n} 在 $\tilde{Y}$ 中弱收敛于 v 时, $J\dot{v}_{\varepsilon_n}$ 弱收敛于 Jv, 结合 $\dot{v}(t) = \nabla H\big(t, u(t)\big)$, 所以有

$$\begin{aligned} \lim_{n\to+\infty} \mathcal{X}_{\varepsilon_n}(v_{\varepsilon_n}) &= \lim_{n\to+\infty} \int_0^{kT} \left(\frac{1}{2}\big(J\dot{v}_{\varepsilon_n}(s), v_{\varepsilon_n}(s)\big) + \big(u_{\varepsilon_n}(s), \dot{v}_{\varepsilon_n}(s)\big)\right. \\ &\qquad \left. -H\big(s, u_{\varepsilon_n}(s)\big) - \frac{\varepsilon_n}{p}|u_{1\varepsilon_n}(s)|^p\right) ds \\ &= \int_0^{kT} \left(\frac{1}{2}\big(J\dot{v}(s), v(s)\big) + H^*\big(s, \dot{v}(s)\big)\right) ds = \mathcal{X}(v). \end{aligned}$$

因此, 对任意的 $h\in\tilde{Y}$, $\mathcal{X}(v)\leqslant\mathcal{X}(h)$. 所以 $v=-J(u(t)-\bar{u})$ 是泛函 $\mathcal{X}$ 在 $\tilde{Y}$ 中的极小值. 证毕.

注 7.5 将定理 7.13 中的条件 (A_1) 替换为 (A_4), 那么结论仍然成立.

(A_4) 存在 $l\in L^{pq/(p-m+1)}[0,kT]$, 使得

$$F(t,x)\geqslant(l(t),\Phi_m(x))$$

对几乎所有的 $t\in[0,kT]$ 和所有的 $x\in\mathbb{R}^N$ 成立, 其中 $2\leqslant m\leqslant p$.

注 7.6 在定理 7.13 中取 $p=2,k=1$, 则得到常微分系统 (7.10) 周期解存在的充分条件.

当参数 α 足够小, 可以得到具有 p-Laplace 算子的微分系统 (7.9) 的 kT-周期解的先验界.

定理 7.14 如果存在常数 $\alpha\in(0,\min\{(2kT)^{-p/q},p(2kT)^{-1}\})$, $\beta\geqslant 0$, $\gamma\geqslant 0$, $\delta>0$, 使得

$$\delta|x|-\beta\leqslant F(t,x)\leqslant\frac{\alpha^2}{p}|x|^p+\gamma$$

对几乎所有 $t\in[0,kT]$ 和所有的 $x\in\mathbb{R}^N$ 成立, 那么系统 (7.9) 的 kT-周期解满足不等式

$$\int_0^{kT}|\dot{x}(t)|^p dt\leqslant\frac{pkT(\beta+\gamma)}{p-2kT\alpha},\tag{7.22}$$

$$\int_0^{kT}|x(t)|dt\leqslant\frac{kT(\beta+\gamma)}{\delta(1-2kT\alpha^{q/p})}.\tag{7.23}$$

证明 显然

$$\frac{1}{q}\alpha^{-\frac{2q}{p}}|\nabla F(t,u_1)|^q\leqslant(\nabla F(t,u_1),u_1)+\beta+\gamma.$$

又因为

$$(\nabla H(t,u),u)=\frac{1}{\alpha}(\nabla F(t,u_1),u_1)+(\Phi_q(\alpha u_2),u_2),$$

所以

$$\frac{1}{q}\alpha^{-1-\frac{2q}{p}}|\nabla F(t,u_1)|^q+(\Phi_q(\alpha u_2),u_2)\leqslant(\nabla H(t,u),u)+\frac{\beta}{\alpha}+\frac{\gamma}{\alpha},$$

也就是

$$\frac{1}{q}\alpha^{-\frac{q}{p}}|\dot{u}_2(t)|^q+\alpha^{q-1}|u_2|^q\leqslant(-J\dot{u}(t),u(t))+\frac{\beta}{\alpha}+\frac{\gamma}{\alpha}.$$

在上式两边分别关于 t 在 $[0,kT]$ 上积分, 并由引理 7.8, 得

$$\begin{aligned}\frac{1}{q}\alpha^{-\frac{q}{p}}|\dot{u}_2|_{L^q}^q+\alpha^{q-1}|u_2|_{L^q}^q &\leqslant -\int_0^{kT}(J\dot{u}(t),u(t))dt+\frac{kT(\beta+\gamma)}{\alpha}\\ &\leqslant \frac{2kT}{p}|\dot{u}_1|_{L^p}^p+\frac{2kT}{q}|\dot{u}_2|_{L^q}^q+\frac{kT(\beta+\gamma)}{\alpha}\\ &=\frac{2kT}{p}\alpha^q|u_2|_{L^q}^q+\frac{2kT}{q}|\dot{u}_2|_{L^q}^q+\frac{kT(\beta+\gamma)}{\alpha}.\end{aligned}$$

移项整理, 有

$$\left(\frac{1}{q}\alpha^{-\frac{q}{p}}-\frac{2kT}{q}\right)|\dot{u}_2|_{L^q}^q+\left(\alpha^{q-1}-\frac{2kT}{p}\alpha^q\right)|u_2|_{L^q}^q\leqslant\frac{kT(\beta+\gamma)}{\alpha}.$$

因此

$$|u_2|_{L^q}^q\leqslant\frac{pkT(\beta+\gamma)}{\alpha^q(p-2kT\alpha)},\quad |\dot{u}_2|_{L^q}^q\leqslant\frac{qkT(\beta+\gamma)}{\alpha^{1-q/p}-2kT\alpha}$$

和

$$|\dot{u}_1|_{L^p}^p=|\Phi_q(\alpha u_2)|_{L^p}^p=\alpha^q|u_2|_{L^q}^q\leqslant\frac{pkT(\beta+\gamma)}{p-2kT\alpha}.$$

即 (7.22) 式成立. 再由 F 的凸性, 得

$$\begin{aligned}&\delta\int_0^{kT}|u_1(t)|dt-\beta kT\leqslant\int_0^{kT}F(t,u_1(t))dt\\ &\leqslant\int_0^{kT}\big(F(t,0)+(\nabla F(t,u_1(t)),u_1(t))\big)dt\\ &\leqslant\gamma kT+\alpha\int_0^{kT}(\nabla H(t,u(t)),u(t))dt-\alpha\int_0^{kT}(\Phi_q(\alpha u_2),u_2)dt\\ &=\gamma kT-\alpha\int_0^{kT}(J\dot{u}(t),u(t))dt-\alpha^q|u_2|_{L^q}^q\\ &\leqslant\gamma kT+\alpha\frac{2kT}{q}|\dot{u}_2|_{L^q}^q\leqslant\gamma kT+\frac{2k^2T^2(\beta+\gamma)}{\alpha^{-q/p}-2kT},\end{aligned}$$

这意味着 (7.23) 式成立. 证毕.

7.2.4 次调和解的存在性

定理 7.15 假设 $F:\ \mathbb{R}\times\mathbb{R}^N\to\mathbb{R}$ 是连续的. 再假设当 $|x|\to+\infty$ 时,

$$F(t,x)\to+\infty \tag{7.24}$$

和

$$\frac{F(t,x)}{|x|^p} \to 0 \tag{7.25}$$

对 $t \in \mathbb{R}$ 一致收敛. 那么对任意的 $k \in \mathbb{N}_+$, 系统 (7.9) 至少有一个 kT-周期解 x_k, 满足 $|x_k|_\infty \to +\infty(k \to +\infty)$, 且 x_k 的最小周期 $T_k \to +\infty(k \to +\infty)$.

证明 首先证明哈密顿系统 (7.9) 有 kT-周期解. 令 $c_1 = \max\limits_{t\in\mathbb{R}} |F(t,0)|$, 由条件 (7.24) 可知, 存在常数 $r > 0$, 使得当 $|x| > r$ 时, 有

$$F(t,x) \geqslant 1 + c_1, \quad t \in \mathbb{R}.$$

由 F 的凸性, 可得

$$\begin{aligned} 1 + c_1 &\leqslant F\left(t, \frac{r}{|x|}x\right) \leqslant \frac{r}{|x|}F(t,x) + \left(1 - \frac{r}{|x|}\right) F(t,0) \\ &\leqslant \frac{r}{|x|}F(t,x) + \left(1 - \frac{r}{|x|}\right) c_1, \end{aligned}$$

即

$$F(t,x) \geqslant \frac{1}{r}|x| + c_1, \quad |x| > r,\ t \in \mathbb{R}.$$

进一步, 由 F 的连续性, 存在正常数 δ, β, 使得

$$F(t,x) \geqslant \delta|x| - \beta, \quad t \in \mathbb{R}. \tag{7.26}$$

由条件 (7.25) 可知, 存在常数 $\alpha \in (0, (2kT)^{-\max\{p,q\}/q})$, 使得

$$F(t,x) \leqslant \frac{\alpha^2}{p}|x|^p + \gamma, \quad t \in \mathbb{R}. \tag{7.27}$$

由定理 7.13, 哈密顿系统 (7.12) 至少有一个解 $u_k = (u_{1k}, u_{2k}) \in X$, 使得 u_{1k} 是微分系统 (7.9) 的 kT-周期解, 且

$$v_k(t) = -J\left[u_k(t) - \frac{1}{kT}\int_0^{kT} u_k(s)ds\right]$$

是对偶泛函

$$\mathcal{X} : \tilde{Y} \to (-\infty, \infty],\ v \mapsto \int_0^{kT} \left(\frac{1}{2}\big(J\dot{v}(t), v(t)\big) + H^*\big(t, \dot{v}(t)\big)\right) dt$$

的极小值.

其次, 估计 $c_k = \mathcal{X}(v_k)$ 的上界. 对任意的 $h = (h_1, h_2) \in \tilde{Y}$, 有

$$c_k = \mathcal{X}(v_k) \leqslant \mathcal{X}(h) = \int_0^{kT} \left(\frac{1}{2}(J\dot{h}(t), h(t)) + H^*(t, \dot{h}(t)) \right) dt$$

$$= \int_0^{kT} \left(\frac{1}{2}(J\dot{h}(t), h(t)) + \frac{1}{\alpha} F^*(t, \dot{h}_1(t)) + \frac{1}{p\alpha} |\dot{h}_2|^p \right) dt. \tag{7.28}$$

令 $\rho = (\rho_1, \rho_2) \in \mathbb{R}^N \times \mathbb{R}^N$, $|\rho_i| = 1,\ i = 1, 2,\ \varepsilon \leqslant 2\pi\delta/kT$, 并定义函数

$$h(t) = \frac{\varepsilon kT}{2\pi} \left(\rho \cos \frac{2\pi}{kT} t + J\rho \sin \frac{2\pi}{kT} t \right).$$

显然 $h \in \tilde{Y}$, $J\dot{h}(t) = -\dfrac{2\pi}{kT} h(t)$. 与此同时, 由 (7.26) 可知, 当 $z \in \mathbb{R}^N$, $|z| \leqslant \delta$ 时, 有

$$F^*(t, z) \leqslant \sup_{x \in \mathbb{R}^N} \big((z, x) - F(t, x) \big) \leqslant \sup_{x \in \mathbb{R}^N} \big((z, x) - \delta|x| + \beta \big) \leqslant \beta.$$

由 (7.28) 式, 可得

$$c_k \leqslant \mathcal{X}(h) \leqslant \int_0^{kT} \left(\frac{1}{2}(J\dot{h}(t), h(t)) + \frac{\beta}{\alpha} + \frac{1}{p\alpha} |\dot{h}_2|^p \right) dt$$

$$= -\frac{\varepsilon^2 T^2}{4\pi} k^2 + \left(\frac{\beta}{\alpha} + \frac{\varepsilon^p}{p\alpha} \right) Tk. \tag{7.29}$$

下面用反证法证明当 $k \to +\infty$ 时, $|x_k|_\infty \to +\infty$ 成立. 如果不然, 那么存在序列 $k_n \to +\infty (n \to +\infty)$ 和常数 $c_1 > 0$, 使得

$$|x_{k_n}|_\infty \leqslant c_1.$$

由 (7.9) 式, 存在常数 $c_2,\ c_3 > 0$, 使得

$$\left| \frac{d}{dt} \Phi_p(\dot{x}_{k_n}) \right|_\infty \leqslant c_2, \quad |\dot{x}_{k_n}|_\infty \leqslant c_3$$

成立. 这意味着存在常数 $c_4,\ c_5 > 0$, 使得

$$|v_{k_n}| \leqslant c_4, \quad |\dot{v}_{k_n}| \leqslant c_5.$$

但另一方面, 当 n 充分大时, 不等式

$$c_{k_n} = \mathcal{X}(v_{k_n}) = \int_0^{k_n T} \left(\frac{1}{2}(J\dot{v}_{k_n}(t), v_{k_n}(t)) + H^*(t, \dot{v}_{k_n}(t)) \right) dt$$

$$\geqslant \int_0^{k_nT} \left(-\frac{1}{2}|\dot{v}_{k_n}|_\infty |v_{k_n}|_\infty - H(t,0)\right) dt$$

$$\geqslant -\left(\frac{1}{2}c_4c_5 + \frac{\gamma}{\alpha}\right) Tk_n. \tag{7.30}$$

这与不等式 (7.29) 有矛盾. 因此当 $k \to +\infty$ 时, $|x_k|_\infty \to +\infty$ 成立.

最后证明 $T_k \to +\infty(k \to +\infty)$. 用反证法, 如若不然, 那么存在常数 $R > 0$ 和序列 $k_n \to +\infty(n \to +\infty)$, 使得 x_k 的最小周期 T_k 比 R 小. 这时, 由 (7.26), (7.27) 和定理 7.14, 得

$$\int_0^{T_{k_n}} |\dot{x}(t)|^p dt \leqslant \alpha^q |u_2|_{L^q}^q \leqslant \frac{pT_{k_n}(\beta+\gamma)}{p - 2T_{k_n}\alpha}, \tag{7.31}$$

$$\int_0^{T_{k_n}} |x(t)| dt \leqslant \frac{T_{k_n}(\beta+\gamma)}{\delta(1 - 2T_{k_n}\alpha^{q/p})}. \tag{7.32}$$

注意到

$$|x_{k_n}|_\infty = |\bar{x}_{k_n} + \tilde{x}_{k_n}|_\infty \leqslant |\bar{x}_{k_n}| + |\tilde{x}_{k_n}|_\infty$$

$$\leqslant \frac{1}{T_{k_n}} \int_0^{T_{k_n}} |x(t)| dt + T^{1/q} \left(\int_0^{T_{k_n}} |\dot{x}(t)|^p dt\right)^{1/p},$$

不等式 (7.31) 和 (7.32) 可导出 $|x_{k_n}|_\infty$ 有界, 这是一个矛盾. 所以 x_k 的最小正周期 $T_k \to +\infty(k \to +\infty)$. 证毕.

7.3 二阶差分系统的反周期解

考虑二阶非线性差分系统

$$\Delta^2 u(n-1) + \nabla V(n, u(n)) = 0, \quad n \in \mathbb{Z}, \tag{7.33}$$

其中 $u(n) = (u_1(n), u_2(n), \cdots, u_N(n))^{\mathrm{T}}$, Δ 是向前差分算子, $\Delta u(n) = u(n+1) - u(n)$, $V : \mathbb{Z} \times \mathbb{R}^N \to \mathbb{R}$. $\nabla V(n,u)$ 表示 V 关于 u 的梯度. 记 $T > 0$ 是一个整数, 本节总是假设:

(1) 对任意的 $u \in \mathbb{R}^N$, $V(n,u)$ 关于 n 是 T-周期的.

(2) 对任意的 $n \in \mathbb{Z}$, $V(n,u)$ 关于 u 是连续可微和凸的.

如果微分系统 (7.33) 的解 u 满足 $u(n+T) = -u(n)$, $n \in \mathbb{Z}$, 则称它是 T-反周期解. 因为 V 关于 n 是 T-周期的, 自然要去寻找微分系统 (7.33) 的 T-周期解. 与此同时, 如果 u 是 T-反周期解, 那么 u 是 $2T$-周期解, 但反之未必成立, 所以反周期解的研究也受到关注.

考虑定义在区间 $[0,T]$ 上的差分系统 (7.33), 若它有满足反周期边界条件

$$u(0)=-u(T),\quad \Delta u(0)=-\Delta u(T) \tag{7.34}$$

的解 u, 那么 u 可以 T-周期延拓到 $\mathbb{Z}$ 上, 得到 T-反周期解. 下面通过 Clark 对偶极小化原理讨论系统 (7.33) 在 $[0,T]$ 上的反周期边值问题, 给出差分系统反周期解存在的充分条件. 之后不特殊声明外, 差分系统反周期边值问题 (7.33)—(7.34) 中的差分系统 (7.33) 指的是定义在区间 $[0,T]$ 上的系统.

7.3.1 序列空间和对偶泛函

记 S 表示序列空间

$$S=\{u=(\cdots,u(-n),\cdots,u(0),u(1),\cdots,u(n),\cdots):\ u(k)\in\mathbb{R}^N,\ k\in\mathbb{Z}\}.$$

考虑空间 X 为

$$X=\{u\in S:\ u(n+T)=-u(n),\ n\in\mathbb{Z}\}.$$

分别定义空间 X 中的内积和范数为

$$\langle u,v\rangle=\sum_{n=1}^{T}(u(n),v(n)),\quad |u|=\left(\sum_{n=1}^{T}|u(n)|^2\right)^{\frac{1}{2}},$$

其中 $(\cdot,\cdot)$ 表示 $\mathbb{R}^N$ 中内积, $|\cdot|$ 表示 $\mathbb{R}^N$ 中由内积导出的范数. 那么 $(X,\langle\cdot,\cdot\rangle)$ 是 Hilbert 空间. X 同构于 $\mathbb{R}^{TN}$, 所以它是有限维的 Hilbert 空间.

定义差分系统反周期边值问题 (7.33)—(7.34) 的能量泛函 $J:X\to\mathbb{R}$ 为

$$J(u)=\sum_{n=1}^{T}\left(\frac{1}{2}|\Delta u(n)|^2-V(n,u(n))\right). \tag{7.35}$$

但是 J 的下界是不确定的, 所以引入对偶泛函.

对任意的 $n\in\mathbb{Z}$, 设 $V(n,\cdot)\in\Gamma_0(\mathbb{R}^N)$, 那么它的 Fenchel 变换定义为

$$V^*(n,v)=\sup_{u\in\mathbb{R}^N}((v,u)-V(n,u)).$$

引理 7.16 给定 $n\in\mathbb{Z}$, 假设下列条件成立:

(B_1) $V(n,u)$ 关于 u 是连续可微和严格凸的;

(B_2) $\dfrac{V(n,u)}{|u|}\to+\infty$, 当$|u|\to+\infty$.

那么 $V^*(n,v)$ 关于 v 连续可微, 且有

$$V^*(n,v)=(v,u)-V(n,u)\Leftrightarrow v=\nabla V(n,u)\Leftrightarrow u=\nabla V^*(n,v).$$

引理 7.17 给定 $n\in\mathbb{Z}$. 假设存在正数 α, δ 和函数 β, $\gamma:\mathbb{Z}\to(0,+\infty)$, 使得

$$\frac{\delta}{p}|u|^p-\beta(n)\leqslant V(n,u)\leqslant\frac{\alpha}{p}|u|^p+\gamma(n),\quad u\in\mathbb{R}^N.$$

那么 $V^*(n,v)$ 关于 v 连续可微, 且对任意的 $v\in\mathbb{R}^N$, 有

$$\frac{1}{q}\alpha^{-\frac{q}{p}}|v|^q-\gamma(n)\leqslant V^*(n,v)\leqslant\frac{1}{q}\delta^{-\frac{q}{p}}|v|^q+\beta(n),$$

$$|\nabla V^*(t,v)|\leqslant\left(\frac{p}{\delta}\big(|v|+\beta(n)+\gamma(n)\big)+1\right)^{q-1}.$$

定义算子 $K:X\to X$ 为

$$(Kv)(n)=-\sum_{l=1}^{n-1}\sum_{i=1}^{l}v(i)+\frac{n}{2}\sum_{i=1}^{T}v(i)+\frac{1}{2}\sum_{l=1}^{T-1}\sum_{i=1}^{l}v(i)-\frac{T}{4}\sum_{i=1}^{T}v(i).$$

那么 K 是空间 X 上的紧线性算子, 显然, 对任意的 $v\in X$, 有

$$\Delta^2Kv(n)=-v(n+1),\quad Kv(1)=-Kv(T+1),\quad Kv(2)=-Kv(T+2).$$

定义泛函 J 的对偶泛函 $J^*:X\to\mathbb{R}$ 为

$$J^*(v)=\sum_{n=1}^{T}\left(\frac{1}{2}\left(v(n),-Kv(n)\right)+V^*(n,v(n))\right),\tag{7.36}$$

那么 J^* 在空间 X 上的临界点就是反周期边值问题 (7.33)—(7.34) 的解.

引理 7.18 假设对任意的 $n\in\mathbb{Z}$ 条件 (B_1) 和 (B_2) 成立. 如果 $v\in X$ 是对偶泛函 J^* 的临界点, 那么 $u(n)=\nabla V^*(n,v(n))$ 是反周期边值问题 (7.33)—(7.34) 的解.

证明 由 J^* 的定义和引理 7.16 可知, $J^*\in C^1(X,\mathbb{R})$. 如果 $v\in X$ 是 J^* 的一个临界点, 那么对任意的 $h\in X$, 有

$$0=\langle J^{*\prime}(v),h\rangle=\sum_{n=1}^{T}\left(-Kv(n)+\nabla V^*(n,v(n)),h(n)\right).$$

特别地, 取

$$h(1)=\cdots=h(n-1)=h(n+1)=\cdots=h(T)=0,$$

$$h(n)=\sin\left(\frac{n\pi}{T}\right)e_j,\quad j=1,2,\cdots,N,\ n=1,2,\cdots,T,$$

其中 $\{e_j\}$ 是 $\mathbb{R}^N$ 的单位坐标向量组, 那么有

$$-Kv(n)+\nabla V^*(n,v(n))=0,\quad n=1,2,\cdots,T.$$

令 $u(n)=\nabla V^*(n,v(n))$, 那么有 $u(n)=Kv(n)$ 和 $v(n)=\nabla V(n,u(n))$ 成立, 所以

$$\Delta^2 u(n-1)=\Delta^2 Kv(n-1)=-v(n)=-\nabla V(n,u(n)).$$

因此 $u(n)=\nabla V^*(n,v(n))$ 是差分系统 (7.33)—(7.34) 的解.

为了估计泛函 J^* 第一项的下界, 下面计算反周期边界下二阶差分算子的特征值. 假设 λ 是 $-K$ 的一个特征值, $w\in X$ 是对应的特征函数, 那么

$$-Kw(n)=\lambda w(n),\tag{7.37}$$

从而 $-\Delta^2 Kw(n-1)=\lambda\Delta^2 w(n-1)$. 又由 K 的定义, 有 $-\Delta^2 Kw(n-1)=w(n)$. 因此

$$\Delta^2 w(n-1)=\frac{1}{\lambda}w(n).$$

记 $\mu=\dfrac{1}{\lambda}$, 那么

$$\Delta^2 w(n-1)=\mu w(n).\tag{7.38}$$

直接计算, 有待征方程 $r^2-(2+\mu)r+1=0$ 的两个根为

$$r_1=\frac{2+\mu+i\sqrt{4-(2+\mu)^2}}{2},\quad r_2=\frac{2+\mu-i\sqrt{4-(2+\mu)^2}}{2}.$$

令 $\theta=\arccos\dfrac{2+\mu}{2}$, 那么方程 (7.38) 有通解 $w=(w_1,\cdots,w_N)^{\mathrm{T}}$,

$$\begin{aligned}w_i(n)&=b_{i1}\cos n\theta+b_{i2}\sin n\theta\\&=\sqrt{b_{i1}^2+b_{i2}^2}\cos(n\theta-\theta_0),\quad n=1,2,\cdots,T,\end{aligned}\tag{7.39}$$

这里常数 b_{i1},b_{i2} 满足 $\sqrt{b_{i1}^2+b_{i2}^2}\neq 0$, θ_0 是任意常数.

将反周期边界代入 (7.39) 式, 得 $\theta=\dfrac{(2k-1)\pi}{T}$. 因此

$$\mu_k=-4\sin^2\frac{(2k-1)\pi}{2T},\quad k=1,2,\cdots,T,$$

所以算子 $-K$ 有特征值

$$\lambda_k=-\frac{1}{4\sin^2\dfrac{(2k-1)\pi}{2T}},\quad k=1,2,\cdots,T.$$

容易验证 $\lambda_k=\lambda_{T-k+1}$. 不妨假设 λ_k 满足 $\lambda_1<\lambda_2<\cdots<\lambda_r$, 其中 $r=\left[\dfrac{T+1}{2}\right]$. 从而

$$\lambda_{\min}=\min_{1\leqslant k\leqslant r}\{\lambda_k\}=-\frac{1}{4\sin^2\dfrac{\pi}{2T}}.$$

定义算子 $-K$ 的特征函数空间 Y 为

$$Y=\left\{w(n)=\sum_{k=1}^{T}(a_k\sin\theta n+b_k\cos\theta n):\ a_k,b_k\in\mathbb{R}^N\right\},$$

这里 $\theta=\dfrac{(2k-1)\pi}{T}$.

引理 7.19 对任意的 $w\in Y$, 有

$$\sum_{n=1}^{T}(-Kw,w)\geqslant-\frac{1}{4\sin^2\dfrac{\pi}{2T}}\sum_{n=1}^{T}|w|^2. \tag{7.40}$$

7.3.2 反周期解的存在性

定理 7.20 假设下列条件成立:

(B_3) 存在 $l:\mathbb{Z}\to\mathbb{R}^N$, 使得

$$V(n,u)\geqslant(l(n),u),\quad\forall n\in\mathbb{Z},u\in\mathbb{R}^N.$$

(B_4) 存在常数 $\alpha\in\left(0,4\sin^2\dfrac{\pi}{2T}\right)$ 和函数 $\gamma:\mathbb{Z}\to(0,+\infty)$, 使得

$$V(n,u)\leqslant\frac{\alpha}{2}|u|^2+\gamma(n),\quad\forall n\in\mathbb{Z},\ u\in\mathbb{R}^N.$$

(B_5) 当 $u\in\mathbb{R}^N$, $|u|\to+\infty$ 时, $\displaystyle\sum_{n=1}^{T}V(n,u)\to+\infty$.

那么反周期边值问题 (7.33)—(7.34) 至少有一个解 $u(n)$, 使得

$$v(n) = -\Delta^2 u(n-1)$$

是对偶泛函 J^* 在空间 Y 中的极小值.

证明 取 $\varepsilon_0 > 0$, 使得

$$\alpha + \varepsilon_0 < 4\sin^2\frac{\pi}{2T}.$$

对任意的 $0 < \varepsilon < \varepsilon_0$, 定义

$$V_\varepsilon(n, u(n)) = V(n, u(n)) + \frac{\varepsilon|u|^2}{2},$$

那么 $V_\varepsilon(\cdot, u)$ 是严格凸的. 定义泛函 $J^*_\varepsilon : Y \to \mathbb{R}$ 为

$$J^*_\varepsilon(v) = \sum_{n=1}^{T}\left(\frac{1}{2}\left(-Kv(n), v(n)\right) + V^*_\varepsilon(n, v(n))\right). \tag{7.41}$$

由引理 7.16 和引理 7.18 可知, $J^*_\varepsilon(v)$ 连续可微, 且如果 $v_\varepsilon \in Y$ 是 $J^*_\varepsilon(v)$ 的一个临界点, 那么 $u_\varepsilon(n) = \nabla V^*_\varepsilon(n, v_\varepsilon(n))$ 就是扰动系统

$$\begin{cases}\Delta^2 u(n-1) + \nabla V(n, u(n)) + \varepsilon u(n) = 0,\\ u(0) = -u(T), \quad \Delta u(0) = -\Delta u(T)\end{cases} \tag{7.42}$$

的解.

由条件 (B_3) 和 (B_4), 有

$$\frac{\varepsilon|u|^2}{4} - \frac{|l(n)|^2}{\varepsilon} \leqslant \frac{\varepsilon}{2}|u|^2 + (l(n), u) \leqslant V_\varepsilon(n, u) \leqslant \frac{\varepsilon_0 + \alpha}{2}|u|^2 + \gamma(n).$$

再由引理 7.17, 有

$$V^*_\varepsilon(n, v) \geqslant \frac{1}{\alpha + \varepsilon_0}\frac{|v|^2}{2} - \gamma(n).$$

所以

$$\begin{aligned} J^*_\varepsilon(v) &= \sum_{n=1}^{T}\left[-\frac{1}{2}\left(Kv(n), v(n)\right) + V^*_\varepsilon(n, v(n))\right] \\ &\geqslant \frac{-1}{8\sin^2\frac{\pi}{2T}}\sum_{n=1}^{T}|v(n)|^2 + \frac{1}{2(\alpha+\varepsilon_0)}\sum_{n=1}^{T}|v(n)|^2 - \sum_{n=1}^{T}\gamma(n)\end{aligned}$$

$$= \delta|v|^2 - \sum_{n=1}^{T}\gamma(n), \tag{7.43}$$

其中

$$\delta = \frac{-1}{8\sin^2\dfrac{\pi}{2T}} + \frac{1}{2(\alpha+\varepsilon_0)} > 0.$$

不等式 (7.43) 意味着泛函 J_ε^* 的极小化序列是有界的. 与此同时, 对偶泛函 J_ε^* 在空间 Y 上是弱下半连续的. 事实上, 在 Y 上取弱收敛序列 $v_k \rightharpoonup v(k\to+\infty)$, 那么

$$\begin{aligned}
&\left|\sum_{n=1}^{T}\left(-\frac{1}{2}(Kv_k(n),v_k(n))+\frac{1}{2}(Kv(n),v(n))\right)\right| \\
\leqslant& \left|\sum_{n=1}^{T}\frac{1}{2}(Kv_k(n)-Kv(n),v_k(n))\right| + \left|\sum_{n=1}^{T}\frac{1}{2}(Kv(n),v_k(n)-v(n))\right| \\
\leqslant& |Kv_k(n)-Kv(n)|\left|\sum_{n=1}^{T}v_k(n)\right| + \left|\sum_{n=1}^{T}\frac{1}{2}(Kv(n),v_k(n)-v(n))\right| \\
\to& 0, \quad 当\ k\to+\infty.
\end{aligned}$$

所以泛函 J_ε^* 的第一项在 Y 上是弱连续的. 又因为 $V_\varepsilon^*(n,v)$ 是凸下半连续的, 所以 J_ε^* 的第二项在 Y 上是弱下半连续的. 对偶泛函 J_ε^* 在 Y 中取到一个极小值, 不妨记为 $v_\varepsilon(n)\in Y$, 令 $u_\varepsilon(n)=\nabla V_\varepsilon^*(n,v_\varepsilon(n))$, 那么 $u_\varepsilon(n)$ 是扰动反周期边值问题 (7.42) 的一个解, 即

$$\begin{cases}\Delta^2 u_\varepsilon(n-1)+\nabla V(n,u_\varepsilon(n))+\varepsilon u_\varepsilon(n)=0,\\ u_\varepsilon(0)=-u_\varepsilon(T), \quad \Delta u_\varepsilon(0)=-\Delta u_\varepsilon(T).\end{cases} \tag{7.44}$$

下面证明 (7.42) 的解是有界的. 令

$$F(u)=\sum_{n=1}^{T}V(n,u), \quad u\in\mathbb{R}^N,$$

那么 F 连续可微, 且有一个极小值, 不妨记为 $u_0\in\mathbb{R}^N$, 满足 $\sum\limits_{n=1}^{T}\nabla V(n,u_0)=0$. 从而差分系统 $v(n)=\nabla V(n,u_0)$, $n\in\mathbb{Z}$ 在 Y 中有唯一的解, 记为 $v=\omega(n)$, 满

足 $\sum_{n=1}^{T}\omega(n)=0$. 由引理 7.16 可知

$$V^*(n,\omega(n))=(\omega,u_0)-V(n,u_0).$$

所以 $V^*(n,\omega(n))<+\infty$, $n=1,2,\cdots,T$. 由不等式 $V(n,u)\leqslant V_\varepsilon(n,u)$ 可以推出 $V_\varepsilon^*(n,v)\leqslant V^*(n,v)$. 这样, 不等式 (7.43) 式就变为

$$\begin{aligned}\delta|v_\varepsilon|^2-\sum_{n=1}^{T}\gamma(n)&\leqslant J_\varepsilon^*(v_\varepsilon)\leqslant J_\varepsilon^*(\omega)\leqslant J^*(\omega)\\&=\sum_{n=1}^{T}\left[-\frac{1}{2}\left(K\omega(n),\omega(n)\right)+V^*(n,\omega(n))\right]<+\infty.\end{aligned}$$

因此, 存在与 ε 无关的正常数 c_1, 使得 $|v_\varepsilon|\leqslant c_1$.

记 $u_\varepsilon=\bar{u}_\varepsilon+\widetilde{u}_\varepsilon$, 其中

$$\bar{u}_\varepsilon=\frac{1}{T}\sum_{n=1}^{T}u_\varepsilon(n).$$

由 $\Delta^2u_\varepsilon(n-1)=-v_\varepsilon(n)$, 得 $|\Delta^2\widetilde{u}_\varepsilon(n-1)|=|v_\varepsilon(n)|\leqslant c_1$. 所以存在正常数 c_2, 使得 $|\widetilde{u}_\varepsilon|\leqslant c_2$. 结合 $V(n,u)$ 的凸性, 有

$$\begin{aligned}V(n,\bar{u}_\varepsilon)=V(n,u_\varepsilon(n)-\widetilde{u}_\varepsilon(n))&\leqslant\frac{1}{2}V(n,u_\varepsilon(n))+\frac{1}{2}V(n,\widetilde{u}_\varepsilon(n))\\&\leqslant\frac{1}{2}(\nabla V(n,u_\varepsilon(n)),u_\varepsilon(n))+\frac{1}{2}V(n,0)+\frac{1}{2}V(n,\widetilde{u}_\varepsilon(n))\\&\leqslant\frac{1}{2}(\nabla V(n,u_\varepsilon(n)),u_\varepsilon(n))+\frac{\alpha|\widetilde{u}_\varepsilon(n)|^2}{2}+\gamma(n).\end{aligned}$$

因此, 由 (7.43) 式, 得

$$\begin{aligned}\sum_{n=1}^{T}V(n,\bar{u}_\varepsilon)&\leqslant\sum_{n=1}^{T}\frac{1}{2}(\nabla V(n,u_\varepsilon(n)),u_\varepsilon(n))+\sum_{n=1}^{T}\frac{\alpha|\widetilde{u}_\varepsilon(n)|^2}{2}+\sum_{n=1}^{T}\gamma(n)\\&\leqslant\sum_{n=1}^{T}\frac{1}{2}(-\Delta^2u_\varepsilon(n-1)-\varepsilon u_\varepsilon(n),u_\varepsilon(n))+\frac{\alpha}{2}|\widetilde{u}_\varepsilon(n)|^2+\sum_{n=1}^{T}\gamma(n)\\&\leqslant\sum_{n=1}^{T}\frac{1}{2}(-\Delta^2u_\varepsilon(n-1),u_\varepsilon(n))+\frac{\alpha}{2}|\widetilde{u}_\varepsilon(n)|^2+\sum_{n=1}^{T}\gamma(n)\\&\leqslant\sum_{n=1}^{T}\frac{1}{2}|\Delta\widetilde{u}_\varepsilon(n)|^2+\frac{\alpha}{2}|\widetilde{u}_\varepsilon(n)|^2+\sum_{n=1}^{T}\gamma(n)\\&=\frac{1}{2}|\Delta\widetilde{u}_\varepsilon(n)|^2+\frac{\alpha}{2}|\widetilde{u}_\varepsilon(n)|^2+\sum_{n=1}^{T}\gamma(n)<+\infty.\end{aligned}$$

再由条件 (B_5), 存在正常数 c_3, 使得 $|\bar{u}_\varepsilon| \leqslant c_3$. 所以

$$|u_\varepsilon| = |\bar{u}_\varepsilon + \widetilde{u}_\varepsilon| \leqslant |\bar{u}_\varepsilon| + |\widetilde{u}_\varepsilon| \leqslant c_2 + c_3 = c_4.$$

因为 (u_ε) 有界, 所以它弱列紧, 即存在序列 $\varepsilon_j \in (0, \varepsilon_0)$, $\varepsilon_j \to 0(j \to +\infty)$ 和函数 $u \in X$, 使得 $u_{\varepsilon_j} \rightharpoonup u(j \to +\infty)$ 成立. 由 $u_\varepsilon = Kv_\varepsilon$, 得

$$v_{\varepsilon_j}(n) \to v(n) = -\Delta^2 u(n-1), \quad j \to +\infty.$$

在 (7.44) 两边分别取极限, 令 $j \to +\infty$, 则有

$$\begin{cases} \Delta^2 u(n-1) + \nabla V(n, u(n)) = 0, \\ u(0) = -u(T), \quad \Delta u(0) = -\Delta u(T), \end{cases}$$

从而得到 u 是 (7.33)—(7.34) 的反周期解.

最后证明, v_{ε_j} 的弱极限 v 是 J^* 在 Y 中的极小值. 因为 $V^*_{\varepsilon_j}(n, v) \leqslant V^*(n, v)$, 所以对任意的 $h \in Y$, 有

$$J^*_{\varepsilon_j}(v_{\varepsilon_j}) \leqslant J^*_{\varepsilon_j}(h) \leqslant J^*(h)$$

和

$$J^*_{\varepsilon_j}(v_{\varepsilon_j}) = \sum_{n=1}^{T} \left[-\frac{1}{2}(Kv_{\varepsilon_j}, v_{\varepsilon_j}) + V^*_{\varepsilon_j}(n, v_{\varepsilon_j}) \right].$$

进一步,

$$\begin{aligned} \lim_{j\to\infty} J^*_{\varepsilon_j}(v_{\varepsilon_j}) &= \lim_{j\to\infty} \sum_{n=1}^{T} \left[-\frac{1}{2}(Kv_{\varepsilon_j}, v_{\varepsilon_j}) + V^*_{\varepsilon_j}(n, v_{\varepsilon_j}) \right] \\ &= \lim_{j\to\infty} \sum_{n=1}^{T} \left[-\frac{1}{2}(Kv_{\varepsilon_j}, v_{\varepsilon_j}) + (v_{\varepsilon_j}, u_{\varepsilon_j}) - V(n, u_{\varepsilon_j}) - \frac{\varepsilon_j}{2}|u_{\varepsilon_j}|^2 \right] \\ &= \lim_{j\to\infty} \sum_{n=1}^{T} \left[-\frac{1}{2}(Kv_{\varepsilon_j}, v_{\varepsilon_j}) + V^*(n, v_{\varepsilon_j}) - \frac{\varepsilon_j}{2}|u_{\varepsilon_j}|^2 \right] \\ &= \sum_{n=1}^{T} \left[-\frac{1}{2}(Kv, v) + V^*(n, v) \right] \\ &= J^*(v). \end{aligned}$$

所以 $J^*(v) \leqslant J^*(h)$, $\forall h \in Y$ 成立. 即 v 是 J^* 在 Y 中的极小值. 证毕.

推论 7.21　假设存在常数 α, β, 满足 $0 < \beta \leqslant \alpha < 4\sin^2\dfrac{\pi}{2T}$, 以及正函数 $\gamma : \mathbb{Z} \to (0, +\infty)$, 使得

$$\frac{\beta}{2}|u|^2 - \gamma(n) \leqslant V(n, u) \leqslant \frac{\alpha}{2}|u|^2 + \gamma(n)$$

对所有的 $n \in \mathbb{Z}$ 和 $u \in \mathbb{R}^N$ 成立, 那么反周期边值问题 (7.33)—(7.34) 至少有一个解 $u(n)$, 使得 $v(n) = -\Delta^2 u(n-1)$ 是对偶泛函 J^* 在 Y 中的极小值.

参考文献

[1] Bell E T. Men of Mathematics: The Lives and the Achievements of the Great Mathematicians from Zeno to Poincaeé, New York: SIMON & SCHUSTER, INC. 1965(中译本: 数学大师: 从芝诺到庞加莱. 徐源, 译. 上海: 上海科学技术出版社, 2004).

[2] Kline M. Mathematical Thought from Ancient to Modern Times. New York: Oxford Unirersity Press. 1972(中译本: 古今数学思想. 第 2 册. 朱学贤, 申又枨, 叶其孝, 等译. 上海: 上海科学技术出版社, 2002).

[3] Sturm J C F. Memoire our les equations differentielles lineaures du second ordre. J. Math. Pure Appl., 1836, 1: 106-186.

[4] Liouville J. Sur le développment des fonctions ou partieo de fouctions en sérieo dont leo divers termes sont assujetties à satisfaire a une mêmeéquation differentièles du second ordre contenent un paramétre variable. J. Math. Pure Appl., 1836, 1: 253-265; 1837, 2: 16-35; 418-436.

[5] 邓宗琦. 常微分方程边值问题和 Sturm 比较理论引论. 武汉: 华中师范大学出版社, 1987.

[6] Agarwal R P, O'Regan D. Infinite Interval Problems for Differential, Difference and Integral Equations. Dordrecht, Netherland: Kluwer Academic Publisher, 2001.

[7] 郑连存, 张欣欣, 赫冀成. 传输过程奇异非线性边值问题. 北京: 科学出版社, 2003.

[8] 马如云. 非线性常微分方程非局部问题. 北京: 科学出版社, 2004.

[9] 葛渭高, 非线性常微分方程边值问题. 北京: 科学出版社, 2007.

[10] Prandtl L. Uber Flussigkeitsbewegung bei sehr kleiner Reibung. Proceedings of the Third Internation Mathematics Congress, Heidelberg, 1904: 484-491.

[11] Blasius H. Grenzschichten in Flüssigkeiten mit Kleiner Reibung. Z. Math. Pys., 1908, 56: 1-37.

[12] Thomas L H. The calculation of atomic fields. Proc. Camb. Phil. Soc., 1927, 23: 542-548.

[13] Fermi E. Un methodo statistico par la determinzione di alcune proprietá dell'atoma. Rend. Accad. Naz. del Lincei, Cl. sci. Fis. , Mat. e. Nat. 1927, 6: 602-607.

[14] Theis C V. The relation between the lowering of the Piezometric surface and the rate and duration of discharge of a well using ground-water storage. American Geophysical Unions Transactions, 1935, 16: 519-524.

[15] 薛禹群, 吴吉春. 地下水动力学. 北京: 地质出版社, 2010.

[16] Kidder R E. Unsteady flow of gas through a semi-infinite porous medium. J. Appl. Mech., 1957, 24: 329-332.

[17] Philip J R. N-diffusion. Aust. J. Phys, 1961, 14: 1-13.

[18] Atkinson F V, Peletier L A. Similarity profiles of flows through porous media. Arch. Rational Mech. Anal., 1971, 42: 369-379.

[19] Atkinson C, Bouillet J E. Some qualitative properties of solutions of a generalised diffusion equation. Math. Proc. Comb. Phil. Soc., 1979, 86: 495-510.

[20] Na T Y. Computational Methods in Engineering Boundary Value Problems. London: Academic Press, 1979.

[21] Dickey R W. Membrane caps under hydrostatic pressure. Quart. Appl. Math. 1988, 46: 95-104.

[22] Dickey R W. Rotationally symmetric solutions for shallow membrane caps. Quart. Appl. Math. 1988, 46: 95-104.

[23] Berestycki H, Lions P L, Peletier L A. An ODE approach to the existence of positive solutions for semilinear problems in $\mathbb{R}^N$. Indiana University Mathematics Journal, 1981, 30(1): 141-157.

[24] 王晓冬. 渗流力学基础. 北京: 石油工业出版社, 2006.

[25] 叶其孝, 李正元, 王明新, 等. 反应扩散方程引论. 2 版. 北京: 科学出版社, 2011.

[26] Kneser A. Untersuchung und asympotische Darstellung der Integrale gewisser Differential gleichungen bei grossen reellen Werthen des Agruments. Journal fur die reine und angewanat Mathematik. 1896, 116: 178-212.

[27] Beberres J W, Jackson L K. Infinite interval boundary value problems for $y'' = f(x, y)$, Duke Math. J., 1967, 34: 39-47.

[28] Jackson L K. Subfunctions and second-order ordinary differential inequalities. Advances in Math., 1968, 21: 307-363.

[29] Schuur J D. The existence of proper solutions of a second order ordinary differential equation. Proc. Amer. Math. Soc., 1966, 17: 595-597.

[30] Lian H, Ge W. Existence of positive solutions for Sturm-Liouville boundary value problems on the half-line. Journal of Mathematical Analysis and Applications, 2006, 321: 781-792.

[31] Lian H, Ge W. Solvability for second-order three-point boundary value problems on a half-line. Applied Mathematics Letters, 2006, 19: 1000-1006.

[32] Lian H, Pang H, Ge W. Triple positive solutions for boundary value problems on infinite intervals. Nonlinear Analysis-TMA, 2007, 67: 2199-2207.

[33] Lian H, Pang H, Ge W. Solvability for second-order three-point boundary value problems at resonance on a half-line. Journal of Mathematical Analysis and Applications, 2008, 337: 1171-1181.

[34] Lian H, Ge W. Positive solutions for the three-point boundary value problem of second-order differential equations on infinite intervals. Acta Mathematica Sinica, 2008, 51: 1221-1228. (In Chinese)

[35] Lian H, Wang P, Ge W. Unbounded upper and lower solutions method for Sturm-Liouville boundary value problem on infinite intervals. Nonlinear Analysis-TMA, 2009, 70: 2627-2633.

[36] Lian H, Ge W. Calculus of variations for a boundary value problem of differential system on the half line. Computers & Mathematics with Applications, 2009, 58: 58-64.

[37] Duan Y, Lian H. Solvability for second-order multi-point boundary value problems on a half-line. Annals of Differential Equations, 2012, 28(2): 157-163.

[38] Lian H, Wong P J Y, Yang S. Solvability of three-point boundary value problems at resonance with a p-Laplacian on finite and infinite intervals. Abstract and Applied Analysis. 2012: 658010, 17 pages. doi: 10.1155/2012/658010.

[39] Lian H, Zhao J, Agarwal R P. Upper and lower solution method for nth-order BVPs on an infinite interval. Boundary Value Problems, 2014, 100(2014). doi: 10.1186/1687-2770-2014-100.

[40] Lian H, Wang D, Bai Z, et al. Periodic and subharmonic solutions for a class of second order p-Laplacian Hamiltonian systems. Boundary Value Problem, 2014, 2014: 260. doi: 10.1186/s13661-014-0260-x.

[41] Lian H, Jing W, Agarwal R P. Unbounded solutions of second order discrete BVPs on infinite intervals. Journal of Nonlinear Sciences and Applications, 2016, 9: 357-369.

[42] Lian H, Wang D, O’ Regan D, et al. Periodic solutions of nonautonomous second-order differential equaitons with a p-Laplacian. Analysis, 2017, 37(1): 1-11.

[43] 张恭庆, 林源渠. 泛函分析讲义. 北京: 北京大学出版社, 1987.

[44] 郭大钧. 非线性泛函分析. 济南: 山东科学技术出版社, 1985.

[45] 赵义纯. 非线性泛函分析及其应用. 北京: 高等教育出版社, 1989.

[46] 钟承奎, 范先令, 陈文嶸. 非线性泛函分析引论. 兰州: 兰州大学出版社, 2004.

[47] 袁荣. 非线性泛函分析. 北京: 高等教育出版社, 2017.

[48] 张恭庆. 临界点理论及其应用. 上海: 上海科学技术出版社, 1986.

[49] Mawhin J, Williem M. Critical point theory and Hamiltonian systems. Berlin: Springer-Verlag, 1989.

[50] Corduneanu C. Integral Equations and Stability of Feedback Systems. New York: Academic Press, 1973.

[51] 葛渭高, 李翠哲, 王宏洲. 常微分方程与边值问题. 北京: 科学出版社, 2008.

索 引

A

凹泛函, 40

B

半齐次边值问题, 10
半投影算子, 42
闭锥, 35

C

次微分, 45, 179

D

打靶法, 22
等度连续, 28
第二类半齐次边值问题, 9
第一类半齐次边值问题, 9
对角延拓法, 22
对偶泛函, 179
多点边值问题, 11

F

非共振边值问题, 11
非齐次边值问题, 10
非线性抉择原理, 41

G

共振边值问题, 11

H

哈密顿系统, 177

J

紧连续场, 34
紧映射, 34

L

两点边值问题, 11
列紧, 28

N

拟线性算子, 42

P

偏序, 35

Q

奇异边值问题, 3, 4
全连续场, 34
全连续映射, 34

S

上解, 108, 117, 122, 136

T

特征值问题, 2
凸泛函, 40
推广的 Wirtinger 不等式, 167

W

无穷边值问题, 1

X

下解, 108, 117, 122, 136
线性齐次边值问题, 9

Y

严格上解, 122, 136
严格下解, 122, 136
一致有界, 28

Z

指标, 41
周期边界, 11
锥拉伸与锥压缩不动点定理, 37

锥映射, 35
自列紧, 28

其　他

Arzelá-Ascoli 定理, 28
Avery-Peterson 不动点定理, 40
Brouwer 度, 34
Carathéodory 函数, 70
Dirichlet 边界条件, 2
$\mathbb{H}\mathbb{L}^*$-Carathéodory 函数, 159
$\mathbb{H}\mathbb{L}$-Carathéodory 函数, 159
Fenchel 变换, 45, 178, 190
Fréchet, 23
Fredholm 算子, 41
Green 函数, 11, 13
Krasnosel'skiĭ 条件, 36
$\mathbb{L}$-Carathéodory 函数, 70
L-Carathéodory 函数, 70
Leary-Schauder 不动点定理, 36
Leray-Schauder 度, 35
Leray-Schauder 连续性定理, 41
L-紧, 42
Mawhin 连续性定理, 42
Nagumo 条件, 108, 122, 136
Neumann 边界条件, 2
p-Laplace 边值问题, 19
Sturm-Liouville 特征值问题, 2
Theis 公式, 3